Jahrbuch der Wissenschaftlichen Gesellschaft für Flugtechnik

II. Band 1913/14

Springer-Verlag Berlin Heidelberg GmbH 1914

ISBN 978-3-642-52141-6   ISBN 978-3-642-52151-5 (eBook)
DOI 10.1007/978-3-642-52151-5
Softcover reprint of the hardcover 1st edition 1914

Inhaltverzeichnis.

I. Satzung.

I. Name und Sitz der Gesellschaft.

§ 1.

Die am 3. April 1912 gegründete Gesellschaft führt den Namen „Wissenschaftliche Gesellschaft für Flugtechnik E.V." und hat ihren Sitz in Berlin. Sie ist in das Vereinsregister des Königlichen Amtsgerichts Berlin-Mitte eingetragen unter dem Namen:

„Wissenschaftliche Gesellschaft für Flugtechnik.   Eingetragener Verein."

II. Zweck der Gesellschaft.

§ 2.

Zweck der Gesellschaft ist der Zusammenschluß von Fachleuten der Luftfahrtechnik, der Luftfahrwissenschaft und anderen mit der Luftfahrt in Beziehung stehenden Kreisen zur Erörterung und Behandlung theoretischer und praktischer Fragen des Luftfahrzeugbaues und -betriebes.

§ 3.

Mittel zur Erreichung dieses Zweckes sind:
1. Versammlungen, in denen Vorträge gehalten und Fachangelegenheiten besprochen werden,
2. Druck und Versendung der Vorträge und Besprechungen an die Mitglieder,
3. Beratung wichtiger Fragen in Sonderausschüssen,
4. Stellung von Aufgaben und Anregung von Versuchen zur Klärung wichtiger luftfahrtechnischer Fragen,
5. Herausgabe von Forschungsarbeiten auf dem Gebiet der Luftfahrtechnik und Wissenschaft.

III. Mitgliedschaft.

§ 4.

Die Gesellschaft besteht aus:
1. ordentlichen Mitgliedern,
2. außerordentlichen Mitgliedern,
3. Ehrenmitgliedern.

§ 5.

Ordentliche Mitglieder können nur Personen in selbständiger Stellung werden, die auf dem Gebiet der Luftfahrtechnik oder Luftfahrwissenschaft tätig sind, oder von denen sonst eine Förderung der Gesellschaftszwecke zu erwarten ist.

Das Gesuch um Aufnahme als ordentliches Mitglied ist an den Geschäftsführenden Vorstand (§ 18 Absatz 2) zu richten, der über die Aufnahme entscheidet. Das Gesuch hat den Nachweis zu enthalten, daß die Voraussetzungen in § 5 Abs. 1 erfüllt sind. Dieser Nachweis ist von zwei ordentlichen Mitgliedern durch Namensunterschrift zu bestätigen.

Lehnt der Geschäftsführende Vorstand aus irgendwelchen Gründen die Entscheidung über die Aufnahme ab, so entscheidet der Gesamtvorstand (§ 18 Abs. 1) über die Aufnahme.

Wird das Aufnahmegesuch vom Geschäftsführenden Vorstand abgelehnt, so ist Berufung an den Gesamtvorstand (§ 18 Abs. 1) gestattet, der endgültig entscheidet.

§ 6.

Außerordentliche Mitglieder können Personen oder Körperschaften werden, welche die Drucksachen der Gesellschaft zu beziehen wünschen. Bei nicht rechtsfähigen Gesellschaften erwirbt ihr satzungsmäßig oder besonders bestellter Vertreter die außerordentliche Mitgliedschaft.

Das Gesuch um Aufnahme als außerordentliches Mitglied ist an den Geschäftsführenden Vorstand zu richten, der über die Aufnahme entscheidet.

§ 7.

Zu Ehrenmitgliedern können vom Gesamtvorstande nur solche Personen erwählt werden, welche sich um die Zwecke der Gesellschaft hervorragend verdient gemacht haben.

§ 8.

Jedes eintretende ordentliche Mitglied zahlt ein Eintrittsgeld von 20, — M.

§ 9.

Jedes ordentliche Mitglied zahlt für das vom 1. April bis 31. März laufende Geschäftsjahr einen Beitrag von 25, — M., der jedesmal im April zu entrichten ist. Mitglieder, die im Laufe des Geschäftsjahres eintreten, zahlen den vollen Jahresbeitrag innerhalb eines Monats nach der Aufnahme. Beiträge, die in der vorgeschriebenen Zeit nicht eingegangen sind, werden durch Postauftrag oder durch Postnachnahme eingezogen.

§ 10.

Ordentliche Mitglieder und Körperschaften können durch einmalige Zahlung von 500, — M lebenslängliche Mitglieder werden und sind dann von der Zahlung der Jahresbeiträge befreit.

§ 11.

Jedes außerordentliche Mitglied zahlt für das Geschäftsjahr einen Beitrag von 25, — M.; ein Eintrittsgeld wird von außerordentlichen Mitgliedern nicht erhoben.

§ 12.

Ehrenmitglieder sind von der Zahlung der Jahresbeiträge befreit.

§ 13.

Die ordentlichen Mitglieder haben das Recht, an sämtlichen Versammlungen der Gesellschaft mit beschließender Stimme teilzunehmen, Anträge zu stellen sowie das Recht, zu wählen und gewählt zu werden; sie haben Anspruch auf Bezug der gedruckten Verhandlungsberichte.

§ 14.

Die außerordentlichen Mitglieder haben Anspruch auf Bezug der gedruckten Verhandlungsberichte; sie sind nicht stimmberechtigt, haben aber das Recht, den wissenschaftlichen und technischen Veranstaltungen der Gesellschaft beizuwohnen. Körperschaftliche Mitglieder dürfen nur einen Vertreter entsenden.

§ 15.

Ehrenmitglieder haben sämtliche Rechte der ordentlichen Mitglieder.

§ 16.

Mitglieder können jederzeit aus der Gesellschaft austreten. Der Austritt erfolgt durch schriftliche Anzeige an den Geschäftsführenden Vorstand und befreit nicht von der Entrichtung des laufenden Jahresbeitrages. Mit dem Austritt erlischt jeder Anspruch an das Vermögen der Gesellschaft.

§ 17.

Erforderlichenfalls können Mitglieder auf einstimmig gefaßten Beschluß des Gesamtvorstandes ausgeschlossen werden. Gegen einen derartigen Beschluß gibt es keine Berufung. Mit dem Ausschlusse erlischt jeder Anspruch an das Vermögen der Gesellschaft.

IV. Vorstand.

§ 18.

Der Gesamtvorstand der Gesellschaft setzt sich zusammen aus:
1. dem Ehrenvorsitzenden,
2. drei Vorsitzenden und
3. wenigstens sechs, höchstens dreißig Beisitzern.

Den Geschäftsführenden Vorstand im Sinne des § 26 des Bürgerlichen Gesetzbuches bilden die drei Vorsitzenden, die den Geschäftskreis (Vorsitzender, stellvertretender Vorsitzender und Schatzmeister) unter sich verteilen.

§ 19.

An der Spitze der Gesellschaft steht der Ehrenvorsitzende. Diesem wird das auf Lebenszeit zu führende Ehrenamt von den im § 18 Absatz 1 genannten übrigen Mitgliedern des Gesamtvorstandes angetragen. Er führt in den Versammlungen des Gesamtvorstandes und in der Mitgliederversammlung den Vorsitz, kann an allen Sitzungen teilnehmen und vertritt bei besonderen Anlässen die Gesellschaft. An der rechtlichen Vertretung der Gesellschaft wird hierdurch nichts geändert. Im Behinderungsfalle tritt an Stelle des Ehrenvorsitzenden einer der drei Vorsitzenden.

§ 20.

Die übrigen Mitglieder des Gesamtvorstandes werden von den stimmberechtigten Mitgliedern der Gesellschaft auf die Dauer von drei Jahren gewählt. Nach Ablauf eines jeden Geschäftsjahres scheidet der jeweilig dienstälteste Vorsitzende und das jeweilig dienstälteste Drittel der Beisitzer aus, bei gleichem Dienstalter entscheidet das Los. Eine Wiederwahl ist zulässig.

Scheidet ein Vorsitzender während seiner Amtsdauer aus sonstigen Gründen aus, so muß der Gesamtvorstand aus der Reihe der Beisitzer einen Ersatzmann wählen, der sich verpflichtet, das Amt anzunehmen und bis zur nächsten ordentlichen Mitgliederversammlung zu führen. Für den Rest der Amtsdauer des ausgeschiedenen Vorsitzenden wählt die ordentliche Mitgliederversammlung einen neuen Vorsitzenden.

Scheidet ein Beisitzer während seiner Amtsdauer aus einem anderen als dem in Absatz 1 bezeichneten Grunde aus, so kann der Gesamtvorstand aus den stimmberechtigten Mitgliedern einen Ersatzmann wählen, der sich verpflichtet, das Amt anzunehmen und bis zur nächsten ordentlichen Mitgliederversammlung zu führen.

§ 21.

Der Vorsitzende des Geschäftsführenden Vorstandes (§ 18 Absatz 2) leitet dessen Verhandlungen. Er beruft den Gesamtvorstand und den Geschäftsführenden Vorstand, so oft es die Lage der Geschäfte erfordert, insbesondere wenn 2 Mitglieder des Gesamtvorstandes oder des Geschäftsführenden Vorstandes es beantragen. Die Einladungen erfolgen schriftlich; einer Mitteilung der Tagesordnung bedarf es nicht.

§ 22.

Der Geschäftsführende Vorstand besorgt alle Angelegenheiten der Gesellschaft, insoweit sie nicht dem Gesamtvorstande oder der Mitgliederversammlung vorbehalten sind.

Urkunden, welche die Gesellschaft verpflichten sollen, sowie Vollmachten sind — vorbehaltlich des § 26 und § 27 h bis k — unter dem Namen der Gesellschaft von 2 Vorsitzenden zu unterzeichnen. Durch Urkunden solcher Art wird die Gesellschaft auch dann verpflichtet, wenn sie ohne einen Beschluß des Geschäftsführenden Vorstandes oder des Gesamtvorstandes ausgestellt sein sollten.

§ 23.

Der Geschäftsführende Vorstand muß in jedem Jahre eine Sitzung abhalten, in der unter Beobachtung der Vorschrift des § 34 Satz 1 die Tagesordnung für die ordentliche Mitgliederversammlung festgesetzt wird. Die Sitzung muß so rechtzeitig abgehalten werden, daß die ordnungsmäßige Einberufung der ordentlichen Mitgliederversammlung nach § 36 noch möglich ist.

§ 24.

Die Beschlüsse des Geschäftsführenden Vorstandes werden mit Stimmenmehrheit gefaßt.

§ 25.

Ist ein Mitglied des Geschäftsführenden Vorstandes behindert, an dessen Geschäften teilzunehmen, so hat der Gesamtvorstand aus der Reihe der Beisitzer einen Stellvertreter zu wählen.

§ 26.

Der Schatzmeister führt und verwahrt die Gesellschaftskasse und nimmt alle Zahlungen für die Gesellschaft gegen seine alleinige Quittung in Empfang.

§ 27.

Zum Geschäftskreis des § 18 Abs. 1 bezeichneten Gesamtvorstandes gehören folgende Angelegenheiten:

a) Wahl der Ehrenmitglieder (§ 7),
b) Entscheidung über ein Gesuch um Aufnahme als ordentliches Mitglied, wenn der Geschäftsführende Vorstand die Entscheidung abgelehnt hat (§ 5 Abs. 3),
c) Entscheidung über die Berufung gegen einen Beschluß des Geschäftsführenden Vorstandes, durch den ein Gesuch um Aufnahme als ordentliches Mitglied abgelehnt ist (§ 5 Absatz 4),
d) Ausschluß von Mitgliedern (§ 17),
e) Zusammensetzung von Ausschüssen, insbesondere eines Wissenschaftl.-Technischen Ausschusses (§ 3 Nr. 3),
f) Wahl von Ersatzmännern und Stellvertretern für Mitglieder des Gesamtvorstandes in den Fällen des § 20 Abs. 2 und 3 und des § 25,
g) Einberufung der ordentlichen und außerordentlichen Mitgliederversammlungen,
h) Eingehen von Verpflichtungen der Gesellschaft, die im Einzelfalle den Betrag von 2000 M. überschreiten,
i) Anstellung eines besoldeten Geschäftsführers,
k) Anstellung von Personal, dessen Einzelgehalt mehr als 1500 M. jährlich beträgt.

§ 28.

Der Gesamtvorstand muß in jedem Jahr eine Sitzung abhalten; er ist beschlußfähig, wenn mindestens 4 seiner Mitglieder zugegen sind.

Die Beschlüsse werden mit einfacher Stimmenmehrheit gefaßt. Bei Stimmengleichheit entscheidet die Stimme des Ehrenvorsitzenden, im Behinderungsfalle die seines Stellvertreters (§ 19 Satz 4), bei Wahlen das Los.

§ 29.

Der Wissenschaftlich-Technische Ausschuß (§ 27 e) ist die Mittelstelle für alle sachlichen Fragen. Er bildet aus seinen Mitgliedern Unterausschüsse für die Bearbeitung von Einzelfragen und bereitet das wissenschaftlich-technische Programm für die Mitgliederversammlungen vor.

Die Unterausschüsse haben das Recht, sich aus der Reihe der ordentlichen Mitglieder zu ergänzen.

Den Vorsitz des Wissenschaftlich-Technischen Ausschusses führt ein Mitglied des Geschäftsführenden Vorstandes, den Vorsitz der Unterausschüsse je ein vom Wissenschaftlich-Technischen Ausschuß hierzu beauftragtes Ausschußmitglied.

§ 30.

Der Geschäftsführer der Gesellschaft hat die ihm übertragenen Geschäfte nach den Anweisungen des Gesamtvorstandes und des Geschäftsführenden Vorstandes zu erledigen.

Der Geschäftsführer muß zu allen Sitzungen des Gesamtvorstandes und des Geschäftsführenden Vorstandes zugezogen werden, in denen er beratende Stimme hat.

V. Mitgliederversammlungen.

§ 31.

Zum Geschäftskreis der Mitgliederversammlungen gehören folgende Angelegenheiten:
1. Entgegennahme des vom Gesamtvorstande zu erstattenden Jahresberichts,
2. Entgegennahme des vom Wissenschaftlich-Technischen Ausschuß zu erstattenden Jahresberichts,
3. Entgegennahme des Berichts der Rechnungsprüfer und Entlastung des Gesamtvorstandes von der Geschäftsführung des vergangenen Jahres,
4. Wahl des Vorstandes (mit Ausnahme des Ehrenvorsitzenden [§ 19]),
5. Wahl von 2 Rechnungsprüfern für das nächste Jahr,
6. Beschlußfassung über den Ort der nächsten ordentlichen Mitgliederversammlung,
7. Beschlußfassung über vorgeschlagene Satzungsänderungen,
8. Beschlußfassung über Auflösung der Gesellschaft.

§ 32.

Die Mitgliederversammlung ist das oberste Organ der Gesellschaft. Sie ist befugt, in allen Angelegenheiten Beschlüsse zu fassen, die für den Geschäftsführenden Vorstand und den Gesamtvorstand bindend sind. Die Vertretungsbefugnis des Geschäftsführenden Vorstande und des Gesamt-Vorstandes nach außen wird durch diese Beschlüsse nicht eingeschränkt.

§ 33.

Die Mitgliederversammlungen der Gesellschaft zerfallen in:
1. die ordentliche Mitgliederversammlung,
2. außerordentliche Mitgliederversammlungen.

§ 34.

Die ordentliche Mitgliederversammlung soll jährlich möglichst im Mai abgehalten werden. In dieser sind die in § 31 unter 1 bis 6 aufgeführten geschäftlichen Angelegenheiten zu erledigen und die Namen der neuen Gesellschaftsmitglieder bekannt zu geben. Ferner haben wissenschaftliche Vorträge und Besprechungen stattzufinden.

§ 35.

Zu den Mitgliederversammlungen erläßt der Geschäftsführende Vorstand die Einladungen unter Mitteilung der Tagesordnung.

Außerordentliche Mitgliederversammlungen können vom Gesamtvorstande unter Bestimmung des Ortes anberaumt werden, wenn es die Lage der Geschäfte erfordert.

Eine solche außerordentliche Mitgliederversammlung muß innerhalb 4 Wochen stattfinden, wenn ein dahingehender von mindestens 30 stimmberechtigten Mitgliedern unterschriebener Antrag mit Angabe des Beratungsgegenstandes eingereicht wird.

§ 36.

Alle Einladungen zu Mitgliederversammlungen müssen mindestens 3 Wochen vorher schriftlich an die Gesellschaftsmitglieder ergehen.

§ 37.

Die Anträge von Mitgliedern müssen dem Geschäftsführer 14 Tage und, soweit sie eine Satzungsänderung oder die Auflösung der Gesellschaft betreffen, 4 Wochen vor der Versammlung mit Begründung schriftlich durch eingeschriebenen Brief eingereicht werden.

§ 38.

In den Mitgliederversammlungen werden die Beschlüsse, soweit sie nicht Änderungen der Satzung oder des Zweckes oder die Auflösung der Gesellschaft betreffen, mit einfacher Stimmenmehrheit der anwesenden stimmberechtigten Mitglieder gefaßt. Bei Stimmengleichheit entscheidet die Stimme des Vorsitzenden, bei Wahlen das Los.

§ 39.

Eine Abänderung der Satzung oder des Zweckes der Gesellschaft kann nur durch einen Mehrheitsbeschluß von drei Vierteln der in einer Mitgliederversammlung erschienenen stimmberechtigten Mitglieder erfolgen.

§ 40.

Wenn nicht mindestens 20 anwesende stimmberechtigte Mitglieder namentliche Abstimmung verlangen, wird in allen Versammlungen durch Erheben der Hand abgestimmt. Wahlen erfolgen durch Stimmzettel oder durch Zuruf. Sie müssen durch Stimmzettel erfolgen, sobald der Wahl durch Zuruf auch nur von einer Seite widersprochen wird.

Ergibt sich bei einer Wahl nicht sofort die Mehrheit, so sind bei einem zweiten Wahlgange diejenigen beiden Kandidaten zur engeren Wahl zu bringen, für die vorher die meisten Stimmen abgegeben waren. Bei Stimmengleichheit kommen alle, welche die gleiche Stimmenzahl erhalten haben, in die engere Wahl. Wenn auch der zweite Wahlgang Stimmengleichheit ergibt, entscheidet das Los darüber, wer in die engere Wahl zu kommen hat. (Siehe § 28 Abs. 2.)

§ 41.

In allen Versammlungen führt der Geschäftsführer eine Niederschrift, die von dem jeweiligen Vorsitzenden der Versammlung unterzeichnet wird.

§ 42.

Die Geschäftsordnung für die Versammlungen wird vom Gesamtvorstande festgestellt und kann auch von diesem durch einfache Beschlußfassung geändert werden.

VI. Auflösung der Gesellschaft.

§ 43.

Die Auflösung der Gesellschaft darf nur dann zur Beratung gestellt werden, wenn sie von sämtlichen Mitgliedern des Gesamtvorstandes oder von 50 stimmberechtigten Mitgliedern beantragt wird.

Die Auflösung der Gesellschaft kann nur durch $^3/_4$-Mehrheit der stimmberechtigten Mitglieder beschlossen werden. Ist die Versammlung jedoch nicht beschlußfähig, so kann eine zweite zu gleichem Zwecke einberufen werden, bei der eine Mehrheit von $^3/_4$ der anwesenden stimmberechtigten Mitglieder über die Auflösung entscheidet.

§ 44.

Bei Auflösung der Gesellschaft ist auch über die Verwendung des Gesellschaftsvermögens Beschluß zu fassen, doch darf es nur zur Förderung der Luftfahrt verwendet werden.

II. Gesamtvorstand:

Ehrenvorsitzender:

SEINE KÖNIGLICHE HOHEIT
PRINZ HEINRICH VON PREUSSEN,
Dr.-Jng.

3 Vorsitzende:

Geheimer Regierungsrat Dr. von Böttinger, Mitglied des Herrenhauses, Elberfeld,
Professor Dr. Dr.-Ing. von Parseval, Major z. D., Charlottenburg.
Professor Dr. Prandtl - Göttingen.

Beisitzer:

Geheimer Oberregierungsrat Albert-Berlin, Geheimer Regierungsrat Professor Dr. A ß mann-Lindenberg, Geheimer Regierungsrat Professor Dr. Barkhausen - Hannover, Professor Dr.-Ing. Bendemann - Adlershof, Deutsche Versuchsanstalt, August Euler - Frankfurt a. M., Geheimrat Professor Dr. Finsterwalder - München, Exzellenz von der Goltz, Generalleutnant z. D., Berlin, Bankier Hagen - Potsdam, Exzellenz von Hänisch, Generalleutnant, General-Inspekteur des Militär-Verkehrswesens, Berlin, Professor Dr. Hartmann - Frankfurt a. M., Geheimer Regierungsrat Professor Dr. Hergesell - Straßburg, Exzellenz Freiherr von Lyncker, General d. Inf. z. D., Berlin, Exzellenz Merten, Vize-Admiral z. D., Berlin, Exzellenz Naumann, Wirklicher Geheimer Rat, Ministerialdirektor, Dr., Berlin, Exzellenz von Nieber, Generalleutnant z. D., Berlin, Max Oertz - Hamburg, Oberstleutnant Oschmann - Berlin, Marinebaumeister Pietzker †, Privatdozent, Berlin, Professor Dr.-Ing. Reißner - Charlottenburg, Professor Romberg Rektor der Technischen Hochschule Charlottenburg, Geheimer Hofrat Professor Scheit - Dresden, Geheimer Regierungsrat Professor Schütte - Danzig, Graf von Sierstorpff - Berlin, Geheimer Oberregierungsrat Dr. Tull - Berlin, Professor Dr. Wachsmuth, Rektor der Akademie, Frankfurt a. M., Wirklicher Geheimer Oberbaurat Dr. Zimmermann - Berlin.

Syndikus: Geheimer Finanzrat Dr. Erythropel - Berlin.

Geheimer Regierungsrat Professor Dr. Grübler - Dresden als Vertreter des Ortsausschusses Dresden.

III. Geschäftsführender Vorstand.

Geheimer Regierungsrat Dr. v. Böttinger - Elberfeld, Prof. Dr. von Parseval - Charlottenburg, Professor Dr. Prandtl - Göttingen.

Geschäftsführer:

Paul Béjeuhr.

Geschäftsstelle: Berlin W 30, Nollendorfplatz 3.

Telegrammadresse: Flugwissen; Telephon: Amt Nollendorf Nr. 2920—2921.

IV. Wissenschaftlich-Technischer Ausschuß:

Professor Dr. F. Ahlborn - Hamburg.
Geheimrat Professor Dr. R. Aßmann - Lindenberg, Kreis Beeskow.
Geheimrat Professor Dr. Barkhausen - Hannover.
Professor A. Baumann - Stuttgart-Uhlbach.
Professor Dr.-Ing. F. Bendemann - Adlershof.
Geheimrat Professor Berndt - Darmstadt.
Professor Dr. von dem Borne - Krietern.
Geheimrat Dr. von Böttinger, Mitglied des Herrenhauses, Elberfeld.
Geheimrat Professor Dr. E. Brauer - Karlsruhe.
Marinebaumeister Coulmann - Kiel.
Oberingenieur Dürr - Friedrichshafen a. B.
Professor Dr. Emden - München.
Fabrikbesitzer August Euler - Frankfurt a. M.
Geheimrat Professor Dr. Finsterwalder - München-Neuwittelsbach.
Professor Dr.-Ing. Föttinger - Danzig-Zoppot.
Hofrat Professor Dr. Friedländer - Hohe Mark im Taunus.
Hauptmann Geerdtz - Charlottenburg.
Ingenieur Hans Grade - Bork.
Oberstleutnant Groß - Charlottenburg.
Geheimrat Professor Dr. Grübler - Dresden-A.
Diplom-Ingenieur Karl Grulich - Gotha.
Professor Dr. Eugen Hartmann - Frankfurt a. M.
Geheimrat Professor Dr. Hergesell - Straßburg i. E.
Technischer Direktor Helmuth Hirth - Johannisthal b. Berlin.
Professor Junkers - Aachen.
Diplom-Ingenieur Kober - Friedrichshafen a. B.
Geheimrat Professor Dr. Köppen - Hamburg.
Direktor O. Krell - Berlin.
Regierungs- und Baurat Krey - Berlin.
Dozent Dr. Franz Linke - Frankfurt a. M.
Professor Dr. Eugen Meyer - Charlottenburg.
Geheimrat Professor Dr. Nernst - Berlin.
Werftbesitzer Max Oertz - Hamburg.
Major a. D. Professor Dr. von Parseval - Charlottenburg.
Marinebaumeister Privatdozent Pietzker †, Berlin-Südende.
Professor Dr. L. Prandtl - Göttingen.
Professor Dr.-Ing. H. Reißner - Charlottenburg.
Professor F. Romberg - Charlottenburg.
Direktor Ing. E. Rumpler - Johannisthal-Berlin.
Geheimrat Professor H. Scheit - Dresden 20.
Geheimrat Professor Schütte - Danzig.
Professor Dr.-Ing. Schlink - Braunschweig.
Diplom-Ingenieur Freiherr von Soden - Fraunhofen, Friedrichshafen a. Bodensee.
Professor Dr. Süring-Potsdam.
Direktor Willy Tischbein - Hannover.

Professor Dr. R. Wachsmuth - Frankfurt a. M.
Professor M. Weber - Charlottenburg.
Direktor Otto Wiener (Albatroswerke), Johannisthal b. Berlin.
Direktor Ernst Wolff (N. A.-G.), Oberschöneweide b. Berlin.
Wirklicher Geheimrat Dr.-Ing. H. Zimmermann - Berlin.

V. Unterausschüsse.

Ausschuß a zur Beurteilung von Erfindungen.

Obmänner: Professor Dr. von Parseval-Berlin, Professor Romberg-Charlottenburg.

Professor Dr. Ahlborn - Hamburg, Prof. Dr.-Ing. Bendemann - Adlershof, Geheimrat Professor Berndt - Darmstadt, Geheimrat Professor Dr. Grübler - Dresden, Dipl.-Ing. Grulich - Gotha, Professor Dr. Eugen Meyer - Charlottenburg, Professor Dr. Prandtl-Göttingen, Professor Dr. Schlink - Braunschweig, Professor M. Weber - Charlottenburg.

Ausschuß b für literarische Auskünfte und Literaturzusammenstellung.

Obmann: Privatdozent Marinebaumeister Pietzker †, Berlin, seit 19. Okt. Professor Dr. Ing. Bendemann - Adlershof,

Hauptmann a. D. Dr. Hildebrandt - Berlin, Dr. F. Linke - Frankfurt a. M., Professor Dr.-Ing. Reißner - Charlottenburg, Professor Romberg - Charlottenburg, Professor Dr. Wachsmuth - Frankfurt a. M.

Ausschuß c für Aerodynamik.

Obmann: Professor Dr. Prandtl - Göttingen.

Professor Dr. Ahlborn-Hamburg, Professor Dr.-Ing. Bendemann-Adlershof, Professor Dr. Emden-München, Geheimrat Professor Dr. Finsterwalder-München, Professor Dr.-Ing. Föttinger-Danzig, Oberstleutnant Groß-Berlin, Geheimrat Professor Dr. Grübler-Dresden, Dipl.-Ing. Grulich-Gotha, Geheimrat Professor Dr. Hergesell-Straßburg, Dipl.-Ing. Kober-Friedrichshafen a. B., Regierungsrat Krey-Berlin, Professor Dr. von Parseval-Charlottenburg, Professor Dr. Reißner-Charlottenburg, Professor Dr. Ing. Schlink-Braunschweig, Professor Dr. Wachsmuth-Frankfurt a. M., Direktor Wiener-Johannisthal.

Ausschuß d für Motoren.

Obmann: Professor Romberg-Charlottenburg.

Professor A. Baumann - Stuttgart, Professor Dr.-Ing. Bendemann - Adlershof, Geheimrat Professor Berndt-Darmstadt, Zivil-Ing. Conrad-Berlin, Professor Junkers-Aachen, Professor Dr. E. Meyer-Charlottenburg, Direktor Rumpler-Johannisthal, Geheimrat Professor Scheit-Dresden, Direktor Wolff-Ober-Schöneweide, Wirklicher Geheimer Oberbaurat Dr. Zimmermann-Berlin.

Ausschuß e für konstruktive Fragen der Luftfahrzeuge mit besonderer Berücksichtigung der Sicherheitsvorschriften.

Obmann: Professor Dr. Reißner-Charlottenburg.

Professor Baumann-Stuttgart, Hauptmann Geerdtz-Berlin, Oberstleutnant Groß-Berlin, Dipl.-Ing. Grulich-Gotha, Geheimrat Prof. Dr. Hergesell-Straßburg i. E., Techn. Direktor Hirth-Johannisthal, Dipl.-Ing. Kober-Friedrichshafen a. B., Prof. Dr. E. Meyer-Charlottenburg, Werftbesitzer Max Oertz-Hamburg, Professor Dr. von Parseval-Berlin,

Professor Romberg-Charlottenburg, Professor Dr. Schlink-Braunschweig, Direktor Tisch
bein-Hannover, Professor Weber-Charlottenburg, Direktor Wiener-Johannisthal,
Direktor Wolff-Ober-Schöneweide.

Ausschuß f für medizinische und psychologische Fragen.

Obmann: Hofrat Professor Dr. Friedländer, Hohe Mark i. T.

Professor Ahlborn-Hamburg, Geheimrat Professor Dr. Aßmann-Lindenberg, Ge-
heimrat Dr. von Böttinger-Elberfeld, Professor Cohnheim-Hamburg, Hauptmann Ernst-
Straßburg, Fabrikbesitzer August Euler-Frankfurt a. M., Stabsarzt Dr. Flemming-
Schöneberg, Dr. Emil Grulich-Darmstadt, Dipl.-Ing. Grulich-Gotha, Privatdozent Dr.
Halben-Berlin, Geheimrat Prof. Dr. Hergesell-Straßburg i. E., Technischer Direktor
Hirth-Johannisthal, Rechtsanwalt Dr. Joseph-Frankfurt a. M., Stabsarzt Dr. Koschel-
Berlin, Professor Dr. Sievers-Gießen. Kooptiert von der Vereinigung zur wissenschaftlichen
Erforschung des Sports und der Leibesübungen: Prof. Nicolai-Berlin, Geheimrat Professor
Zuntz-Berlin.

Ausschuß g für Vereinheitlichung der Fachsprache.

Obmann: Prof. Dr. E. Meyer-Charlottenburg.

Professor Dr.-Ing. Bendemann-Adlershof, Fabrikbesitzer Euler-Frankfurt a. M.,
Geheimrat Prof. Dr. Finsterwalder-München, Ingenieur Hans Grade-Bork, Dipl.-Ing.
Grulich-Gotha, Technischer Direktor Hirth-Johannisthal, Direktor Krell-Berlin, Werft-
besitzer Max Oertz-Hamburg, Professor Dr. von Parseval-Berlin, Oberstudienrat Professor
Dr. Poeschel, Rektor, Meißen-St. Afra, Professor Dr. Reißner-Charlottenburg, Direktor
Rumpler-Johannisthal, Dipl.-Ing. Freiherr von Soden-Friedrichshafen a. B., Direktor
Tischbein-Hannover, Direktor Wiener-Johannisthal, Direktor Wolff-Ober-Schöneweide,
Wirkl. Geheimer Ober-Baurat Dr. Zimmermann-Berlin.

Ausschuß h für Meßwesen.

Obmann: Professor Dr. Wachsmuth-Frankfurt a. M.

Professor Dr. Bendemann-Adlershof, Professor Dr. v. d. Borne-Krietern-Breslau,
Professor Dr. Hartmann-Frankfurt a. M., Professor Junkers-Aachen, Dipl.-Ing. Kober-
Friedrichshafen a. B., Direktor Krell-Berlin, Professor Dr. Prandtl-Göttingen, Dipl.-Ing.
Freiherr von Soden-Friedrichshafen a. B., Professor Dr. Süring-Potsdam, Direktor Wiener-
Johannisthal.

Ausschuß i für Aerologie.

Obmann: Geheimrat Professor Dr. Aßmann-Lindenberg.

Professor von dem Borne-Krietern-Breslau, Professor Emden-München, Geheimrat
Professor Dr. Hergesell-Straßburg i. Els., Geheimrat Dr. Köppen-Hamburg, Professor
Dr. Polis-Aachen, Professor Dr. Stade-Berlin, Professor Dr. Süring-Potsdam.

Ausschuß k für elektrostatische Fragen.

Obmann: Dozent Dr. Linke-Frankfurt a. M.

Professor Dr. v. d. Borne-Krietern-Breslau, Dr. Dieckmann-München, Dipl.-Ing.
Dr. Fuhrmann-Adlershof, Dr. Köhler-Potsdam, Dr. Meißner-Berlin, Professor Dr.
Süring-Potsdam, Dr. Weil-Hannover.

Ferner hat sich zur Beratung der Ausschreibungsbestimmungen für einen

Wettbewerb um einen aufzeichnenden Beschleunigungsmesser für Flugzeuge

folgende Kommission gebildet:

Obmann: Professor Dr.-Ing. Reißner-Charlottenburg.

Professor A. Baumann-Stuttgart-Uhlbach, Professor Dr. von dem Borne-Krietern, Kreis Breslau, Dipl.-Ing. Karl Grulich-Gotha, Technischer Direktor Helmuth Hirth-Johannisthal-Berlin, Dipl.-Ing. Dr. Hoff-Köpenick, Direktor O. Krell-Berlin, Kapitän zur See Lübbert-Kiel, Professor Dr. von Parseval-Charlottenburg, Professor Dr. Prandtl-Göttingen, Professor Dr. Wachsmuth-Frankfurt a. M., Direktor Ernst Wolff-Ober-Schöne-weide-Berlin.

Kurzer Versammlungsbericht.

1. Zwischen der 1. Hauptversammlung 1912 und der 2. Hauptversammlung 1913.

Nachdem durch die im November zu Frankfurt tagende 1. Hauptversammlung die Satzung der Gesellschaft angenommen war und hiermit ihre Eintragung sowie ein geschäftsmäßiges Arbeiten ermöglicht wurde, diente die erste der Versammlung folgende Zeit dazu, den Geschäftsgang der Verwaltungsstellen sowie der einzelnen Unterausschüsse zu regeln und die von der Versammlung gefaßten Beschlüsse ins Leben zu rufen.

So wurde der Vertrag mit den Herausgebern der „Zeitschrift für Flugtechnik und Motorluftschiffahrt", Herrn Zivilingenieur Ansbert Vorreiter und der Firma R. Oldenbourg, München-Berlin, betreffs Übernahme dieser Zeitschrift als offizielles Organ der Gesellschaft abgeschlossen.

Es wurde ferner der Eintritt in den Deutschen Luftfahrer-Verband herbeigeführt und endlich Vorverhandlungen mit verschiedenen Verlegern gepflogen, eine Literaturzusammenstellung über das Gebiet „Luftfahrt" herauszugeben.

Von besonderer Bedeutung für die Gesellschaft wurde Anfang des Jahres 1913, daß sie durch einige Vertreter zu den Vorbesprechungen über das neue deutsche Luftgesetz hinzugezogen wurde; bedeutungsvoller sollte aber noch die Vereinbarung mit den Reichs- und Landesbehörden sowie mit dem Kuratorium der National-Flugspende werden, nach welcher die bei diesen Stellen eingehenden Erfindungsgesuche auf dem Gebiete „Luftfahrt" von einem Ausschuß der Gesellschaft für die Behörden begutachtend erledigt wurden. Diese Tätigkeit ist der Gesellschaft bis zum 31. Dezember 1917 übertragen und als Entgelt, besonders zum Ersetzen der durch Reisen und Spesen erwachsenden Unkosten, wurden der Gesellschaft von seiten der National-Flugspende einmalig 50 000 M. am 18. Februar 1913 überwiesen.

Tätigkeit des Vorstandes.

Der geschäftsführende Vorstand trat in dieser Zeit viermal, und zwar am 25. Januar, 3. Februar, 16. März und 4. Juli zu Beratungen zusammen. In den beiden letzten Tagungen folgte diesen Besprechungen auch noch eine Sitzung des Gesamtvorstandes. In der ersten Sitzung wurde gemäß des von der I. Ordentlichen Mitgliederversammlung gefaßten Beschlusses die Drucklegung der Vorträge und Versammlungsberichte für das erste Jahrbuch in 3 Lieferungen festgelegt, die durch einen gemeinsamen Einband zum Jahrbuch vereinigt werden sollten.

Da der Vorstand die Haupttätigkeit der Gesellschaft in intensiver Beratung in den Unterausschüssen erblickte, wurde in Erwägung gezogen, zu den betreffenden Kommissionssitzungen Reisegelder, d. h. Ersatz der Fahrkosten II. Klasse zu gewähren. Mit Rücksicht auf den geringen zur Verfügung stehenden Etat mußte jedoch eine Verwirklichung dieser Absicht bis auf weiteres hinausgeschoben werden.

Herr Geheimrat Dr. von Böttinger als Mitglied des Verwaltungsausschusses der National-Flugspende wurde gebeten, die beiden Anträge der Gesellschaft zu befürworten, nämlich eine einmalige Unterstützung aus dem Fonds der National-Flugspende zur Ausführung der in § 2 der Satzungen genannten Ziele der Gesellschaft zu erbitten, desgleichen für Übernahme der oben erwähnten Begutachtungstätigkeit für Erfindungsgesuche einen jährlichen Beitrag von 10 000 M.

Es wurde ferner gemäß dem Antrage des Geschäftsführers beschlossen, an Herrn Geheimrat Dr. Erythropel, vortragender Rat im Königlich Preußischen Finanzministerium, mit der Bitte heranzutreten, ehrenamtlich als Syndikus der Gesellschaft zu fungieren.

Bereits in der zweiten Sitzung konnte Herr Geheimrat Dr. von Böttinger berichten, daß dem Antrage bei der National-Flugspende, wenn auch nicht in vollem Umfange, so doch in der Art zugestimmt wäre, daß die Gesellschaft für Übernahme der Begutachtungstätigkeit, wie bereits oben erwähnt, für 5 Jahre einen einmaligen Zuschuß von 50 000 M. erhält.

Die Erfindungsgesuche der Reichs- und Landesbehörden sowie der National-Flugspende sollen im allgemeinen, falls eine Befürwortung nicht angebracht erscheint, direkt von der Gesellschaft an den Gesuchsteller erledigt und den betreffenden Stellen nur der Entscheid mitgeteilt werden. Nur bei Immediatgesuchen oder solchen Eingängen, bei denen eine urschriftliche Rückgabe erbeten ist, wird ein ausführliches Gutachten den Behörden mit dem Eingang zurückgegeben.

Es wurden in dieser Sitzung die ersten Vorbesprechungen für die O. M. V. 1913 gepflogen, nachdem sich Herr Geheimrat Professor Dr. Miethe und Fabrikbesitzer Krause vom Berliner Verein für Luftschiffahrt in liebenswürdigster Weise bereit erklärt hatten, die Arbeiten des Ortsausschusses für die Berliner Tagung zu leiten.

Auf der Sitzung des Gesamtvorstandes am 16. März wurde vornehmlich über das von Herrn Professor Prandtl, Göttingen, vorgeschlagene Preisausschreiben für einen registrierenden Geschwindigkeits- und Beschleunigungsmesser verhandelt, und es wurde beschlossen, nachdem die National-Flugspende für dieses Preisausschreiben einen Betrag von 2000 M. bereitgestellt hatte, von seiten der Gesellschaft weitere 1000 M. zu bewilligen.

In der Sitzung vom 4. Juni wurden die von einer besonderen Kommission inzwischen aufgestellten Entwürfe des Preisausschreibens vom Gesamtvorstand genehmigt und das Preisgericht festgesetzt.

Es wurde ferner auf Antrag von Professor Wachsmuth beschlossen, für jedes Jahr in den Vorstand einen Herrn des Ortes zu kooptieren, in welchem die nächste O. M. V. stattfinden soll.

Außerdem wurde auf Grund eines von Dr. Linke und Privatdozent Dr. Dieckmann gestellten Antrages die Errichtung eines besonderen Unterausschusses

für drahtlose Telegraphie für sehr wünschenswert gehalten und der O. M. V.
die Errichtung empfohlen.

Tätigkeit der Ausschüsse.

Ist durch die Arbeiten des Vorstandes die Verwaltungstätigkeit der Gesellschaft charakterisiert, so möge in folgendem über die Tätigkeit der Unterausschüsse
kurz berichtet werden.

Der Wissenschaftlich-Technische Ausschuß war für Montag, den
17. März 1913, eingeladen; nachdem sich jedoch herausstellte, daß die Arbeiten
der übrigen Unterausschüsse und des Gesamtvorstandes am Montag, den 16. März,
vormittags zu erledigen waren, hielt der Wissenschaftlich-Technische Ausschuß
bereits am selben Nachmittag seine Sitzung ab.

Es wurden hauptsächlich von den Obmännern der einzelnen Unterausschüsse
Berichte über die Tätigkeit derselben erstattet, wobei sich die Gelegenheit ergab,
folgenden Beschluß zu normieren:

> Grundsätzlich sollen bei ordentlichen Mitglieder-Versammlungen keine
> Vorträge über Erfindungen gehalten werden, die noch nicht erprobt sind.
> Es kann nur von Fall zu Fall entschieden werden, ob im besonderen von
> diesem Grundsatz abgewichen werden soll. Jedenfalls ist der Ausschuß
> zur Beurteilung von Erfindungen zunächst zu befragen, ob er den betreffen-
> den Vortrag befürworten kann.

Es wurden ferner die Vorträge für die II. O. M. V. festgesetzt und in Übereinstimmung mit dem Gesamtvorstand beschlossen, daß für Vorträge zunächst
kein Honorar gezahlt wird und ferner die erstmalige Veröffentlichung des Vortrages im Jahrbuch unserer Gesellschaft zu erfolgen hat, von welcher Veröffentlichung dem Autor kostenlos 50 Sonderabdrücke zur Verfügung gestellt werden.

In der Sitzung des „Ausschusses a zur Beurteilung von Erfindungen"
berichtete Herr Professor von Parseval zunächst über den jetzt eingeführten
Geschäftsgang des Arbeitsausschusses zur Prüfung der Erfindungsgesuche. Grundsätzlich werden diese Gesuche vom Geschäftsführer und Herrn Dipl.-Ing.-
Dr. Quittner vorgeprüft und von beiden Herren mit kurzen Angaben über den
Inhalt und den Wert der Erfindung versehen. Sie gelangen alsdann an die beiden
Herren Professoren von Parseval und Romberg, die ebenfalls ihre Vermerke
machen. Ist die Entscheidung nach diesen Vermerken schon möglich, so wird in
einer gemeinsamen Sitzung, bei der die beiden Vorprüfer beratende Stimme
haben, über die Erfindung entschieden. Anderenfalls wird noch ein schriftliches
oder mündliches Gutachten irgendwelcher Spezialfachleute herbeigeführt, auch
ist in Aussicht genommen, bei wichtigeren Sachen gemeinsame Sitzungen von
mehreren Herren des Ausschusses a einzuberufen, um über die Erfindung eingehend
zu sprechen.

Der Ausschuß beschloß, in Anbetracht der außerordentlich großen Zahl von
Eingängen für eine bestimmte Form der Einsendungen Fragebogen auszuarbeiten,
zu denen Herr Geheimrat Professor Dr. Grübler in gütiger Weise die Ausarbeitung
des ersten Schemas übernahm.

Betreffs der Ermöglichung einer Durchführung eigener Versuche mit brauchbar erscheinenden Erfindungen wurde auf Antrag von Geheimrat Grübler und Professor Wagener† beschlossen, in solchen Fällen bei den bestehenden Versuchsanstalten eine Rundfrage zu erlassen, ob diese evtl. solche Versuche anstellen wollen.

Beim „Ausschuß b für literarische Auskünfte und Literaturzusammenstellung" konnte der Vorsitzende, Marinebaumeister Pietzker†, berichten, daß, nachdem die Firma Vieweg & Sohn sich außerstande gesehen hatte, die Veröffentlichungen gemeinsam mit der Gesellschaft zu einem erschwinglichen Preise herauszugeben, mit dem Internationalen Institut für Techno-Bibliographie, Berlin, die Abmachung nahe bevorstehe, wonach dieses Institut der Gesellschaft ein Redaktionshonorar von 100 M. pro Monat vergüte und für eine monatliche Literaturzusammenstellung des Gebietes „Luftfahrt" nach dem Manuskript der Gesellschaft einen Jahrespreis von 3 M. pro Jahrgang verlange. Die Versendung müßte dann von seiten der Geschäftsstelle an die Mitglieder geschehen.

Der „Ausschuß c für Aerodynamik" ist bisher überhaupt noch nicht zum Arbeiten gekommen, da er in erster Linie in dem später zu erwähnenden Preisausschreiben für einen Geschwindigkeits- und Beschleunigungsmesser mitzuarbeiten hatte.

Der „Ausschuß d für Motoren" betonte in seiner Sitzung am 16. März die Notwendigkeit, besondere Normen für die Untersuchung von Luftfahrtmotoren aufzustellen, und zwar eine Trennung der Regeln für Abnahmeversuche von solchen für wissenschaftliche Prüfungen in geeigneter Weise zum Ausdruck zu bringen.

Für die weitere Regelung der Arbeiten wurde ein besonderer Arbeitsausschuß gewählt unter dem Vorsitz von Professor Romberg, der inzwischen in mehreren Beratungen diese Normen im Entwurf aufgestellt hat.

Der „Ausschuß f für medizinische und psychologische Fragen" trat ebenfalls am 16. März zu einer Sitzung zusammen und betonte in Beantwortung eines von Hauptmann Ernst, Straßburg, gestellten Antrages die Notwendigkeit, bei statistischen Aufstellungen die Opfer des Flugwesens in Absturz- und Landungsopfer zu trennen. Er erweiterte den Antrag des Vorjahres, Legitimationen für Ärzte durch die Generalinspektion des Militärverkehrswesens zu erhalten, um nach einem bestimmten Untersuchungsschema auf den Flugplätzen vor und nach den Flügen Untersuchungen an den Fliegern vornehmen zu können.

Bereits in der nächsten Sitzung am 4. Juni konnte der Vorsitzende darüber berichten, daß beim letzten Prinz-Heinrich-Flug seiner Anregung entsprechend die Überlandflieger nicht mehr zu Schauflügen herangezogen worden sind, und ferner, daß er infolge des Entgegenkommens des Herrn August Euler Gelegenheit gehabt hatte, dessen Flugschüler vor und nach einigen Flügen zu untersuchen. Auf dieser Sitzung wurde auch ein Antrag formuliert, dessen Annahme in der Geschäftssitzung am 5. Juni von der Hauptversammlung beschlossen worden ist.

Der „Ausschuß g für Vereinheitlichung der Fachsprache" trat ebenfalls am 16. März zusammen und einigte sich nach längerer Aussprache dahin, daß es neben dem bestehenden Sprachausschuß des Deutschen Luftfahrer-Verbandes für nützlich erachtet wurde, selbständig in seine Arbeiten einzutreten, um die einheitlichen Fachausdrücke im Flugwesen so zu normieren, daß sowohl Theoretiker als auch Praktiker unter einem einmal festgesetzten Begriff auch dasselbe verstehen.

In seiner Sitzung vom 16. März berichtete im „Ausschuß i für Aerologie" der Obmann, Geheimrat Professor Dr. Aßmann, über die Versuche, die Drachen-Registrierapparate in Flugzeugen derart anzubringen, daß der Führer aus den Kurven sofortige Schlüsse auf die Bewegung der ihn umgebenden Luft ziehen kann. Die Versuche sind vor allen Dingen daran gescheitert, daß sich ein passender Platz für die Unterbringung des Apparates bei Eindeckern mit vorderer Saugschraube kaum finden läßt und ferner, daß die Erschütterungen des Motors die Registrierkurven außerordentlich erschweren. Es werden jedoch Verbesserungsversuche angestellt, so daß begründete Aussicht besteht, den Apparat noch in zufriedenstellender Weise für Flugzeuge umzubauen.

Der „Ausschuß k für luftelektrische Fragen" hatte vor der Hauptversammlung 1912 überhaupt keine Gelegenheit, zu einer Sitzung zusammenzutreten, so daß in der Sitzung am 16. März erst das Arbeitsprogramm des Ausschusses aufgestellt werden mußte. Da die Mitgliederzahl des Ausschusses sich als viel zu gering erwies, wurden noch eine Reihe Herren kooptiert, von denen einige bereits dieser Sitzung beiwohnen konnten.

Der Ausschuß stellte sein Arbeitsgebiet etwa folgendermaßen zusammen:

Es sollen die luftelektrischen Erscheinungen, und zwar die Ladung eines Fahrzeuges durch das elektrische Feld der Atmosphäre, durch freie Ionen und durch das ultra-violette Licht der Sonnenstrahlen untersucht werden, wenn sie auch als Gefahrenquellen kaum in Frage kommen. Die weitere Untersuchung gilt der auftretenden Reibungselektrizität, z. B. durch Reibung der Stoffteile des Stoffes am Tauwerk, der Auspuffgase des Motors sowie des ausströmenden Gases selbst. Ferner bedürfen die elektrischen Erscheinungen beim Gewitter und die hiermit in Zusammenhang stehenden atmosphärischen Störungen noch in vielen Punkten der Aufklärung. Da die drahtlose Telegraphie wegen ihres wichtigen Zusammenhanges mit der Luftfahrt ein derart umfangreiches Arbeitsgebiet darstellt, daß es nicht im Rahmen dieses Ausschusses mit erledigt werden kann, wird beschlossen, anzuregen, einen besonderen Ausschuß für drahtlose Telegraphie ins Leben zu rufen.

Die „Ausschüsse e und h für konstruktive Fragen und für Meßwesen" vereinigten sich aus Zweckmäßigkeitsgründen zu einer gemeinsamen Sitzung am 16. März, um hier über das auf Antrag von Professor Dr. Prandtl von der Gesellschaft zu erlassende Preisausschreiben für einen Geschwindigkeits- und Beschleunigungsmesser zu diskutieren. Es wurden in der Sitzung die Grundzüge für den Bau eines solchen Instrumentes festgesetzt, nachdem Professor Dr. Prandtl die Notwendigkeit eines solchen von verschiedenen Seiten beleuchtet hatte, und hierauf eine besondere Unterkommission zur Ausarbeitung des Entwurfes aus folgenden Herren bestimmt: Geh. Regierungsrat Professor Dr. Aßmann, Professor Baumann, Professor Dr. von dem Borne, Dipl.-Ing. Grulich, Direktor Hirth, Dipl.-Ing. Dr. Hoff, Direktor Krell, Kapitän zur See Lübbert, Professor Dr. von Parseval, Professor Dr. Prandt, Professor Dr.-Ing.

Reißner, Professor Dr. Wachsmuth, Direktor Wolff. Als Obmann Professor Dr.-Ing. Reißner. (Geheimrat Aßmann lehnte die Wahl infolge zu vieler Arbeiten ab.)

Hierauf berichtete der Vorsitzende, Herr Professor Reißner, im Anschluß an seinen im Vorjahre auf der Hauptversammlung gehaltenen Vortrag über die Beanspruchung der Flügelholme in den verschiedensten Flugstadien, worauf sich eine sehr angeregte Diskussion entspann, an welcher sich auch die verschiedenen Konstrukteure und Flugpraktiker beteiligten.

Da die Versammlung sich nicht für kompetent erachtete, endgültige Beschlüsse zu fassen, soll zunächst theoretisches und praktisches Material gesammelt werden, um später noch einmal auf die Frage von empfehlenden Vorschlägen bzw. Vorschriften zurückzukommen, die den maßgebenden Behörden besonders für das Luftgesetz zur Verfügung gestellt werden können.

Bereits am nächsten Tage trat die für den Entwurf des Preisausschreibens gebildete Kommission zusammen und legte die Grundzüge dieses Entwurfes fest. Nach diesen Grundzügen wurde dann vornehmlich durch die Herren Professor Reißner und Dr. Hoff der Entwurf auf Grund von Besprechungen im kleinen Kreise fertiggestellt, der, nachdem er noch bei den einzelnen Mitgliedern zur Abänderung zirkuliert hatte, dem Gesamtvorstand in der Sitzung am 4. Juni vorgelegt werden konnte und in der darauffolgenden Hauptversammlung am 5. Juni in seinem Wortlaut beschlossen wurde.

2. Verlauf der Ordentlichen Mitgliederversammlung 1913.

Am Mittwoch, den 4. Juni, dem Vortage der Versammlung, fanden bereits eine Reihe Sitzungen der Unterausschüsse in den Räumen des Hotels Adlon, Unter den Linden 1, statt. So tagte z. B. der Ausschuß für medizinische und psychologische Fragen, und es fanden Besprechungen innerhalb anderer Unterausschüsse, die jedoch keine offiziellen Sitzungen abhielten, statt.

Nachmittags ½6 Uhr trat der Gesamtvorstand nach vorheriger Sitzung des Geschäftsführenden Vorstandes im Konferenzsaal des Hotels Adlon zu einer Besprechung des Programms der ordentlichen Tagung zusammen. Es wurden hauptsächlich die Beschlüsse für die morgige Versammlung formuliert und einige für die Leitung der Geschäfte wichtige Fragen erledigt.

Der Abend vereinigte die Teilnehmer der Tagung in zwangloser Weise bei Bier und kaltem Buffet im Beethovensaal desselben Hotels, welches Zusammensein in anregtester Weise verlief. Da der hohe Protektor unserer Gesellschaft, Seine Königliche Hoheit Prinz Heinrich von Preußen, leider in letzter Stunde verhindert war, in diesem Jahre die Versammlung persönlich zu leiten, übernahm der Vorsitzende, Geheimer Regierungsrat Dr. von Böttinger, die Begrüßungsansprache, in welcher er besonders die Vertreter der hohen Staats- und Regierungsbehörden im Namen der Gesellschaft willkommen hieß.

Es zeigte sich bei diesem Begrüßungsabend aufs neue, daß gerade diese offiziell nicht vorgesehenen persönlichen Rücksprachen und Diskussionen die ergiebigsten sind, wie überhaupt der Abend den verschiedenen Teilnehmern Gelegenheit bot, nach längerer Zeit über wichtige Fragen persönlich zu debattieren.

Am Donnerstag vormittag, pünktlich 9 Uhr, fand in der Aula der Technischen Hochschule, Charlottenburg, die 1. Fachsitzung statt. Auch hier übernahm wegen der Verhinderung des Ehrenvorsitzenden Herr Geheimrat Dr. von Böttinger den Vorsitz, den er auch während der folgenden geschäftlichen Sitzung beibehielt. Er überbrachte zunächst der Gesellschaft die aufrichtigsten Wünsche des hohen Protektors für einen guten Verlauf der Tagung, worauf einstimmig die Absendung folgenden Huldigungstelegramms beschlossen wurde:

Prinz Heinrich von Preußen, Hemmelmark-Kiel.

Die Jahresversammlung der Wissenschaftlichen Gesellschaft für Flugtechnik gibt ihrem aufrichtigen Bedauern Ausdruck über die Verhinderung Euerer Königlichen Hoheit, ihren Beratungen zu präsidieren, versichert aber Euerer Königlichen Hoheit ihren warm empfundenen Dank für die weitgehende Förderung unserer Aufgaben durch Euere Königliche Hoheit und bittet noch besonders um Erhaltung Euerer Königlichen Hoheit hohen Huld und Gnade.

Hierauf lief nachstehende Antwort ein:

Geheimrat von Böttinger, Hochschule Charlottenburg.

Indem ich der Jahresversammlung der Wissenschaftlichen Gesellschaft für Flugtechnik aufrichtigsten Dank für telegraphischen Gruß sage, spreche ich an dieser Stelle nochmals mein Bedauern darüber aus, an der diesjährigen Versammlung nicht haben teilnehmen zu können, und wünsche ich allerbesten Verlauf unter gleichzeitiger Versicherung, die Aufgaben der Gesellschaft nach besten Kräften wie bisher fördern zu wollen.

Mit treuem Gruß

Heinrich, Prinz von Preußen.

Der Vorsitzende berichtete dann kurz, daß aus den Reihen der Gesellschaft heraus beschlossen wäre, zur Silberhochzeit des Prinzen Heinrich eine besondere Ehrengabe anzufertigen, und daß es gelungen wäre, dieselbe noch zum heutigen Tage fertigzustellen, so daß sie beim Festessen im Hotel Adlon im Vorraum aufgestellt werden könnte, wo sie allseitigen Beifall fand.

Hierauf nahm Geheimrat Professor Dr. Miethe, der Vorsitzende des Berliner Vereins für Luftschiffahrt, das Wort zu einer warmen Willkommen- und Begrüßungsansprache im Namen der Gastgeber, waren doch die Teilnehmer an der Versammlung an beiden Tagen Frühstücksgäste des Berliner Vereins für Luftschiffahrt.

Es wurde darauf unverzüglich in die **Geschäftssitzung** eingetreten und der vorgelegte Geschäftsbericht sowie der Voranschlag für das laufende Geschäftsjahr genehmigt.

Satzungsgemäß mußte ein Drittel des Gesamtvorstandes ausscheiden; die ausgelosten Herren wurden jedoch sofort auf Antrag per Akklamation wiedergewählt.

Für die nächste Ordentliche Mitgliederversammlung wurde als Tagungsort Dresden angenommen, und zwar soll die Sitzung Ende April stattfinden.

Ein öffentliches Preisausschreiben für die Konstruktion eines Flugzeug-Beschleunigungsmessers, für welches das Kuratorium der National-Flugspende 2000 M., die Wissenschaftliche Gesellschaft für Flugtechnik 1000 M. bereitgestellt hatten, wurde beschlossen.

Hierdurch war der geschäftliche Teil der Tagung erledigt. Geheimrat von Böttinger übergab Herrn Professor von Parseval den Vorsitz, der Herrn Dr.-Ing. Pröll-Danzig das Wort zu seinem Vortrag „Luftfahrt und Mechanik" erteilt.

Der Vortragende zeigt an einer Anzahl von Beispielen die vielfachen Beziehungen der Luftfahrt zur Theorie und besonders zur Mechanik. In der hierauf folgenden Diskussion, die den Traditionen unserer Gesellschaft gemäß stets dem Vortrage folgt, und an der sich die Herren Ahlborn, Bader, von Karman, Gustav Lilienthal, Prandtl, Weber und der Vortragende beteiligten, wurde den Ausführungen allseitig zugestimmt.

Hierauf folgte der Vortrag von Professor Baumann-Stuttgart über „Motoren-Systeme", der ebenfalls eine kurze, aber lebhafte Diskussion nach sich zog, und zwar beteiligten sich an dieser außer dem Vortragenden die Herren Bendemann, Euler, Gümbel. Herr Euler trat besonders für den luftgekühlten Motor ein, um auch unsere Flugzeuge zu den Leistungen zu befähigen, die denen der französischen Militärflugapparate gleichkommen.

Es folgte dann ein Vortrag von Stabsarzt Dr. Koschel: „Welche Anforderungen müssen an die Gesundheit der Führer von Luftfahrzeugen gestellt werden?", in welchem Referat Dr. Koschel seine reichen ärztlichen Erfahrungen in überaus packender Weise zum Ausdruck brachte.

Nach einem kleinen Frühstück in den angrenzenden Räumen, das, wie vorerwähnt, der Berliner Verein für Luftschiffahrt den Teilnehmern gab, besichtigten die Teilnehmer in verschiedenen Gruppen die Optische Anstalt C. P. Goerz, die Norddeutsche Gummi- und Guttaperchawaren-Fabrik, die Gesellschaft für drahtlose Telegraphie, die Werkzeug-Maschinen-Fabrik Ludwig Loewe & Co. Akt.-Ges., und es verdient hervorgehoben zu werden, daß die Firmen in bereitwilligster Weise für die Beförderung zu den manchmal entlegenen Fabriken eine Reihe Automobile zur Verfügung gestellt hatten. Die Besichtigung der Fabriken erfolgte stets unter geeigneter Führung von seiten der Fabrik aus, so daß die Teilnehmer in schnellster Weise über die Fabrikationseinrichtungen und Vorgänge orientiert werden konnten. Es darf hier gleich vorweggenommen werden, daß bei diesen Besichtigungen und auch nach den in den nächsten Tagen folgenden die Teilnehmer sich außerordentlich anerkennend über das Gesehene ausgesprochen haben, so daß wir nicht versäumen möchten, den betreffenden Firmen bzw. den Herren, die in gütiger Weise die Führung übernommen hatten, den verbindlichsten Dank der Gesellschaft zum Ausdruck zu bringen.

Der Abend vereinigte die Teilnehmer zum **offiziellen Festessen** im Hotel Adlon, das in sehr angeregter Weise verlief und die einzelnen Teilnehmer noch bis in die frühen Morgenstunden zusammenhielt. Es verdient hervorgehoben zu werden, daß die Reichs- und Landesbehörden auch hierbei ihr Interesse durch Entsendung von Vertretern zeigten.

Am Freitag begann um 9 Uhr die **2. Fachsitzung,** und zwar wurde vor Eintritt in die Tagesordnung ein Antrag von Professor Dr. Polis-Aachen angenommen, dahingehend, daß die Gesellschaft es den maßgebenden Behörden gegenüber für wünschenswert bezeichnet, einen täglich zweimaligen Aufstieg von Pilotballonen zu organisieren.

Hierauf nahm Privatdozent Dr. Halben das Wort zu einem Vortrag über „Die Augen der Luftfahrer", welcher Vortrag als Ergänzung des von Stabsarzt Dr. Koschel erstatteten Berichtes gedacht war. Im Anschluß an diesen Vortrag fand eine gemeinsame Diskussion zu beiden medizinischen Vorträgen statt.

Hierauf sprach Dr. Gerdien über einen „Apparat zur Untersuchung der Windstruktur" (Anemoklinograph), der nach seinem Entwurf im physikalisch-chemischen Laboratorium der Siemens & Halske A. G. gebaut worden ist und zurzeit im Aeronautischen Observatorium, Lindenberg, praktisch erprobt wird. Der Vortragende konnte an einem zweiten Apparat die Anzeigevorrichtung in klarer, verständlicher Weise demonstrieren.

Hierauf folgte der Vortrag von Prof. Dr.-Ing. Bendemann von der Deutschen Versuchsanstalt für Luftfahrt über „den jetzigen Stand der Flugmaschinen-Konstruktionen", den der Vortragende mit einer Reihe instruktiver Lichtbilder ausstatten konnte. Es verdient besonders unterstrichen zu werden, daß der Vortragende auf Grund seiner Studien feststellen konnte, daß Deutschland schon heute in konstruktiver Beziehung den früheren Vorsprung Frankreichs eingeholt hat. An der folgenden Diskussion beteiligten sich außer dem Vortragenden mit Rücksicht auf die vorgeschrittene Zeit nur die Herren Baumann und Lilienthal.

Die beiden nächsten Redner behandelten zwei einander recht verwandte Gebiete, und zwar sprach Dr. Dieckmann über „Elektrische Eigenschaften von Ballonstoffen" und Dr. Linke über „Die Quellen elektrischer Ladung der Luftfahrzeuge". Es war vorauszusehen, daß über dieses noch so wenig erforschte Gebiet eine umfangreiche Diskussion erfolgen würde. Sie verlief denn auch recht angeregt und mußte lediglich mit Rücksicht auf die vorgeschrittene Zeit eingeschränkt werden. Es beteiligten sich an ihr die Herren von Böttinger, Dieckmann, Gerdien, Jeserich, Linke, Schmidt, Seddig, Wachsmuth und die beiden Vortragenden.

Als letzter Vortrag folgte das Referat von Geheimrat Dr. Erythropel, Berlin, über „Rechtsfragen der Luftfahrt", in welchem der Vortragende ein übersichtlich zusammengestelltes Material über staatsrechtliche und zivilrechtliche Fragen erläuterte. Eine Diskussion ließ sich über diesen Vortrag wegen Zeitmangels nicht ermöglichen.

Nach kurzem Frühstück in der Technischen Hochschule, das wiederum der Berliner Verein für Luftschiffahrt der Versammlung gab, brachte ein Extrazug die Teilnehmer nach dem Bahnhof Johannisthal, von wo aus große Automobilomnibusse die eine Gruppe in die Motoren-Werkstätten der Neuen Automobil-Gesellschaft, die andere in das Kabelwerk „Oberspree" der Allgemeinen Elektrizitäts-Gesellschaft brachte. Auch hier wurde die Führung wieder in liebenswürdigster Weise durch Vertreter der Firmen übernommen, so daß sich in beiden Fällen in schnellster Weise ein Einblick in die Fabrikationsmethode ergab. Nach diesen Besichtigungen wurde in den Automobilomnibussen zum Flugplatz Johannisthal zurückgekehrt, und zwar vereinigte zunächst ein kleiner Imbiß die Teilnehmer als Gäste des Kaiserlichen Aero-Clubs in dessen Klubhaus. Glücklicherweise hatte sich inzwischen das recht ungünstige Wetter soweit gebessert, daß nicht nur in zwanglosen Gruppen eine Besichtigung der ansässigen Flugindustrie vorgenommen werden konnte, sondern auch Flugvorführungen vor sich gingen, so daß sich bald ein reger Flugbetrieb entfaltete. Teilweise waren wie auf größeren Flugwochen 10—12 Maschinen gleichzeitig in der Luft und die Flieger ließen es sich angelegen sein, in eleganten Kurven ihr Können und die Flugfähigkeit ihrer Maschinen zu beweisen.

Der Sonnabend war in erster Linie für die Besichtigung des Kgl. Preußischen Aeronautischen Observatoriums Lindenberg vorgesehen, und zwar trafen die Teilnehmer in besonders bereitgestellten Wagen 12 Uhr 41 Min. in Lindenberg ein, von Herrn Geheimrat Dr. Aßmann und seinen Mitarbeitern in liebenswürdigster Weise begrüßt. Nach einem Frühstück, welches das Observatorium den Teilnehmern gab, folgte die Besichtigung der Observatoriumseinrichtungen unter persönlicher Führung von Geheimrat Dr. Aßmann. Nachdem im großen Schuppen die verschiedensten Instrumente erklärt und demonstriert waren und das verschiedene Ballonmaterial sowie die Füll- und Entleerungsvorrichtungen der Ballone besichtigt waren, wurde zum Drachenhügel gegangen, von wo aus Pilotballon- und Drachenaufstiege erfolgten, so daß bei dieser Gelegenheit die Instrumente und die Windevorrichtungen des Drachenhäuschens in Tätigkeit besichtigt werden konnten. Hierauf wurden die Bureauräumlichkeiten und die Einrichtungen für den Wetter, sowie den Gewitterdienst besichtigt — und es geht schon aus diesen wenigen Zeilen hervor, daß den Teilnehmern eine Fülle interessanten Materials geboten wurde.

Nach einer gemeinsamen Kaffeetafel auf Einladung von Geheimrat Dr. Aßmann wurde die Rückfahrt über den Scharmützelsee angetreten, woselbst in Pieskow das Abendessen die Teilnehmer noch einige Zeit zusammenhielt.

Es darf leider an dieser Stelle nicht unerwähnt bleiben, daß, trotzdem ausdrücklich in den Einladungen mitgeteilt wurde, daß zu den einzelnen Besichtigungen nur eine beschränkte Anzahl Teilnehmer zugelassen werden konnte, eine ganze Reihe Herren, die sich für die Besichtigung in Lindenberg eingeschrieben hatten, am Sonnabend morgen nicht zur Stelle waren. Dies war für den Vorstand umso unangenehmer, als Herr Geheimrat Aßmann, der in überaus liebenswürdiger Weise umfangreiche Vorbereitungen für den Empfang der Teilnehmer getroffen hatte, nun dadurch enttäuscht wurde, daß wohl etwa nur die Hälfte der Herren eintraf. Es darf vielleicht erwähnt werden, daß noch am Abend vorher eine ganze Reihe Herren, die gern an der Besichtigung Lindenbergs teilnehmen wollten, zurückgewiesen werden mußten, weil die von Herrn Geheimrat Aßmann angegebene Höchstzahl bei weitem schon überschritten war.

Wir dürfen diese Gelegenheit wohl benutzen, um unsere geschätzten Mitglieder ausdrücklich zu bitten, in künftigen

Fällen die Teilnehmerkarten für irgendwelche Besichtigungen möglichst sofort zurückzugeben, wenn sie durch irgendwelche Umstände an der Teilnahme an der betreffenden Besichtigung verhindert sind.

Für den Nachmittag des 7. Juni war vom Berliner Verein für Luftschiffahrt zu Ehren unserer Gesellschaftstagung eine Internationale Ballonwettfahrt veranstaltet, zu deren Startplatz eine ganze Reihe unserer Mitglieder hinausfuhren.

So hat denn die II. Ordentliche Mitgliederversammlung den Teilnehmern eine Reihe wichtiger Vorträge und Versammlungen geboten, die ihnen sicher zu einer bleibenden schönen Erinnerung geworden sind.

An den Tagungen am 5. und 6. Juni 1913 nahmen laut der Präsenzliste unter anderen teil:

Ahlborn, Professor Dr. Fr.	Hamburg
Aßmann, Geheimer Reg. Rat Dr.	zurzeit Hann.-Münden
Bader, Hans Georg, Dipl.-Ingenieur	Dresden
Banki, Professor Donat	Budapest I.
Barkhausen, Geheimrat Dr.-Ing.	Hannover
Baumann, Professor A.	Stuttgart
Béjeuhr, Geschäftsführer der W. G. F.	Berlin.
Bendemann, Professor Dr.-Ing.	Königswusterhausen
Betz, Dipl.-Ingenieur, Albert	Göttingen
von Bieler, Dr. von	Frankfurt a. M.
Biermann, Leopold	Bremen
Bock, Dr.-Ingenieur	Chemnitz
von Böttinger, Geheimer Reg.-Rat Dr.	Elberfeld
von Böttinger, Dr. Heinz	Elberfeld
von dem Borne, Professor	Krietern
Claassen, O., Direktor Marine-Ing.	Kiel
Cohnheim, Professor O.	Hamburg
Dieckmann, Privatdozent Dr. Max	München
Dietzius, Privatdozent A.	Charlottenburg
Erythropel, Geh. Finanzrat Dr.	Berlin-Schöneberg
Euler, August	Frankfurt a. M.
Fischer, P. B., Oberlehrer	Berlin
Flemming, Stabsarzt Dr.	Berlin
Friedländer, Professor Dr.	Frankfurt a. M.
Friedländer, Korvettenkapitän a. D.	Kiel
Friese, Robert, Professor	Charlottenburg
Fritsch, Dipl.-Ing. B.	Hamburg
Fuhrmann, Dipl.-Ing. Dr.	Adlershof
von Gans, Dr.	München
Gehlen, Dipl.-Ing.	Friedrichshafen
George, Hauptmann	Charlottenburg
Gerdien, Dr. Hans	Berlin
Gimbel, Dr.-Ing.	Volksdorf bei Hamburg
Gohlke, Ingenieur	Steglitz
von Gorrissen	Johannisthal
Gradenwitz, Ing. und Fabrikbesitzer	Berlin

von Gröning, Geheimer Reg.-Rat . . . .   Berlin
Groß, Oberstleutnant . . . .   Charlottenburg
Grosse, Professor Dr.   Bremen
Grübler, Geheimrat Professor M. . . . .   Dresden
Grulich, Dipl.-Ing. Karl . . . .   Gotha
Hagen, Carl, Bankier . . . .   Berlin
Halben, Dr. . . . .   Berlin
Heis, Dr. . . . .   Tübingen
Heller, Dr.-Ing. Ed.   Adlershof
Hergesell, Geheimer Reg.-Rat Prof. Dr. H. . . . .   Straßburg
Hoff, Dipl.-Ing. C. Wilhelm . . . .   Adlershof
Hormel, Kapit.-Leutnant . . . .   Berlin
Hoßfeld, Wirkl. Geheimer Oberbaurat . . . .   Berlin
Huppert, Professor Ingenieur S. . . . .   Frankenhausen a. Kyffh.
Jaeger, Dr. M. . . . .   Koblenz
Joachimczyk, Dipl.-Ing. A. M. . . . .   Berlin
Jonas, Otto, Bankier . . . .   Hamburg
Junkers, Professor. . . . .   Aachen
Kikut, Zivil.-Ingenieur Edmund. . . . .   Berlin
Knoller, Professor R.   Wien
Kober, Dipl.-Ingenieur . . . .   Friedrichshafen
Kölzer, Dr. J. . . . .   Köln-Ehrenfeld
Koschel, Stabsarzt Dr. . . . .   Berlin
Krell, Direktor Otto . . . .   Berlin
Krey, Reg.-Baurat H.   Charlottenburg
Leick, Dr. A. . . . .   Berlin
Lepsius, Professor Dr. . . . .   Berlin
Lilienthal, Baumeister Gustav . . . .   Berlin
Linke, Dr. F. . . . .   Frankfurt a. M.
Lorenzen, C. . . . .   Berlin-Neukölln
von Lyncker, Freiherr, Exzellenz General der Infanterie à la
    suite des Luftschiffer-Bat. Nr. 2 . . . .   Berlin
Madelung, Georg . . . .   Charlottenburg
Marcuse, Professor Dr. Adolf . . . .   Charlottenburg
Meißner, Dr.-Ing. . . . .   Berlin
Mengelbier, Chemik.-Ing. . . . .   Berlin
Meyer, Oberregierungsrat Dr. J. . . . .   Wannsee
Meyer, Regierungsbaumeister a. D., Dir. d. Ver. deutsch. Ing .   Berlin
Merten, Exzellenz Vize-Admiral z. D. . . . .   Berlin-Wilmersdorf
Miethe, Geh. Regierungsrat Professor Dr. A. . . . .   Halensee
Neumann, Major im Luftschiff.-Batl. Nr. 1 . . . .   Charlottenburg
Nusselt, Dr. W.. . . . .   Dresden
Oertz, Max, Werftbesitzer . . . .   Hamburg
Oppenheimer, Fabrikbesitzer . . . .   Frankfurt a. M.
von Parseval, Major z. D. Professor Dr. A. . . . .   Charlottenburg
Pietzker, Marinebaumeister . . . .   Berlin
Polis, Professor Dr.   Aachen
Poppe, Direktor L. . . . .   Dresden
Prandtl, Professor Dr. L. . . . .   Göttingen
Pröll, Privatdozent Dr.-Ing. Arthur . . . .   Danzig-Langfuhr
Quittner, Dipl.-Ing. Dr. Victor . . . .   Berlin
Raabe, Leutnant a. D. M. . . . .   Cronberg i. Taunus
Rasch, Oberleutnant . . . .   Berlin
Rau, Zivilingenieur Friedrich . . . .   Berlin

Reichardt, Dipl.-Ing. . . . . Dessau
Reismer, Professor Dr.-Ing. . . . . Berlin
Reitz, Marine-Ober-Baurat . . . . Berlin
Rieß von Scheurnschloß, Generalleutnant z. D. . . . . . . Charlottenburg
Romberg, Professor F. Nikolassee-Berlin
von Rottenburg, Gerichtsassessor . . . . Frankfurt a. M.
Rumpler, Direktor E. . . . . Lichtenberg-Berlin
Seppeler, Dipl.-Ing. . . . . Adlershof
Sierstorpff, Graf A. . . . . Eltville a. Rhein
von Soden, Freiherr, Dipl.-Ing. . . . . Friedrichshafen
Süring, Professor Dr. R. . . . . Potsdam
Szamatolski, Hofrat D. Frankfurt a. M.
Schlink, Hochschulprofessor Dr. . . . . Braunschweig
Schmidt, Professor Dr. Carl . . . . Essen
Schmidt, Professor . . . . Halle a. S.
Schnetzler, Eberhard . . . . Frankfurt a. M. Süd
Schwarzschild, Professor R. . . . . Sternwarte Potsdam
Tepelmann, Dr.-Ing. . . . . Braunschweig
Thelen, Dipl.-Ing. Robert . . . . Berlin
Tischbein, Direktor . . . . Hannover
Tull, Geheimer Oberregierungsrat Dr. . . . . Berlin-Lichterfelde
von Tschudi, Major. . . . . Berlin W
Ursinus, Zivilingenieur Oskar . . . . Frankfurt a. M.
Schaffran, Dipl.-Ing. A., Vorsteher der Schiffbauabt. d. Kgl. Ver-
    suchsanstalt f. Wasserbau und Schiffbau . . . . Berlin
Vollbrandt, Adolf, Kaufmann . . . . Hamburg
Vorreiter, Ingenieur. Berlin
Wachsmuth, Professor Dr. R. . . . . Frankfurt a. M.
Wassermann, Dipl.-Ing. B., Patentanwalt. . . . . Berlin
Weber, M., Professor der Mechanik, ... Hannover
Weidenhagen, R., Leiter der öffentl. Wetterdienststelle . . . Magdeburg
Westphal, Ingenieur Paul . . . . Berlin-Schöneberg
Wiener, Direktor Otto . . . . Charlottenburg
Wieselsberger, Dr. C., Assistent . . . . Göttingen
Wolff, Direktor E. . . . . Berlin
Wurmbach, J., Privatier . . . . Berlin
Zimmermann, Wirkl. Geh. Oberbaurat Dr. H. . . . . Berlin
Zopke, Professor H. . . . . Hamburg

Geschäftssitzung

am Donnerstag, den 5. Juni, in der Aula der Königlich Technischen Hochschule
Charlottenburg.

Die Versammlung wird um 9 Uhr durch den Vorsitzenden Herrn Geheimen
Regierungsrat Dr. von Böttinger eröffnet, der in seinen einleitenden Worten
zunächst mitteilte, daß der Hohe Protektor, Seine Königliche Hoheit Prinz
Heinrich von Preußen, infolge der soeben stattgehabten Feier seiner silbernen
Hochzeit, ferner wegen der Hochzeit der Prinzessin Viktoria Luise und endlich
wegen der bevorstehenden Jubiläumsfeierlichkeiten leider verhindert sei, den
diesjährigen Verhandlungen zu präsidieren.

Der Vorsitzende überbringt herzliche Begrüßungsworte des Prinzen Heinrich,
in denen der Hoffnung Ausdruck gegeben ist, an den künftigen Versammlungen
unserer Gesellschaft teilzunehmen. Hierauf bringt der Vorsitzende folgendes
Telegramm zur Verlesung, das der geschäftsführende Vorstand zur Silberhochzeit
dem Prinzen Heinrich von Preußen übersandt hat:

Seiner Königlichen Hoheit dem Prinzen Heinrich von Preußen,
Berlin.

Euere Königliche Hoheit als unseren hohen Protektor und Euerer
Königlichen Hoheit hohe Gemahlin bitten wir, gelegentlich der Feier Euerer
Königlichen Hoheiten silbernen Hochzeit die ehrfurchtvollsten Glück- und
Segenswünsche zum Ausdruck bringen zu dürfen.

Möge des Höchsten Segen allzeit auf Eueren Königlichen Hoheiten
ruhen, daß das so gesegnete gemeinsame Wirken Euerer Königlichen Hoheiten
und die so tatkräftige Förderung alles Edlen und Schönen noch lange Jahr-
zehnte unserem Vaterlande erhalten bleibe und Euere Königlichen Hoheiten
selbst die innerste Befriedigung über Euerer Königlichen Hoheiten edel
vollbrachten Gemeinleben immerdar empfinden.

In tiefster Ehrerbietung Euerer Königlichen Hoheiten allzeit getreue

Wissenschaftliche Gesellschaft für Flugtechnik.
von Böttinger.   von Parseval.   Prandtl.

Auf dieses Telegramm ist ein Dankschreiben Sr. Exzellenz des Freiherrn
von Seckendorff im Auftrage Seiner Königlichen Hoheit eingegangen:

Hofmarschall-Amt
Seiner Königlichen Hoheit   Kiel, den 27. Mai 1913.
des Prinzen Heinrich
von Preußen.

Ihre Königlichen Hoheiten Prinz und Prinzessin Heinrich von Preußen lassen der Wissenschaftlichen Gesellschaft für Flugtechnik für die zur silbernen Hochzeit dargebrachten so freundlichen Glückwünsche herzlichst danken.

Im höchsten Auftrage:
gez. Freiherr von Seckendorff.

Der Vorsitzende gibt dann den Seite 18 veröffentlichten Depeschenwechsel bekannt und fährt hierauf in seiner Eröffnungsrede fort:

Kurz vor der Silberhochzeit Seiner Königlichen Hoheit ist von verschiedenen verehrlichen Mitgliedern unserer Gesellschaft die Frage angeregt worden, ob es nicht angebracht sei, daß auch die Wissenschaftliche Gesellschaft für Flugtechnik ein kleines Erinnerungszeichen dem hohen Paare als Zeichen der Anerkennung und Dankbarkeit für das durch Seine Königliche Hoheit der Gesellschaft bewiesene Interesse überreiche. Wir haben beschlossen, von dem bekannten Goldarbeiter Gabriel Hermeling in Köln ein kleines Kunstwerk anfertigen zu lassen, welches heute früh hier eintreffen sollte. Bis zur Stunde ist dies leider noch nicht der Fall, ich hoffe aber, daß die Herren beim heutigen Festmahl dasselbe besichtigen können. Ich entnehme Ihrem Beifall, daß Sie dem Geschäftsführenden Vorstand die Zustimmung erteilen zu den Schritten, die er gelegentlich der Silberhochzeit Seiner Königlichen Hoheit getan hat, und danke Ihnen dafür! —

Ehe wir in die Tagesordnung eintreten, habe ich die sehr angenehme Pflicht, unsere hochverehrten Ehrengäste zu begrüßen, insbesondere die Vertreter der hohen Behörden, und den Herren den Dank nicht nur für ihr persönliches Erscheinen auszusprechen, sondern Sie gleichzeitig zu bitten, diesen Dank den Herren Ministern ebenfalls zum Ausdruck zu bringen, denn für uns ist es außerordentlich wertvoll und gleichzeitig auch außerordentlich ehrend, daß wir als ein so junger Verein bereits die Anerkennung der hohen Staatsbehörden gefunden haben, indem fast alle Ministerien und Reichsämter Mitglieder zu unseren Verhandlungen delegiert haben. Ich begrüße als Vertreter des Reichsamts des Innern Herrn Geheimrat Albert, als Vertreter des Ministeriums der öffentlichen Arbeiten die Herren Geheimräte Tull und Zimmermann, als Vertreter des Kriegsministeriums den Herrn Oberstleutnant Groß, für das Kultusministerium Seine Exzellenz Ministerialdirektor Naumann, für den Großen Generalstab Herrn Major Thomsen, für das Justizministerium Herrn Geheimrat Korte. Die Inspektion des Militär-Luft- und Kraftfahrwesens hat die Herren Hauptmann Grützner und Oberleutnant Förster entsandt; die Fliegertruppe ist ebenfalls durch mehrere Herren vertreten. Die Nationalflugspende ist vertreten durch Herrn Assessor

Dr. Trautmann und die Deutsche Versuchsanstalt für Luftfahrt durch
Exzellenz Rieß von Scheurnschloß. Nochmals verbindlichsten Dank
den Herren Vertretern und ihren verehrten Chefs! —

Einen besonderen Dank haben wir aber auch auszusprechen unserem
hochverehrten Mitglied Herrn Geheimrat Professor Dr. Miethe. Herr
Geheimrat Miethe hat in Gemeinschaft mit Herrn Fabrikbesitzer
Krause die immerhin schwierige und manchmal langweilige Arbeit der
Vorbereitung der Tagung durchgeführt. Der Berliner Verein für
Luftschiffahrt, der uns auch in der gastlichsten Weise hier aufgenommen
hat, will uns heute und morgen in diesen Räumen bewirten, wofür wir
ihm verbindlichst danken. Gleichzeitig hat der Vorstand beschlossen, zu
der zu Ehren unserer Gesellschaft veranstalteten Nationalen Wettfahrt
des Berliner Vereins für Luftschiffahrt seitens unserer Wissenschaftlichen
Gesellschaft einen Ehrenpreis zu stiften. Es ist dies ein Goerz-Apparat,
der hier zur Besichtigung ausliegt. Ich hoffe, daß der Preis den Gewinnern
Freude machen wird.

Dem Kaiserlichen Aero-Club gebührt ein ähnlicher Dank, den
ich hiermit ebenfalls zum Ausdruck bringen möchte, für die uns bevorstehende
gastliche Aufnahme in Johannisthal. Besonders aber danke ich dem Herrn
Rektor der Technischen Hochschule Herrn Geheimrat Dr. Josse für die
gastliche Aufnahme, die wir in diesen Räumen hier gefunden haben, in
diesen Räumen, die, ich möchte sagen, erdröhnen von der Fülle des geistigen
Wissens, welches hier schon zum Ausdruck gekommen ist, was sicher ein
gutes Omen für unsere Tagung sein muß.

Herrn Geheimrat Aßmann darf ich auch verbindlichsten Dank
namens des Vorstandes und der ganzen Gesellschaft für die Gastfreund-
schaft aussprechen, die uns am Sonnabend in Lindenberg erwartet, und
Herrn Direktor Wolff von der Neuen Automobil-Gesellschaft sind wir
für die Bereitstellung einer Reihe von Automobilen zur Beförderung der
Gäste in Johannisthal sehr verpflichtet. Speziellen Dank möchte ich noch
ausdrücken den großen Firmen, die uns ihre Werke zur Besichtigung zur
Verfügung gestellt haben. Als Industrieller weiß ich dieses Opfer, das mit
dem Besuch großer Gesellschaften verknüpft ist, wohl zu schätzen. Die
Besichtigung industrieller Betriebe ist sehr angenehm für die Besucher,
weniger angenehm für die Firmen selbst, weil teilweise Betriebsstörungen
durch Ablenkung der Arbeiter von ihrer Arbeit eintreten; wir erkennen
es daher umsomehr an, daß uns die Besichtigung der Werke freigestellt ist.

Damit wäre der Punkt 1 unserer Tagesordnung erschöpft, und ich
darf den Vorsitzenden des Berliner Vereins für Luftschiffahrt, Herrn Geheimrat Miethe, das Wort erteilen.

Nach lebhaften Beifallsbezeugungen der Versammlung führte Herr Geheimrat Dr. Miethe aus:

Meine hochverehrten Herren! Der Herr Vorsitzende hat in überaus
liebenswürdiger Weise in zu viel Lobworten der geringen Verdienste des
Berliner Vereins für Luftschiffahrt an der heutigen Tagung gedacht. Es war

selbstverständlich, daß wir, als wir erfuhren, daß Ihre Gesellschaft hier in Berlin ihre Tagung abhalten wird, uns bemüht haben, ein Scherflein zum Gelingen dieser Veranstaltung beizutragen. Wir haben das gewagt als ältester Verein Berlins auf luftschifferischem Gebiet und als älteste Organisation luftschifferischer Art in Deutschen Reich, aus dem der Deutsche Luftfahrerverband seinerzeit hervorgegangen ist.

Meine verehrten Herren! Wenn wir eine Bitte aussprechen dürfen, so ist es die, an der Veranstaltung unserer Nationalen Wettfahrt für Freiballone am Sonnabend teilzunehmen. Ich weiß zwar nicht, wie weit Sie noch Interesse für dieses unvollkommene Beförderungsmittel in der Luft haben. Aber vielleicht gibt ein Teil der Herren uns die Ehre ihres Besuches mit Rücksicht darauf, daß die Freiballonfahrten doch bisher immer noch die einzige Möglichkeit sportlicher Betätigung auf luftschifferischem Gebiet darstellen, das noch nicht entbehrt werden kann.

Nach einigen Dankesworten des Vorsitzenden wird zu Punkt III der Geschäftsordnung übergegangen, und zwar widmet der Vorsitzende den im Geschäftsjahr verstorbenen ordentlichen Mitgliedern, Sr. Exzellenz dem Staatssekretär des Reichsmarineamts a. D. Admiral Dr. von Hollmann und dem Gewerberat Dr. von Schwartz einen Nachruf, in dem er auf das große Interesse der beiden für unsere Gesellschaft hinweist und besonders hervorhebt, daß Exzellenz von Hollmann nur seines hohen Alters wegen nicht in den Vorstand unserer Gesellschaft eintreten wollte, im übrigen aber die Bestrebungen derselben von Anfang an auf das energischste unterstützt hat. Zum Andenken der Heimgegangenen erhebt sich die Versammlung von den Sitzen.

Der Vorsitzende berichtet dann, daß in der letzten Sitzung des Gesamtvorstandes am 16. März Herr Geheimrat Dr.-Ing. Barkhausen aus Hannover in den Vorstand kooptiert wäre und durch Annahme der Wahl seine wertvolle Kraft der Gesellschaft zur Verfügung gestellt hätte. Ferner hätte Herr Geheimrat Erythropel sich bereit erklärt, ehrenamtlich als Syndikus unserer Gesellschaft zu fungieren.

Hierauf erwähnt Herr Geheimrat Dr. von Böttinger das mit dem Kuratorium der National-Flugspende getroffene Abkommen, nach welchem die Gesellschaft auf 5 Jahre die Beurteilung der für das Gebiet Luftfahrt einlaufenden Erfindungsgesuche bei dieser wie auch bei den Reichs- und Landesbehörden übernimmt und hierfür eine einmalige Zuwendung von 50 000 M. aus den Mitteln der National-Flugspende erhält. Der Vorsitzende betont die außerordentliche Wichtigkeit dieser Frage, ist es durch sie unserer Gesellschaft doch ermöglicht, in erheblichem Maße die Arbeiten der Behörden zu unterstützen. Der Geschäftsgang ist schon Seite 14 erwähnt.

Herr Geheimrat Dr. von Böttinger verhehlt sich durchaus nicht, daß durch diese Tätigkeit unserer Gesellschaft nicht nur eine außerordentliche Arbeitslast aufgebürdet wird, sondern daß auch ganz erhebliche Kosten aus ihr erwachsen, und gibt zum Schluß der Bitte Ausdruck, daß aus irgend welchen Fonds später weitere Mittel zur Verfügung gestellt werden, wenn diese im Interesse der Allgemeinheit aufgebraucht worden sind. Er benutzt ferner die Gelegenheit, dem Kuratorium der National-Flugspende, insbesondere Herrn Geheimen Oberregierungsrat Albert aus dem Reichsamt des Innern, für das hierdurch der Gesellschaft zum Ausdruck gebrachte Vertrauen warm zu danken.

Es wird dann auf das öffentliche Preisausschreiben zur Beschaffung eines besonderen Registrierinstrumentes, des Flugzeug-Beschleunigungsmessers, hingewiesen, welches Preisausschreiben im Entwurf durch den Referenten, Herrn Professor Reißner, weiter unten vorgelegt wird.

Hierauf wird kurz auf den vorgelegten Kostenvoranschlag eingegangen und betont, daß Herr Assessor Sticker in Abwesenheit des zweiten Kassenprüfers, Herrn Bankier Meckel, allein diese Prüfung übernommen und die Abrechnung schriftlich als richtig anerkannt hat, worauf von seiten der Versammlung dem Schatzmeister Entlastung erteilt wird.

Gleichzeitig werden auf Vorschlag von Herrn Geheimrat Dr. von Böttinger die Herren Assessor Sticke rund Bankier Meckel auch für das nächste Jahr zu Kassenrevisoren gewählt. Beide Herren haben inzwischen die Wahl angenommen.

In der vom Vorsitzenden mitgeteilten Tatsache, daß die Mitgliederzahl der Gesellschaft von 170 im ersten Jahr auf 400 in diesem Jahr angewachsen ist, und daß sich hierunter vier lebenslängliche Mitglieder befinden, wird von seiten der Versammlung der Beweis erblickt, daß die Arbeiten, die von unserer Gesellschaft zu erfüllen sind und erwartet werden, als notwendig und dem allgemeinen Interesse dienend anerkannt werden.

Zum Schluß kann Dr. von Böttinger noch mitteilen, daß die Kaiser-Wilhelm-Gesellschaft beschlossen hat, in Göttingen ein Kaiser-Wilhelms-Institut für Aerodynamik und Hydrodynamik zu errichten, was von der Versammlung mit großem Beifall aufgenommen wird.

Hierauf wird von Herrn Professor von Parseval der Bericht des **Wissenschaftlich-Technischen Ausschusses** erstattet. Über die Sitzungstätigkeit ist Seite 14 berichtet, so daß hier nur nachzutragen ist, daß auf Antrag des W. T. A. vom Vorstand beschlossen ist, die 3000 M. für das öffentliche Preisausschreiben eines Beschleunigungsmessers folgendermaßen zu verwenden:

1000 M. werden zur Deckung der Unkosten zurückgestellt, so daß 1500 M. für den I. Preis und 500 M. für den II. Preis verbleiben.

Professor Dr. von Parseval berichtet dann gleichzeitig zu Punkt c als Obmann des Unterausschusses zur Beurteilung von Erfindungen und teilt mit, daß bisher etwa 300 Erfindungen zur Prüfung eingeliefert sind, von denen bereits etwa 100 in einer Anzahl von Sitzungen erledigt wurden, und zwar, wie zum großen Bedauern des Referenten festgestellt werden muß, in abschlägigem Sinne. Es wird dann der Geschäftsgang kurz charakterisiert und hervorgehoben, daß außer den völlig erledigten Erfindungen noch eine Reihe bei Spezialgutachtern zirkulieren.

Der Vorsitzende des Unterausschusses b für Literatur, Herr Marinebaumeister Pietzker †, berichtet zunächst das Seite 15 schon Niedergelegte und benutzt die Gelegenheit, an die Versammlung die Bitte zu richten, daß jeder, der irgendwie durch seine amtliche Tätigkeit oder sonstwie in der Lage ist, an der

Literaturausgabe in irgend einer Weise mitzuarbeiten, zunächst seine Kraft hierzu zur Verfügung stellt, welcher Aufforderung erfreulicherweise eine ganze Reihe Teilnehmer Folge leisten.

Für den Ausschuß c für Aerodynamik berichtet Professor Dr. Prandtl, daß zunächst von Sitzungen in diesem Ausschuß abgesehen worden wäre, weil verschiedene Herren des Unterausschusses gleichzeitig Mitglieder von anderen Kommissionen sind, die sehr viel dringlichere Arbeiten zu erledigen hätten. Trotzdem hat der Ausschuß eine recht gute Tätigkeit insofern entfaltet, als er begonnen hat, zusammenzustellen, was in Deutschland an Versuchseinrichtungen vorliegt und was im Bau oder projektiert ist. Es ist beabsichtigt, daß diese Zusammenstellung erweitert und in einem Anhang dem neuen Jahrbuch beigegeben wird, da es doch interessant ist, zu sehen, was an den verschiedenen Stellen alles geschieht. — „Ich möchte nur ganz kurz sagen, daß 4 Versuchskanäle mit künstlichem Wind seit einiger Zeit aufgestellt sind; in Göttingen und Aachen werden sie demnächst in Betrieb genommen, in Danzig und Adlershof sind solche projektiert. Es finden ferner Prüfungen statt mit Propeller-Versuchsbahnen, von denen, soviel ich erfahren habe, drei existieren. Zunächst ist im Betrieb die Versuchsbahn bei Göttingen. Eine weitere ist projektiert vom Verein für Luftschiffahrt in Stuttgart, und außerdem sind in verschiedenen Orten größere Einrichtungen für Versuchsbahnen mit Propellern geschaffen worden. Ich erwähne nur eine in Dresden und eine in Adlershof. Sie sehen, daß überall etwas getan wird. Für Aerodynamik kommen ferner in Betracht die Geradlaufapparate, mit denen Luftwiderstandsmessungen gemacht werden. Da ist eine sehr große vorhanden, die des Herrn Professor von Parseval in Charlottenburg, und eine kleinere beim Luftschifferbataillon, ebenso in Kiel beim Verein für Motorluftfahrt in der Nordmark. Außerdem existieren noch einige Rundlaufapparate. Dann werden auch Schlagflügelversuche, Drachenversuche, Kühlversuche für Kühler gemacht. Es ist also eine reiche Tätigkeit, von der wir im nächsten Jahre Erfolge erwarten dürfen.“

Professor Romberg berichtet für den Unterausschuß für Motoren in Vertretung des leider erkrankten und dadurch am Erscheinen verhinderten Obmanns, Herrn Professor Wagener †: Es haben Vorberatungen darüber stattgefunden, ob es möglich und zweckmäßig sei, schon jetzt Normen zu schaffen für die Untersuchung von Luftfahrtmotoren. Solche Untersuchungen gibt es auf verschiedenen anderen Gebieten; sie sollen einmal den Lieferanten schützen vor unberechtigten und unmäßigen Forderungen des Abnehmers und andererseits dem letzteren die Gewähr bieten, daß er einen, dem jeweiligen Stand der Technik entsprechenden guten und brauchbaren Apparat erhält. Die Schwierigkeiten, solche Normen zu schaffen, sind für Flugmotoren wesentlich größer als für Motoren, die anderen Zwecken zu dienen haben. Der Grund hierfür liegt in den gänzlich andersartigen Betriebsverhältnissen, die natürlich auch auf die Art der Durchführung der Prüfungen eine wesentliche Rückwirkung haben müssen. Die Vorfrage, ob es überhaupt angezeigt sei, schon jetzt Normen für Flugmotoren in Angriff zu nehmen, ist im weiteren Verlaufe aus der Erwägung heraus bejaht worden, daß es bei richtiger Beschränkung auf das heute Erreichbare wohl möglich ist, zu einem befriedigenden Ergebnis zu kommen. Man war sich namentlich darüber einig, daß man mit den sogenannten Abnahmeprüfungen, womit man im wesentlichen Prüfungen für alle möglichen gewerblichen Zwecke bezeichnet wissen will, keine wissenschaftlichen Untersuchungen verbinden dürfe. Dementsprechend sind alle Prüfungen in zwei Teile geteilt, in einen ersten Teil, der sich beschäftigen soll mit den Bedingungen für die Abnahmeprüfung, und in einen zweiten, späterhin durchzuführenden Teil, der sich mit wissenschaftlichen Untersuchungen befaßt.

Für den Ausschuß für konstruktive Fragen berichtet der Obmann Professor Dr. Reißner und kommt nach einigen einleitenden Worten auf das Preisausschreiben zu sprechen, dessen einzelne Punkte er eingehend begründet. Das Preisausschreiben wird darauf mit folgendem Wortlaut angenommen:

Preisausschreiben für einen Wettbewerb um einen aufzeichnenden Beschleunigungsmesser für Flugzeuge.

I. Allgemeine Bestimmungen.

Die Tragdecken eines Flugzeuges erhalten durch Böen und schnelles Überlenken vom Gleitflug zum wagerechten Flug und das Fahrgestell bei der Landung Festigkeitsbeanspruchungen durch Kräfte, über deren Größe sichere Angaben fehlen.

Ein Mittel zur Beurteilung dieser Kräfte besteht in der Beobachtung der Beschleunigungen, die sie hervorbringen.

Da auf die trägen Massen des Beschleunigungsmessers immer auch die Erdschwere einwirkt, wird er nur die aus der Beschleunigung und der Erdschwere resultierende Wirkung anzeigen können, dieselbe Größe, die die Insassen des Flugzeuges als „scheinbare Schwere" empfinden (vgl. die Erläuterungen am Schluß).

Die gefährlichen Beanspruchungen, welche ein Flugzeug im Fluge oder bei der Landung erhält, sind im wesentlichen abhängig von den zur Tragfläche winkelrechten Kräften, während diejenigen parallel den Tragflächen gegen diese zurücktreten.

Es wird also die Aufgabe gestellt, ein Instrument zu schaffen, das die Schwankungen und Größtwerte der scheinbaren Schwerekomponente winkelrecht zu den Tragflächen aufzeichnet, und das somit imstande ist, über Größe und Häufigkeit derselben Erfahrungen zu sammeln.

Für die beste Lösung dieser Aufgabe wird ein erster Preis von 1500 M., ein zweiter Preis von 500 M. ausgesetzt.

Das Preisgericht behält sich jedoch das Recht vor, die Gesamtsumme von 2000 M. auch anders zu verteilen.

II. Konstruktionsbestimmungen.

Das Instrument soll in der Lage sein, jedenfalls Beschleunigungen winkelrecht zu den Tragflächen nach oben von mindestens achtfachem Betrage, nach unten bis zum einfachen Betrage der Erdbeschleunigung aufzuzeichnen. Die Wiedergabe der wagerechten Geschwindigkeitsänderungen bis zur Größe der Erdbeschleunigung, sowohl nach der Fahrtrichtung, als entgegengesetzt dazu, wird nicht gefordert, erhöht aber ceteris paribus die Bewertung des Instrumentes.

Da es sich häufig um sehr rasch wechselnde stoßartige Beanspruchungen handelt, ist eine sehr kurze, schwingungsfreie Einstellzeit des Instrumentes erwünscht; jedoch sollen die vom Motor herrührenden Erschütterungen die Aufzeichnungen möglichst wenig trüben.

Es wird freigestellt, die Aufzeichnung des Instrumentes in Abhängigkeit der Zeit oder des Weges erfolgen zu lassen. Es ist nicht unbedingt erforderlich, aber erwünscht, daß diese Abhängigkeit genau feststellbar ist.

Die Genauigkeit der Messungen gilt dann schon als ausreichend, wenn die jeweiligen Maxima der Beschleunigungen aus den Versuchskurven derart abzulesen sind, daß sie mit Sicherheit als Grundlagen für Erfahrungswerte gelten können.

Die Benutzungsdauer des Instrumentes soll so groß sein, als sich irgend mit der wünschenswerten Handlichkeit und Leichtigkeit verträgt. Als erstrebenswert ist eine Benutzungsdauer von 2 Stunden anzusehen.

Der Raumbedarf und das Gewicht des Instrumentes sind nach Möglichkeit einzuschränken, damit die Mitnahme auf einem Flugzeug nicht hinderlich wird.

Das Instrument hat Befestigungsstellen zu tragen, welche eine schnelle und feste Unterbringung im Flugzeug gewährleisten, und soll derart eingerichtet sein, daß es plombiert und ein Eingriff von außen verhindert werden kann.

III. Ablieferungsbestimmungen.

Die Zulassung zum Wettbewerb wird am 1. Juli 1914 geschlossen. Bis zu diesem Tage müssen Instrumente, die am Wettbewerb teilnehmen sollen, plombiert und eingeschrieben bei der Deutschen Versuchsanstalt für Luftfahrt, E. V., Adlershof, eingegangen sein. Spätere Einlieferung ist unzulässig. Es dürfen mehrere Instrumente gleicher Bauart eingeliefert werden.

Bei der Einsendung sind beizufügen:

1. Name und Wohnungsangabe des Einsenders,
2. eine Bedienungsvorschrift mit schematischen Schnittzeichnungen,
3. das für den Wettbewerb nötige Aufzeichnungsmaterial, welches auf 4 Stunden zu bemessen ist, das aber, falls es nicht ausreicht, auf Wunsch der Prüfstelle in erforderlichen Mengen nachgeliefert werden muß,
4. eine Prüfungsgebühr von 100 M., welche nach Abzug der Unkosten im Verhältnis der Zahl der eingelieferten Apparate rückvergütet wird.

IV. Prüfungsbestimmungen.

Die Prüfung des Instrumentes erstreckt sich zuerst auf eine Vorprüfung im Laboratorium, bei welcher bei künstlich erzeugten Beschleunigungen die Eichkurven des Instrumentes und seine allgemeinen Eigenschaften festgestellt werden.

Die Vorprüfung der eingelieferten Instrumente wird von dem Preisgericht übernommen, welches insbesondere die Prüfungsstelle zu bestimmen hat.

Die Vorprüfung erstreckt sich auf Ermittelung:

1. der Genauigkeit und Zuverlässigkeit der Messungen,
2. der Einspielzeit,
3. der Benutzungsdauer,

4. des Meßbereiches,

5. des Gewichtes und Platzbedarfes.

Das Preisgericht entscheidet nach dem Ausfall dieser Vorprüfung, welche Instrumente zur Hauptprüfung zugelassen werden sollen.

Die Hauptprüfung besteht in einer Erprobung der Instrumente auf Flugzeugen.

Eine Nachprüfung der Instrumente findet bei der Prüfstelle der Vorprüfung statt, um etwaige Veränderungen des Instrumentes festzustellen.

Alle Öffnungen des Instrumentes dürfen nur mit Genehmigung des Bewerbers und im Beisein eines Mitgliedes des Preisgerichts oder der Prüfungsanstalt stattfinden. Die Plombierung ist jedesmal von neuem vorzunehmen.

Für Beschädigungen irgend welcher Art, welche dem Instrument widerfahren, wird eine Haftung nicht übernommen.

Das Preisgericht ist in seinen Entschlüssen an keine feste Vorschrift gebunden und erteilt denjenigen Instrumenten Preise, welche seiner Ansicht nach am besten den gestellten Forderungen genügen.

Das Preisgericht entscheidet als letzte Instanz. Einsprüche gegen seinen Spruch können nicht erhoben werden.

V. Preisgericht.

Das Preisgericht setzt sich zusammen aus den Herren: Geh. Regierungsrat Professor Dr. R. Aßmann, Lindenberg, Professor A. Baumann, Stuttgart, Professor Dr.-Ing. F. Bendemann, Adlershof, Professor Dr. G. von dem Borne, Breslau, Professor Dr. E. Hartmann, Frankfurt a. M., Professor H. Junkers, Aachen, Direktor O. Krell, Berlin, Major a. D. Professor Dr.-Ing. A. von Parseval, Berlin, Marine-Baumeister Pietzker †, Berlin, als Vertreter des Reichs-Marine-Amts; Professor Dr. L. Prandtl, Göttingen, Professor Dr.-Ing. H. Reißner, Berlin, Dipl.-Ing. Freiherr von Soden-Fraunhofen, Friedrichshafen, Assessor Dr. Trautmann, Berlin, als Vertreter des Kuratoriums der National-Flugspende; Professor Dr. R. Wachsmuth, Frankfurt a. M., Direktor E. Wolff, Berlin, Wirkl. Geh. Ober-Baurat Dr. Zimmermann, Berlin und ein Herr als Vertreter des Kriegsministeriums.

Falls Mitglieder des Preisgerichts wegen eigener Beteiligung an dem Wettbewerb oder aus anderen Gründen aus dem Preisgericht ausscheiden, hat dieses das Recht, sich, wenn nötig, neue Mitglieder zu kooptieren.

Erläuterungen.

Ist M die Masse des Flugzeugs, $G = Mg$ das Gewicht, ferner P die Resultante aller Luftkräfte (beim Flug) bzw. die aller Luftkräfte und Stützdrücke (bei Bodenberührung), so bestimmt die Resultante R aus P und G die Beschleunigung b des Flugzeugschwerpunktes nach Größe und Richtung. Es ist $b = R/M$.

Eine mit dem Flugzeug mitbewegte Masse m, die in der Nähe des Schwerpunkts angebracht ist, macht bei genügend kurzer Einspielzeit diese Beschleunigung im wesentlichen gezwungen mit. Da indes die Erdschwere auf sie ebenso einwirkt wie auf das Flugzeug, erfolgt der der Erdschwere entsprechende Anteil g der Gesamtbeschleunigung b von selbst; demnach haben also die Konstruktionsteile, die die Masse m mit dem Flugzeug verbinden, dieser Masse nur den der Kraft P entsprechenden Anteil der Beschleunigung $b' = P/M$ aufzuzwingen.

Der Beschleunigung b' entspricht eine von diesen Konstruktionsteilen zu übertragende Zwangskraft $K = mb' = P \cdot \dfrac{m}{M}$.

Die Beschleunigung b' (bzw. ihr Negatives) spielt somit für die im Flugzeug befindlichen Körper dieselbe Rolle wie für ruhende Körper die Erdbeschleunigung g, und kann deshalb als „scheinbare Schwere" bezeichnet werden.

(Für den Fall der Ruhe oder der gleichförmig-geradlinigen Bewegung ist wegen des Kräftegleichgewichtes $P = -G$, daher $b' = -g$, d. h. die scheinbare Schwere gleich der wirklichen Schwere.)

Ein Instrument, das die Kraft K aufzeichnet, mißt demnach die für die Festigkeitsbeurteilung wichtige Kraft P.

Wird nur eine Komponente von K aufgezeichnet, so entspricht diese der gleichgerichteten Komponente der resultierenden Luftkraft (bzw. Stützkraft) P.

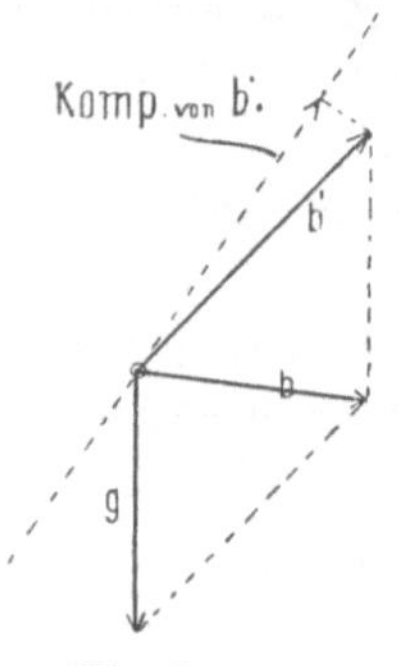

Fig. 1.

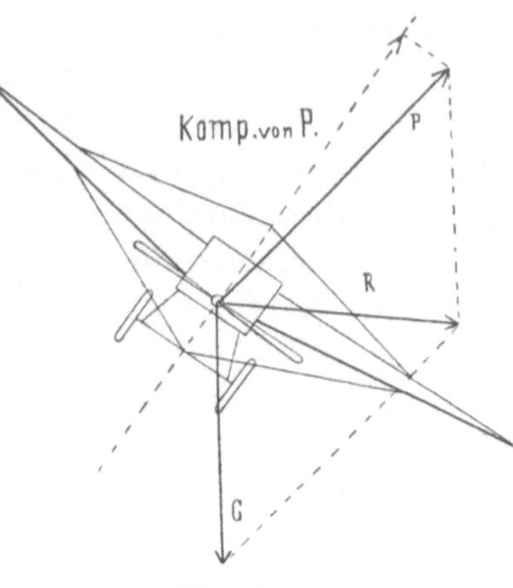

Fig. 2.

Hierauf berichtet Hofrat Professor Dr. Friedländer für den Ausschuß für medizinische Fragen: Weil ein völliges Neuland zu bearbeiten wäre, sei es zunächst Aufgabe gewesen, Hilfskräfte zu suchen, die den Ausschuß bei seinen schwierigen Fragen unterstützen können. Es sei gelungen, zwei sehr wertvolle Mitarbeiter in den Herren Professor Cohnheim und Professor Zuntz zu gewinnen. Professor Friedländer fährt dann fort: „Wir haben in eingehenden Vorberatungen beschlossen, Ihre Genehmigung dafür einzuholen, daß unser Ausschuß einen Fragebogen ausarbeitet, um die Ursachen der leider noch so häufigen Fliegerunfälle, soweit als möglich, festzustellen. Zu diesem Zweck wurde zunächst in der gestrigen Sitzung Herr Stabsarzt Dr. Flemming gebeten, die diesbezüglichen Voruntersuchungen zu machen und dieselben bis zum 1. November dieses Jahres an uns einzusenden.

Wir beabsichtigen weiter, einen Fragebogen auszuarbeiten, der den beteiligten Ärzten eine sichere Grundlage für die Untersuchungen auf Tauglichkeit des Piloten bieten kann.

Zum Schluß möchte ich Ihnen mitteilen, daß wir der Versammlung die Annahme eines Antrages empfehlen, der gestern ausgearbeitet worden ist, und der dahin geht:

„Die II. Ordentliche Mitglieder-Versammlung wird gebeten, den Vorstand unserer Gesellschaft zu beauftragen, daß dieser sich an die geeigneten Stellen wendet, um zu erreichen, daß bei künftigen Veranstaltungen auf dem Gebiete der Luftfahrt mehr als es bisher der Fall war, ärztliche Sachverständige gehört werden, bei der Ausschreibung und Aufstellung der Bedingungen und bei der Durchführung der Flüge."

Der Antrag wird einstimmig angenommen.

Hierauf nimmt Dr. Linke-Frankfurt a. M. das Wort: „Der Unterausschuß für luftelektrische Fragen" hat sich in einer Sitzung am 16. März konstitutiert und einen Arbeitsplan aufgestellt. Diesen Plan werde ich die Ehre haben, der Versammlung morgen in Form eines Referats zu unterbreiten. Es ergab sich bald, daß die luftelektrischen Fragen eigentlich etwas zurücktreten und es in erster Linie reibungselektrische Fragen sind, um die es sich handelt. Infolgedessen wird es zweckmäßig sein, den Unterausschuß in Zukunft zu benennen: Unterausschuß für elektrostatische Fragen. (Wird angenommen!)

Es war sodann Aufgabe der ersten Sitzung, alle diejenigen Gesellschaften, Behörden, Gelehrten und Ingenieure in diesem Unterausschuß zusammenzufassen, die sich mit den hier vorliegenden Fragen beschäftigen. Es wurde daraufhin einer Anzahl von Behörden und Gesellschaften die Bitte ausgesprochen, Vertreter in diesen Unterausschuß zu entsenden. Dieser Bitte ist von allen entsprochen worden. Es ist mit Genugtuung festzustellen, daß namentlich die gesamten Interessenten für diese elektrostatischen Fragen der Luftschiffahrt in unserem Unterausschuß vereinigt sind, und daß von nun ab hoffentlich eine gedeihliche Arbeit Platz greifen kann. Es soll morgen im Anschluß an den Vortrag des Herrn Dr. Dieckmann eine weitere Sitzung des Unterausschusses stattfinden.

Für ein Arbeitsgebiet, das man dem Unterausschuß für Luftelektrische Fragen zunächst zugeteilt hat, nämlich die Funkentelegraphie, haben wir beantragt, einen besonderen Unterausschuß zu gründen; dieser Antrag ist gestern angenommen worden und die Mitglieder des neuen Unterausschusses sind bestimmt. Diesem neuen Unterausschuß sind auf Vorschlag des Herrn Dr. Dieckmann folgende Aufgaben zugeteilt worden:

Zuerst rein technische Aufgaben: nämlich die Bordsende- und Empfangsstationen zu verbessern, Zündungsverfahren zu berücksichtigen usw.;

dann eine reine physikalische Frage: nämlich die Bordstationen als Hilfsmittel zur Lösung von Fragen bezüglich der Strahlung elektromagnetischer Wellen zu verwenden;

dann einige praktische Fragen: erstens die Funkentelegraphie zur Orientierung zu benutzen durch Anlage einer Reihe von Funkenstationen über das ganze Reich, eventuell über ganz Europa, aus deren mehr oder weniger starkem Geräusch am Empfänger man sich dann über die Nähe der einzelnen Stationen orientieren könnte. Dann sollen den Luftschiffern auf drahtlosem Wege metereologische Nachrichten fortlaufend zugesandt werden, was übrigens schon jetzt geschieht. Ich kann mitteilen, daß das Luftschiff „Viktoria Luise", das durch Gewitter hierher gefahren ist, auf drahtlosem Wege über die Gewitterherde fortlaufend unterrichtet werden konnte, so daß es dem Luftschiff gelang, diese Gewitterherde zu vermeiden. Ferner soll die Regelung der drahtlosen Telegraphie durch Reichsgesetz Gegenstand der Betrachtungen dieses Unterausschusses werden.

Es wird dann zu Punkt IIId, zur Ersatzwahl der turnusmäßig ausscheidenden Mitglieder des Gesamtvorstandes geschritten und zunächst vom Vorsitzenden darauf hingewiesen, daß die Herren Kapitän z. S. Lübbert vom Reichsmarineamt und Generalmajor Schmiedecke von der Inspektion des Militär-Luft- und Kraftfahrwesens durch Versetzung in eine andere Dienststelle aus dem Gesamtvorstand ausscheiden. Es ist daher an die betreffenden Behörden mit der Bitte herangetreten worden, einen anderen Vertreter zu designieren, und zwar ist vom Reichsmarineamt Herr Marinebaumeister Pietzker †, vom Kriegsministerium Herr Oberstleutnant Oschmann vorgeschlagen worden.

Der Vorsitzende empfiehlt fernerhin als Vertreter der Generalinspektion des Militär-Verkehrswesens Exzellenz Generalleutnant von Hänisch in den Vorstand zu wählen, was allseitigen Beifall findet.

Inzwischen wurden die ausscheidenden Mitglieder ausgelost und die Versammlung erklärt sich damit einverstanden, auf Stimmzettelwahl zu verzichten und durch Zuruf zu wählen. Die Auslosung ergab folgendes Resultat. Vom Geschäftsführenden Vorstand wurden ausgelost: Herr Geheimrat Dr. von Böttinger, vom Gesamtvorstand: Geheimer Regierungsrat Albert, Bankier Hagen, Geheimrat Dr. C. von Linde, Ministerialdirektor Naumann, Exzellenz Generalleutnant z. D. von Nieber, Werftbesitzer Max Oertz, Professor Dr.-Ing. Reißner, Geheimer Oberregierungsrat Dr. Tull.

Auf Antrag von Professor Romberg wird die nach § 20 der Satzungen zulässige Wiederwahl von der Versammlung beschlossen. Die anwesenden Herren nehmen die Wiederwahl an, die Nichtanwesenden haben sich nachträglich schriftlich bereit erklärt, auch fernerhin dem Gesamtvorstand anzugehören.

Hierauf wird zum letzten Punkt der Geschäftssitzung, Wahl des Ortes für die O. M. V. 1914 übergegangen. Der Vorsitzende erwähnt, daß Einladungen von Danzig und Dresden vorliegen, daß ferner Professor Ahlborn gebeten hat, die Versammlung in Hamburg abzuhalten. Da aber die Institute für Luftfahrt in Hamburg erst in der Einrichtung begriffen sind und ihre Fertigstellung erst für das Jahr 1915 vorauszusehen ist, ist nachträglich von Professor Ahlborn der weitere Antrag eingelaufen, Hamburg für 1915 als Tagungsort zu wählen. Für das Jahr 1915 liegt aber bereits eine Einladung von Major Dr. von Abercron für Düsseldorf vor, weil hier für dieses Jahr eine Ausstellung für Luftfahrt geplant sei.

Der Vorsitzende gibt den Beschluß des Gesamtvorstandes bekannt, Dresden als Tagungsort für 1914 zu wählen.

Geheimrat Grübler nimmt noch kurz das Wort zu einer kleinen Begründung:

> „Ich bin beauftragt, Sie einzuladen, Ihre nächste Tagung 1914 in Dresden abzuhalten. Ich brauche diese Einladung wohl nicht noch näher zu begründen; Dresden ist als Kongreßort sehr geschätzt. Vor allen Dingen aber möchte ich hervorheben, daß der Kgl. Sächsische Verein für Luftfahrt es sich zur Ehre anrechnen wird, wenn Sie seine Einladung annehmen, Ihnen den Aufenthalt so angenehm und anregend wie möglich zu machen.
> Ich bitte daher, der Einladung Folge zu leisten",

worauf einstimmig gemäß des Vorstandsvorschlages beschlossen wird.

Bezüglich der Zeit wird vom Vorstand vorgeschlagen, die letzte Woche des April zu wählen, und zwar die Tage 26.—28. April, so daß der 26. für Sitzungen des Vorstandes und der Kommissionen, der 27. und 28. für die eigentliche Hauptversammlung reserviert bleibt.

Da hiermit der geschäftliche Teil erledigt ist, wird die Sitzung um 10½ Uhr geschlossen und der Vorsitzende übergibt Herrn Professor von Parseval den Vorsitz für die jetzt folgenden Fachvorträge.

Inzwischen haben dann die Vorsitzenden mit folgendem Begleitschreiben die erwähnte Ehrengabe an Seine Königliche Hoheit den Prinzen Heinrich von Preußen abgesandt:

Königliche Hoheit! 9. Juni 1913.

Durchlauchtigster Prinz!

Euer Königlichen Hoheit Verhinderung, bei der soeben stattgehabten Tagung unserer Gesellschaft den Ehrenvorsitz zu führen, hat uns leider der Möglichkeit beraubt, die von einer großen Anzahl unserer Mitglieder veranlaßte Ehrenwidmung aus Anlaß des 25 jährigen Ehejubiläums Euer Königlichen Hoheit und Euer Königlichen Hoheit hohen Gemahlin persönlich zu überreichen.

Wir müssen deshalb Eure Königlichen Hoheiten schriftlich bitten, die Euer Königlichen Hoheiten separat zugehende, in der Hofgoldschmiede der Firma Gabriel Hermeling in Köln angefertigte Erinnerung allergnädigst anzunehmen, einerseits als ein Zeichen unserer großen und aufrichtigen Dankbarkeit, die wir Euer Königlichen Hoheit allzeit bewahren, und andererseits der innigen, tiefempfundenen Wünsche, die wir für das weitere Glück und Wohl Euer Königlichen Hoheit und Euer Königlichen Hoheit hohen Gemahlin hegen.

Möge das kleine Kunstwerk Eueren Königlichen Hoheiten nicht nur seiner selbst wegen, sondern auch als ein Beweis unseres unauslöschlichen Dankes, den nicht nur unsere Gesellschaft, sondern auch unser ganzes Vaterland Euer Königlichen Hoheit und Euer Königlichen Hoheit hohen Gemahlin freudigst entgegenbringen für all das so gesegnete und ersprießliche Wirken Euer Königlichen Hoheiten im Interesse und zum Wohle unseres Vaterlandes, einige Freude bereiten.

Mit den innigsten Wünschen, daß Gottes Segen Eure Königliche Hoheiten allzeit begleite, verharren wir

Euer Königlichen Hoheit

dankbar ergebenste

Wissenschaftliche Gesellschaft für Flugtechnik.

Dr. von Böttinger.   Dr. von Parseval.   Dr. Prandtl.

worauf das nachstehende, an Herrn Geheimrat von Böttinger gerichtete Dankschreiben eintraf:

Kiel, den 19. Juni 1913.

Mein sehr verehrter Herr Geheimrat!

Erhielt ich kurz vor dem Verlassen Kiels das außerordentlich gütige Schreiben der Vorsitzenden der Wissenschaftlichen Gesellschaft für Flugtechnik, so fand ich gestern nach meinem Eintreffen in Kiel das so überaus hochherzige Geschenk des Vereins, für welches, namens der Frau Prinzessin, sowie meiner selbst zu danken, mir hiermit eine liebe Pflicht ist.

Ich darf Sie bitten, unseren tiefempfundenen Dank der Gesellschaft für ihre sinnige Gabe aussprechen zu wollen, mit der Versicherung, daß wir derselben stets eingedenk sein werden.

Haben wir das Kunstwerk gerne entgegengenommen, so sind wir für die uns von den Vorsitzenden gesandten Begleitworte ganz besonders dankbar.

Mit erneutem Dank und der Versicherung meiner besonderen Zuneigung

Ihr treu und dankbarst ergebener

Heinrich Prinz von Preußen.

Ehrengabe der Wissenschaftlichen Gesellschaft für Flugtechnik an Seine Königliche
Hoheit, Prinz Heinrich von Preußen.

Über Motorsysteme.

Von

Professor **Baumann**-Stuttgart.

Es ist nicht der Zweck der folgenden Betrachtungen, eine Beschreibung und Besprechung der verschiedenen denkbaren, vorgeschlagenen und ausgeführten Motorsysteme zu bringen, speziell soll die kinematische Seite unberührt bleiben. Zahlreiche besonders neuerdings in Frankreich, aber auch bei uns versuchte und in den Betrieb gebrachte Motorkonstruktionen sind dadurch eigenartig, daß die verschiedensten Wege eingeschlagen sind, um die kinematische Aufgabe, die hin- und hergehende Bewegung des Motorkolbens, in eine rotierende Bewegung der Welle überzuführen, zu lösen. Andere Systeme oder besser Konstruktionen sind dadurch ausgezeichnet, daß eine besondere Gruppierung der einzelnen Zylinder untereinander und um die Welle herum gewählt wurde, die je nachdem gewisse Vorteile in der Herstellung oder bezüglich des Konstruktionsgewichts ergibt, wofür aber dann in der Regel Komplikationen und Übelstände an anderen Stellen in den Kauf genommen werden müssen. Von solchen Spezialkonstruktionen soll also an dieser Stelle nicht die Rede sein.

Es sollen vielmehr Vorteile und Nachteile besprochen werden, die Motorsysteme für Flugmotoren besitzen, soweit diese Systeme durch die Art der Kühlung und die Art der Durchführung des Arbeitsprozesses charakterisiert sind.

Man muß notwendig dabei ausgehen von den Anforderungen, die an einen Flugmotor zu stellen sind, und die Bewertung der einzelnen Systeme hat danach zu erfolgen, wieweit sie diesen Anforderungen gerecht werden können. Eine solche Betrachtung wäre aber unvollkommen, wenn nicht, sofern eine solche vorhanden scheint, die weitere Entwickelungs- und Vervollkommnungsmöglichkeit der einzelnen Systeme behandelt würde.

Damit verläßt man freilich den sicheren Boden der Tatsachen, und Meinungsverschiedenheiten sind unvermeidlich. Das schadet nicht, solange man sich bewußt ist, daß in der Technik stets die Ausführung und der praktische Erfolg das letzte Wort sprechen.

Anforderungen.

Die Anforderungen, die man an irgendeinen Gebrauchsgegenstand stellt, pflegen mit der Benutzung des Gegenstands und seiner fortschreitenden Entwickelung ständig zu wachsen. Das gilt vom Flugzeug und gilt ebenso vom Flugzeugmotor.

Begnügte man sich zu Anfang mit einem geringen Eigengewicht, wenn der Motor nur ¼ Stunde lang seine Leistung hielt, so ist heute die dauernde Betriebssicherheit und Innehaltung der Leistung über Stunden eine ebenso selbstverständliche Forderung wie die eines geringen Eigengewichts, ja man stellt mit unzweifelhaftem Recht die Betriebssicherheit dem geringen Gewicht voran.

Mit diesen beiden unerläßlichen Voraussetzungen sind aber die Anforderungen, die schon heute an einen Flugmotor gestellt werden, und zu denen in absehbarer Zeit sicher noch weitere hinzukommen werden, noch keineswegs erschöpft.

Die heutigen und zum Teil die kommenden Anforderungen lassen sich etwa in folgende Stichworte zusammenfassen:

1. Betriebssicherheit bei Innehaltung der Leistung (auch bez. Temperaturänderungen, Luftdruckänderungen, Lagenänderungen.
2. Geringes Eigengewicht bei großer Leistung und verhältnismäßig niederer Schraubendrehzahl.
3. Ruhiger Gang bei normaler und verminderter Leistung.
4. Geringer Betriebsstoffverbrauch.
5. Gleichförmiger Gang.
6. Unempfindlichkeit, Lebensdauer.
7. Geringer Luftwiderstand und Raumbedarf.
8. Übersichtlichkeit, leichte Zugänglichkeit, Einfachheit.
9. Reinlichkeit und Geräuschlosigkeit.

Die Reihenfolge, in der die einzelnen Anforderungen aufgeführt sind, entspricht der mutmaßlichen Wichtigkeit, die ihnen heute beigelegt werden dürfte.

Diese Reihenfolge eignet sich aber schlecht für die Besprechung insofern, als die unter 1, 2 und 4 genannten Forderungen die ausführlichste Besprechung erfordern, also besser zuletzt behandelt werden. Es wird deshalb im folgenden von der vorstehenden Reihenfolge abgewichen werden.

Sehr schwer wird eine einwandfreie Bewertung der einzelnen Forderungen im Verhältnis zueinander möglich sein. Das wird in erster Linie von Nummer 2 und 4 gelten. Auch die Frage, bis zu welcher Grenze eine gesteigerte Betriebssicherheit durch eine Vermehrung von Eigengewicht und Brennstoffgewicht erkauft werden darf, wird nicht eindeutig beantwortet werden können.

Da eine zahlenmäßige Festlegung unmöglich erscheint, wird auch bei jeder Abschätzung der Vorteile und Nachteile der einzelnen Systeme ein Rest subjektiver Anschauung übrig bleiben müssen.

Unempfindlichkeit, Lebensdauer, Reinlichkeit, Geräuschlosigkeit.

Die Erfüllung dieser Forderungen ist heute noch nicht ausschlaggebend, z. T. ist sie nicht vom Motorsystem im Sinne dieser Betrachtungen abhängig. Es wäre für heute nur zu sagen, daß in bezug auf diese Forderungen die wassergekühlten Motoren den luftgekühlten, die stationären den rotierenden gegenüber im Vorteil sind. Der luftgekühlte Motor ist empfindlicher und bedarf einer sorgfältigeren Wartung, seine Lebensdauer dürfte, besonders gilt das für den rotierenden Motor, geringer sein, — wenn auch die früher behauptete außerordentlich geringe Lebensdauer des rotierenden Motors praktisch nicht besteht. Der Glaube an diese geringe Lebensdauer dürfte durch eine vielleicht allzugroße Vorsicht der Gnômemotoren-

gesellschaft hervorgerufen sein, dadurch, daß sie anfänglich nur für 100 Betriebs-
stunden garantierte.

Was die Reinlichkeit betrifft, so ist sie jedenfalls bei einem Motor mit geringem Schmiermittelverbrauch größer als bei einem Motor, der eine intensive
Schmierung nötig hat; das würde heißen, daß sie beim wassergekühlten Motor
im allgemeinen leichter zu erreichen ist wie beim luftgekühlten. Infolge der
Schleuderwirkung des rotierenden Motors scheint sie beim stationären Motor
wiederum leichter erreichbar wie beim rotierenden, wenn auch durch Anordnung
von Fangblechen usw. beim rotierenden Motor eine Verbesserung erzielt werden kann.

Die Geräuschlosigkeit zu erreichen, scheint schließlich beim rotierenden Motor
zwar nicht unmöglich, aber immerhin schwerer erreichbar wie beim stationären Motor. Dabei muß zugestanden werden, daß von Haus aus das Geräusch,
das der rotierende Motor verursacht, verhältnismäßig schwach ist, wobei es dahingestellt bleibe, ob das eine Folge des geringen mittleren Druckes dieses Motors ist,
(dann ginge dieser Vorteil bei einer eventuellen Vervollkommnung dieses Motors
verloren) oder andere Ursachen hat.

Ruhiger Gang bei normaler und verminderter Drehzahl.

Ein ruhiger, möglichst erschütterungsfreier Gang des Motors ist zu fordern,
weil bis zu einem gewissen Grad Betriebssicherheit und Gewicht des ganzen Flugzeugs von ihm abhängen, unter Umständen auch, worauf noch an anderer Stelle
zurückgekommen wird, der Wirkungsgrad der Schraube dadurch beeinflußt wird.
Starke Erschütterungen durch den Motor bedingen einen kräftigen und damit
schweren Unterbau für den Motor, sie können die Lockerung von Verbänden im
Flugzeug und damit Unfälle verursachen.

Die Erzielung ruhigen Gangs ist in erster Linie eine Frage der Zylinderzahl
und Zylinderanordnung. Im allgemeinen sind sowohl für wassergekühlte wie
luftgekühlte Motoren, (für beide wird ja die Zylinderanordnung von verschiedenen
Gesichtspunkten aus vorzunehmen sein), Anordnungen möglich, die einen ruhigen
Gang ergeben. Jedenfalls ist die Ruhe des Gangs beim rotierenden Motor weitaus am größten. In zweiter Linie ist die Ruhe des Gangs bei nicht rotierenden
Motoren von der Kolbengeschwindigkeit, bei gegebener Drehzahl also von der
Größe des Hubs abhängig[1]. Die Ruhe des Gangs speziell bei verminderter Leistung
ist sodann davon abhängig, inwieweit sich der normale Arbeitsprozeß in den Zylindern abspielt, ist also abhängig von der Vergaserkonstruktion, von der Güte
der Zündung und Zündregulierung und schließlich von der Güte der Kühlung[2].

---

[1] Auch ein hochhubiger Motor kann zu ruhigem Gang gebracht werden, wenn man
unter Inkaufnahme ganz unbedeutender Mehrgewichte an dem Motor zusätzliche Massen
anordnet, die gegenüber den hin- und hergehenden Getriebemassen gegenläufige Bewegungen
ausführen. Wird dieser Ausgleich sorgfältig ausgeführt, so kann ein nicht rotierender Motor
zu einem Gang gebracht werden, der, was Ruhe anlangt, vom rotierenden Motor nicht über-
troffen wird. Hierbei ist nicht an den bekannten Ausgleich durch Gegengewichte, die
an der Kurbel angebracht werden, gedacht. Sie vermögen einen vollkommenen Massenausgleich nicht zu bringen.

[2] Geht der Motor langsamer, so hat das frische Gemisch länger Zeit, sich während des

In letzterer Hinsicht wäre also der wassergekühlte Motor gegenüber dem luftgekühlten im Vorteil. Es soll damit nicht gesagt sein — darauf ist später noch
einzugehen —, daß die luftgekühlten Motoren, unter allen Umständen eine ungenügende Kühlung haben müßten, sondern nur, daß bei wassergekühlten Motoren eine intensive Kühlung leichter und müheloser erzielt werden kann wie bei
luftgekühlten. Die Ruhe des Gangs wird durch das Aussetzen eines Zylinders
umsoweniger beeinflußt, je größer die Zahl der Zylinder oder besser die Zahl
der auf eine Umdrehung entfallenden Arbeitshübe ist; in dieser Hinsicht wäre
bei gleicher Zylinderzahl ein Zweitaktmotor einem Viertaktmotor überlegen. Der
letzte Punkt betrifft aber z. T. eigentlich mehr die Gleichförmigkeit des Ganges
als seine Ruhe.

Gleichförmiger Gang.

Hier gilt, was soeben von Zweitakt und Viertakt sowie von der Zylinderzahl
gesagt ist. Es kommt weiter hinzu die Größe der dem Motor zur Verfügung stehenden Schwungmasse. Hier ist der rotierende Motor weitaus im Vorteil, sein Gang
besitzt eine Gleichförmigkeit, wie sie von keinem andern Motor erreicht wird.
Welchen Einfluß diese Gleichförmigkeit auf den Schraubenwirkungsgrad hat,
kann bis heute noch nicht einwandfrei angegeben werden. Von vielen Seiten
wird eine bedeutende Überlegenheit des rotierenden Motors gegenüber einem
stationären gleicher Leistung behauptet, dabei ist in den Drehzahlen kein wesentlicher Unterschied. Ob die Gleichförmigkeit der Umlaufgeschwindigkeit die
Ursache ist, scheint zum Teil nach Versuchen von Bendemann fraglich[1]). Jedenfalls konnte bei diesen Versuchen ein nennenswerter Unterschied betr. des Schrauben-
drehmoments nicht nachgewiesen werden, wenn die Schraube das einemal vom
Motor mit entsprechender Ungleichförmigkeit der Umlaufsgeschwindigkeit, das
andermal von einem gleichmäßig laufenden Elektromotor angetrieben wurde.
Bliebe sonach nur die Möglichkeit, daß zwar das Drehmoment nicht beeinflußt
wird, wohl aber infolge von Erzitterungen und Schwingungen des Schraubenblatts der Schraubenzug. Auch bliebe es offen, ob die Gleichförmigkeit oder die
Ruhe des Gangs oder beide zusammen diesen möglichen Unterschied hervorruft.
Bei den üblichen Drehzahlen von 1200 und mehr sind irgendwelche Unregelmäßigkeiten im Gang des Propellers nicht wahrzunehmen, wohl aber ist zu sagen, daß

Ansaugens und Komprimierens an den heißen Teilen des Zylinders zu erwärmen, so daß dann
selbsttätige vorzeitige Zündung eintreten kann, die einen harten Gang, im Grenzfall einen
plötzlichen Rückschlag ergibt. Dieser Vorgang ist beim Abstellen der Zündung eines nicht
sehr reichlich gekühlten Motors stets zu sehen. Der Propeller treibt den abgestellten Motor
mit ständig abnehmender Drehzahl weiter, bis — unter Umständen bei stark verminderter
Drehzahl — plötzlich der Rückschlag eintritt. Je heißer der Motor, bei umso höherer Drehzahl
tritt der Rückschlag ein. Es kann sich hierbei nicht um die Wirkung glühenden Zunders
im Motor handeln, denn dann würde der Motor sofort weiter zünden.

[1]) Im teilweisen Gegensatz dazu steht ein Fall, der mir glaubhaft mitgeteilt wurde,
in dem der Zug eines Motors mit Schraube dadurch verbessert wurde, daß die Spitzen des
Schraubenblatts mit Messing beschlagen wurden. Wenn auch andere Ursachen dabei möglich sind, so ist doch das naheliegendste, daß das Schwungmoment der Schraube erhöht und
damit die Gleichförmigkeit des Gangs verbessert wurde.

bei 900 bis 1000 Umdrehungen schon die Ungleichförmigkeit der Umlaufsgeschwindigkeit mit dem Auge bei einem Vierzylindermotor deutlich wahrnehmbar ist, und es scheint bei einem solchen Anblick eine starke Vibration des Propellers durchaus wahrscheinlich[1]).

Schließlich bliebe die Möglichkeit, daß die von dem Rotationsmotor infolge der Rotation hervorgerufene Luftströmung sich in günstiger Weise mit der durch die Schraube hervorgerufenen Luftströmung kombiniert und den Schraubenwirkungsgrad erhöht.

Leider ist man gerade bezüglich dieser wichtigen Fragen vorläufig nur auf Vermutungen angewiesen. Auch wenn man die Behauptung der Praktiker gelten läßt, daß eine Überlegenheit in der Leistungsfähigkeit des rotierenden Motors in dieser Hinsicht besteht, so ist der Grad dieser Überlegenheit nicht feststellbar, und es scheint zu allem hin fraglich, ob nicht die Gewichtsverringerung, oder eine geringere Leistungsabnahme bei Erreichung größerer Höhen zu dem Urteil beiträgt; kurzum gerade in diesem wichtigen Punkt lassen uns bis heute noch unsere exakten Kenntnisse im Stich, so wichtig eine Klärung wäre.

Geringer Luftwiderstand und Raumbedarf.

Der Raumbedarf eines Motors hat in zweierlei Hinsicht eine gewisse Bedeutung. Einmal ist vom größeren oder geringeren Raumbedarf die mehr oder weniger bequeme Unterbringung des Motors im Flugzeug abhängig. Je geringer der Raumbedarf, umso weniger muß der Konstrukteur bei der Formgebung des Flugzeugs, bei der Anordung und dem gesamten Aufbau auf den Motor Rücksicht nehmen. Außerdem ergibt ein Motor mit großem Raumbedarf ein größeres Trägheitsmoment des Flugzeugs. In dieser Hinsicht am günstigsten sind sternförmige Motoren, deren Trägheitsmoment verhältnismäßig klein ist.

Daß der Luftwiderstand, den ein Motor erzeugt, möglichst gering sein sollte, ist selbstverständlich. Ja ein geringer Luftwiderstand ist wichtiger wie eine gewisse Gewichtsersparnis. Je nach der Form und der Anordnung des Motors und der Fluggeschwindigkeit erzeugt er einen Luftwiderstand, der eine beträchtliche Größe erreichen kann, das zeigt die folgende Tabelle. In ihr ist schätzungsweise der Luftwiderstand eines 100-PS-Reihenmotors zu $\dfrac{v^2}{100}$, für einen Sternmotor zu $\dfrac{v^2}{50}$ angenommen und mit einem Schraubenwirkungsgrad von 0,6 gerechnet[2]).

---

[1]) Es werde in diesem Zusammenhang auch auf die guten Erfolge der Renault-Motoren hingewiesen, die allerdings mindestens zum Teil durch die niedere Schraubendrehzahl bedingt sind. Diese Motoren besitzen aber außerdem einen verhältnismäßig sehr gleichförmigen Gang, einmal infolge ihrer großen Zylinderzahl, sodann infolge des mit der rasch laufenden Welle gekuppelten Ventilators, dessen Schwungmoment zu dem der großen Schraube hinzukommt. Auch auf die verhältnismäßig große Zugkraft und Leistungsfähigkeit der relativ sehr gleichmäßig laufenden Grademotoren sei hingewiesen.

[2]) Streng genommen, wenn eine größere Genauigkeit anzustreben wäre, müßte natürlich der Schraubenwirkungsgrad für große Geschwindigkeiten höher gewählt werden wie für kleine; am Sinn der Zusammenstellung würde aber damit nichts geändert.

Fluggeschwindigkeit	$v =$	15	20	30	40 m/sec
Schraubenzug	$Z =$	300	225	150	110 kg
Motorwiderstand	$W =$	2,25	4	9	16 kg
(Reihenmotor)	$\dfrac{W}{Z} =$	0,75	1,8	6	15 %
Motorwiderstand	$W =$	4,5	8	18	32 kg
(Sternmotor)	$\dfrac{W}{Z} =$	1,5	3,6	12	30 %

Dieser Verlust ist aber doppelt zu bewerten; da infolge der geringeren zur Überwindung sonstiger Widerstände verfügbaren Zugkraft eine geringere Fluggeschwindigkeit erzielt wird, ist zum Tragen einer bestimmten Last ein größerer Flächenanstellwinkel nötig, der seinerseits einen größeren Widerstand bedingt. Eine Verringerung der toten Widerstände um 10 % bedingt in normalen Fällen einen Gewinn an Tragkraft von 20 % und mehr. Mit Recht wird deshalb im Flugzeugbau mehr auf eine Verringerung der Widerstände als auf äußerste Gewichtsersparnis hingearbeitet.

Der Luftwiderstand eines Motors in Reihenanordnung ist jedenfalls nicht so klein, als man im ersten Augenblick meinen könnte, und zwar deshalb nicht, weil trotz seines schmalen Aufbaus er eine ganze Anzahl größerer und kleinerer Vorsprünge usw. besitzt. Das sind Auspuff- und Vergaserrohre, Vergaser, Ventilstößel, Kipphebel, Ventilspindeln und -federn, Zündkerzen und Zündkabel, Zischhähne, Wasserablaßhähne, Kühlwasserleitungen usf.

Der Widerstand eines luftgekühlten Motors wird außerdem durch die Kühlrippen vergrößert, besonders dann, was leicht eintreten kann, wenn die Kühlrippen nicht ganz in die Bewegungsrichtung des Flugzeugs bzw. des Schraubenstrahls und der Schraubenstrahlelemente fallen. Infolge der Zylinderanordnung dieser Motoren wirken die zusätzlichen Widerstände durch die Armaturen unter Umständen viel stärker auf eine Vergrößerung des Luftwiderstands hin wie beim Reihenmotor mit Wasserkühlung.

Es besteht in der Zylinderanordnung ein prinzipieller Unterschied zwischen luft- und wassergekühlten Motoren. Während der luftgekühlte Motor unbedingt im vollen Luftstrom zwecks möglichst kräftiger Kühlung liegen muß, steht nichts im Wege, den wassergekühlten Motor einzukleiden und nur den Kühler bei günstiger Formgebung dem Luftstrom auszusetzen[1]). Da es nun außerdem beim luftgekühlten Motor darauf ankommt, alle Zylinder möglichst gleichmäßig dem Wind auszusetzen, woraus sich Anordnungen in V-form, Fächerform oder Sternform ergeben, ist der Luftwiderstand dieser Motoren schon durch ihre Form und Anordnung verhältnismäßig sehr groß. Im Gegensatz dazu ist für einen wassergekühlten Motor schon im Interesse einer bequemen und einfachen Führung des Wassers durch die einzelnen Zylinder die Reihenanordnung die bevorzugte, die

---

[1]) Motoren, die nach Art des Renault-Motors durch einen Ventilator gekühlt werden, können zwar auch eingekapselt werden: allein der Ventilator verzehrt dann doch einen Arbeitsaufwand, der sich nicht wesentlich von dem unterscheiden wird, den der Luftwiderstand des Motors bedingen würde, wenn er direkt im Luftstrom läge.

verhältnismäßig geringe Luftwiderstände im Gefolge hat und ohne allzu große Schwierigkeiten eine Einkleidung ermöglicht.

In bezug auf den Luftwiderstand werden also die wassergekühlten Motoren gegenüber den luftgekühlten im Vorteil sein, ein Vorteil, der durch das größere Gewicht dieser Motoren aber zum Teil wieder aufgehoben wird.

Ein Zweitaktmotor hat in der Regel ein geringeres Maschinenvolumen als ein Viertaktmotor, es wird also jedenfalls bei im übrigen gleichen Verhältnissen der Luftwiderstand eines Zweitaktmotors geringer sein als der eines Viertaktmotors.

Betriebssicherheit.

Die Betriebssicherheit ist weniger durch das System — System im Sinne dieser Darlegungen — als durch die konstruktive und die Werkstattausführung des betreffenden Motors bedingt. Es kann ein luftgekühlter Motor ebensogut betriebssicher sein wie ein wassergekühlter, ein Zweitaktmotor wie ein Viertaktmotor, nur wird weniger Erfahrung, Raffinement in der Konstruktion und Ausführung dazu gehören, einen wassergekühlten Motor betriebssicher zu machen wie einen luftgekühlten, ebenso wird die Konstruktion eines betriebssicheren Viertaktmotors leichter gelingen wie die eines Zweitaktmotors.

Man kann auch von der Erwägung ausgehen, daß die Betriebsunsicherheit umso größer sein wird, je größer die Zahl der Elemente ist, aus denen sich ein Motor zusammensetzt, weil an jedem der Elemente eine Störung auftreten kann, die den Betrieb hemmt, die Betriebssicherheit beeinträchtigt.

Von solchen Erwägungen aus würde der luftgekühlte Motor betriebssicherer sein wie ein wassergekühlter. Zu der Wasserkühlung gehören eine ganze Anzahl zum Teil nicht unempfindlicher Elemente, an denen Störungen auftreten können, als da sind: leicht gebaute Kühler, Rohrleitungen mit Gummimuffen, Wasserpumpe und ihr Antrieb, Wassersammelgefäß über den Zylindern, Lüftungsrohr und Kühlmäntel. Der Defekt an einem der Teile kann eine Betriebsstörung herbeiführen.

Auf der andern Seite bedarf der luftgekühlte Motor einer intensiven Schmierung. Eine Störung in der Ölzuführung kann für ihn da, wo sie für den wassergekühlten Motor noch belanglos ist, schon verhängnisvoll werden; Ventile und Kolben eines luftgekühlten Motors sind unter Umständen Temperaturen ausgesetzt, die so hoch sind, daß sie den Bestand dieser Teile viel leichter gefährden, wie das bei einem wassergekühlte der Fall wäre.

Man kann also höchstens sagen, daß ein luftgekühlter Motor, wenn seine ausreichende Kühlung dauernd gewährleistet ist, eine größere Betriebssicherheit wie ein wassergekühlter verspricht. Man darf dabei aber nicht vergessen, daß zahlreiche wassergekühlte Motoren von sehr hoher Betriebssicherheit, auch was die Kühlung anlangt, bekannt und bewährt sind.

Übersichtlichkeit, leichte Zugänglichkeit, Einfachheit.

Die Einfachheit eines Motors darf natürlich nicht eine scheinbare sein, derart, daß ein komplizierter Aufbau durch Verkleidungen verdeckt ist. Ebenso kann die Einfachheit eines Motors eine scheinbare sein, wenn Teile, die bei anderen

Motoren äußerlich, z. B. am Zylinder angebracht sind, ins Innere des Motors verlegt sind[1]).

Einfachheit und Übersichtlichkeit ermöglichen und erleichtern eine Kontrolle der Maschinen und können so im gegebenen Fall die Betriebssicherheit erhöhen. Andererseits kann freilich die Betriebssicherheit gerade durch Hinzufügen neuer Elemente auf Kosten der Einfachheit des Motors erhöht werden (z. B. doppelte Zündapparate und Kerzen).

Auch die leichte Zugänglichkeit erleichtert die Kontrolle, die Ausbesserung und Auswechselung von einzelnen Teilen.

Übersichtlichkeit, Zugänglichkeit, Einfachheit hängen dergestalt eng mit der Betriebssicherheit zusammen, und alle bei der Betriebssicherheit angeführten Gesichtspunkte können mutatis mutandis an dieser Stelle wiederum geltend gemacht werden. Auch was betreffs der einzelnen Systeme dort gesagt ist.

Die Einfachheit der Maschine kann natürlich unter Umständen auf Kosten geringen spezifischen Konstruktionsgewichts gehen, wenn nämlich infolge der primitiven Konstruktion z. B. ein geringer mittlerer Druck, allgemein eine unvollkommene Durchführung des Arbeitsprozesses in der Maschine oder ein schlechter mechanischer Wirkungsgrad usw. erzielt wird. Damit ist dann ein hoher Betriebsmittelverbrauch verbunden. Die Betriebssicherheit freilich wird in manchen Fällen durch derartige Mängel erhöht, insofern, als z. B. ein unvollkommen durchgeführter Arbeitsprozeß weniger leicht Störungen unterworfen ist[2]). Durch all diese verschiedenen Einflüsse ist oft ein abwägendes Urteil im einzelnen Fall sehr erschwert.

Geringes Eigengewicht bei großer Leistung.

Geringes Eigengewicht ist eine für Flugmotoren unerläßliche Forderung. Es handelt sich nicht nur darum, daß durch Verwendung eines um 50 kg leichteren Motors beispielsweise 50 kg am Gesamtgewicht gespart werden, dem leichteren Motor genügt ein leichterer Unterbau und unter Umständen Verstrebung und ein leichteres Fahrgestell, die dadurch erzielte Verringerung der Gesamtlast wirkt auf die Größe und das Gewicht der Tragdecken zurück, das geringere Trägheitsmoment, das diesen geringeren Gewichten entspricht, ermöglicht die Verwendung kleinerer und leichterer Steuer, so daß aus 50 kg Ersparnis leicht 100 kg werden können. Das wird natürlich nur eintreten können, wenn man in der Lage ist, das Flugzeug von vornherein auf den betreffenden Motor zuzuschneiden.

---

[1]) Das gilt z. B. von den Einlaßventilen des Gnômemotors. Dadurch, daß die Einlaßventile in den Kolben eingebaut sind, wird fürs Auge eine scheinbare Vereinfachung gegenüber anderen Motoren erreicht; das geschieht auf Kosten der leichten Zugänglichkeit.

[2]) Durch ein günstiges Verhältnis zwischen Luft und Benzin und innige Mischung beider im Verein mit besonders kräftiger Zündung und guter Kompression wird z. B. ein sehr hoher mittlerer Druck und geringer Brennstoffverbrauch erzielt, die Durchführung des Arbeitsprozesses ist vollkommen. Durch eine Verschlechterung der Mischung und des Mischungsverhältnisses durch irgendwelche äußeren oder inneren Einflüsse, durch Verringerung der Kompression infolge irgendeiner Undichtheit tritt dann gleich eine bedeutendere Abnahme der Leistung ein, wie wenn die günstigen Verhältnisse weniger stark auf die Spitze getrieben wären.

Zur Erzielung eines geringen Eigengewichts sind verschiedene Wege gangbar. Der nächstliegende, weil für ihn der Kraftwagenbau in der Ausbildung von Rennmaschinen das unmittelbare Vorbild gibt, ist der, die spezifische Leistung der Maschine nach Möglichkeit zu erhöhen, d. h. mit hohem mittleren Druck und hoher Kolbengeschwindigkeit zu arbeiten. Das bedeutet in letzter Konsequenz bei relativ niederer Drehzahl den Bau hochhubiger Maschinen. Damit kommt man im Extrem mit der Forderung ruhigen Gangs und großer Lebensdauer in Widerstreit. Man wird also in Hinsicht der Kolbengeschwindigkeit eine mittlere Linie einhalten müssen, wenn man nicht Mehrgewichte, wie sie durch Ausgleichsvorrichtungen entsprechend Fußnote[1]) S. 42 bedingt sind, in Kauf nehmen will.

Die Höhe des erreichbaren mittleren Drucks ist, zunächst Viertakt vorausgesetzt, durch verschiedene Momente bedingt, und zwar:

1. Durch die Güte der Vergasung und Mischung von Luft und Gas;
2. durch die Ausbildung der Explosionskammer;
3. durch das spez. Gewicht der frischen Füllung (bedingt durch Druck und Temperatur des Frischgases);
4. durch die gute Ausstoßung der Rückstände;
5. Dichtigkeit von Ventilen und Kolben;
6. Höhe der Kompression bei geringer Erwärmung (Gefahr der Selbstzündung;
7. kräftige, rasche, rechtzeitige Zündung durch das ganze Gemisch hindurch);
8. hoher mechanischer Wirkungsgrad.

Die Vergasung bedingt einen Wärmeaufwand; soweit dabei nicht von außen Wärme zugeführt, sondern die erforderliche Wärme der angesaugten Luft entzogen wird, wird dadurch die Forderung 3 begünstigt, das Gemisch tritt möglichst kalt in den Zylinder[1]). Die Güte der Vergasung und Mischung von Benzindampf und Luft ist auch abhängig von der zur Verfügung stehenden Zeit, d. h. von der Ausbildung und Länge der Strömungswege und von den Strömungsgeschwindigkeiten.

Betreffs Ausbildung der Explosionskammer herrscht die Ansicht vor, daß die Explosionskammer möglichst kompakt sein soll, so daß die Zündwege möglichst nach allen Richtungen gleich kurz sind, die Zündung also möglichst plötzlich und nicht schleppend vor sich geht. Auch noch andere Gründe sprechen für diese Ausbildung. Dadurch bedingt ist für den Explosionsraum eine verhältnismäßig kleine Oberfläche und die Anordnung im Zylinderkopf selbst untergebrachter Ventile. Man sieht ohne weiteres ein, daß damit auf der anderen Seite auch gewisse Nachteile in Kauf genommen werden müssen. Aus der relativ kleinen Oberfläche folgert eine geringe Kühlung. So vorteilhaft sie für den Arbeitsgewinn bei der Explosion selbst ist, so hat sie doch Übelstände besonders da im Gefolge, wo die Kühlung sowieso Schwierigkeiten macht[2]). Ferner ist man in der Größe der Ventile beschränkt.

---

[1]) Es muß aber die zugeführte Frischluft diejenige Wärmemenge enthalten, die zur Verdampfung des Benzins nötig ist. Daraus folgt, daß bei niederer Außentemperatur eine Anwärmung der Frischluft, so unerwünscht sie an sich ist, nötig wird.

[2]) Es hat sich deshalb bei luftgekühlten stationären Motoren die Anordnung b e i d e r Ventile im Zylinderkopf wenig bewährt.

Je größer das pro Hub angesaugte Gewicht des Gemisches ist, umso größer wird die Leistung pro Hub ausfallen. Die Größe dieses Gewichts ist bei gegebenem Hubvolumen abhängig von der Präzision der Steuerung und von Druck und Temperatur des Gemisches. Eine absolute Präzision der Steuerung ist jedenfalls bei zwangläufiger Steuerung der Ventile mehr gewährleistet, als wenn das Einlaßventil nach Art der Kompressorventile selbsttätig wirkt. Es fällt dabei ins Gewicht, daß die Ventile verhältnismäßig schwer gehalten werden müssen, damit sie den Explosionsdrücken gewachsen sind, und daß sich eine Unterteilung der Ventile aus verschiedenen Gründen meist verbietet, zum mindesten mit zahlreichen Komplikationen verknüpft sein würde.

Der Druck des angesaugten Gemisches ist, abgesehen vom äußeren Luftdruck, abhängig von der Durchbildung des Vergasers, der anschließenden Rohrleitungen und dem Ventilquerschnitt im Einlaß. Die Temperatur schließlich ist, abgesehen von der Außentemperatur, von der Intensität der Kühlung des Zylinders abhängig, in dem sich die angesaugte Luft naturgemäß erwärmt. Dabei wird die Erwärmung umso stärker sein, je größer die Geschwindigkeit ist, mit der die Luft an den erwärmenden Stellen vorbeifließt[1]). Durch die Rückstände im Zylinder tritt gleichfalls infolge der Mischung mit ihnen eine Erwärmung des frischen Gemisches ein. Je geringer die Rückstände sind, d. h. je kleiner der Kompressionsraum, je höher die Kompression, umso unbedeutender ist ihr Einfluß, ebenso je niederer ihre Temperatur, d. h. je besser die Kühlung des Motors. Es erscheint so die Temperatur des frisch angesaugten Gemisches in erster Linie von der Kühlung des Motors abhängig, sodann von dem Volumen der Rückstände, d. h. von der Höhe der Kompression.

---

[1]) Ein kombiniertes Ein- und Auslaßventil hat z. B. sicher den Vorteil, daß das Auslaßventil, das mehr wie alle anderen Teile des Motors erwärmt wird, durch das frische Gemisch gekühlt wird. Das frische Gemisch wird aber andererseits an dem Auslaßventil im gleichen Maß erwärmt, und es fragt sich, ob dieser Nachteil den angestrebten Vorteil nicht aufwiegt.

Ganz allgemein folgt daraus, daß eine Kühlung irgendwelcher Motorteile durch die Frischluft nur einen problematischen Wert hat; je besser die angestrebte Kühlung auf diesem Wege erreicht wird, umsomehr wird die Frischluft erwärmt und sinkt damit die Ausnutzung des gegebenen Hubvolumens. Es wird außerdem auf diese Art nie die Wärme, die in die Frischluft geht, aus dem Motor herausgeführt, sondern bleibt in dem Arbeitsprozeß. Sie wird bestenfalls von einem besonders gefährdeten Maschinenteil auf einen weniger gefährdeten Teil übertragen. So kühlt z. B. der Gnômemotor den Kolben durch die Frischluft, notwendigerweise ist dann die dem Kolben entzogene Wärme in dem frischen Gemisch enthalten und, das angesaugte Gemischgewicht ist kleiner. Die während des weiteren Arbeitsprozesses sich einstellenden Temperaturen sind um einen entsprechenden Betrag höher usf.

Etwas anderes wäre es, wenn man die Frischluft durch längere Wege zirkulieren ließe, so daß sie an einer Stelle ihres Weges heißen Motorteilen Wärme entzieht, sie in einer Zwischenkühlung nach außen abgibt und darauf erst in den Arbeitszylinder eintritt. Eine derartige Wirkungsweise ist z. B. bei Zweitaktmotoren mit Stufenkolben oder Zweitaktmotoren, bei denen die Kolbenrückseite als Luftpumpe ausgebildet ist, denkbar. In beiden Fällen kühlt die Frischluft bis zu einem gewissen Grad den Kolben. Auf dem Wege durch die Umleitungen von der Pumpenseite zur Arbeitszylinderseite könnte durch geeignete Vorrichtungen die so erwärmte Luft wieder gekühlt werden.

Die gute Ausstoßung des verbrannten Gemischs ist abhängig von der Präzision der Steuerung, von der Größe der Ventilquerschnitte. Ein Teil der Rückstände, entsprechend der Größe der Explosionskammer, wird stets zurückbleiben, wenn nicht, wie schon vielfach vorgeschlagen, eine Hilfsausspülung vorgesehen wird, die aber m. W. bis heute für Flugmotoren nicht Anwendung gefunden hat. Sie würde eine nicht unbeträchtliche Erhöhung des mittleren Kolbendrucks bedingen, aber auch konstruktive Komplikationen und Mehrgewichte im Gefolge haben. Die gute Ausstoßung der Rückstände kann durch geeignete Anordnung der Auspuffrohre begünstigt werden. Im übrigen ist der Einfluß der Rückstände umso unbedeutender, je kleiner der Kompressionsraum ist, d. h. je höher die Kompression getrieben wird.

Abgesehen von der konstruktiven Ausbildung, dem Material und der Werkstättenausführung hängt die Dichtigkeit der Ventile und Kolben von der Kühlung ab bezw. von der größeren oder geringeren Erhitzung dieser Teile. Nach dem Vorhergesagten wird die Erhitzung des Auslaßventils und seines Sitzes auch von der Größe des freien Ventilquerschnitts abhängen, weil durch sie zum Teil die Durchtrittsgeschwindigkeit der heißen Verbrennungsrückstände bedingt ist[1]).

Die Kühlung des Kolbenbodens ist stets verhältnismäßig schwierig. Sie kann nur indirekt erfolgen. Einmal durch den Kolben- und Zylinderlauf — unter Kolbenlauf sei der zylindrische Teil des Kolbens verstanden — unter Vermittelung des Schmieröls, sodann auf der Kolbenrückseite durch Luft und Spritzöl sowie durch die Pleuelstange, die einen wohl kleinen Teil der Wärme abführt. Es muß demnach dafür gesorgt sein, daß ein möglichst großer Wärmeabfluß vom Kolbenboden zum Kolbenlauf stattfinden kann. Es muß ferner dafür gesorgt sein, daß der Zylinderverlauf möglichst kühl ist (mehr als das sonst in Rücksicht auf die Aufrechterhaltung der Schmierung nötig wäre), es muß außerdem dafür gesorgt werden, daß die Kühloberfläche des Kolbens — das ist der Kolbenlauf — genügend groß ist. Je höher die Temperatur der Zylinderwandungen, umso länger sollte demnach der Kolben sein. Je größer der Kolbendurchmesser, umso schwieriger wird die Kühlung des Kolbens, besonders bei kleinem Hub und dementsprechend kleinem Kolbenlauf. Es leuchtet ein, daß ein bestimmtes Temperaturgefälle nötig ist, eine bestimmte nötige Wärmemenge von der Mitte des Kolbenbodens nach dem Kolbenlauf zu treiben. Dabei liegt bei sonst gleichen Verhältnissen die Temperatur des Kolbenlaufs durch die Zylindertemperatur fest, infolgedessen muß mit der Größe des Kolbendurchmessers die Temperatur in Mitte Kolbenboden höher werden. Umgekehrt folgt daraus, daß zur Erreichung genügen-

---

[1]) Um eine übermäßige Erhitzung der Auslaßventile zu vermeiden, ist schon vielfach ein Hilfsauslaß am Kolbenende angewendet worden, indem der Kolben im unteren Totpunkt Öffnungen in der Zylinderwand freigibt. Die Wirkung dieses Hilfsauslasses ist die, daß nunmehr die Auslaßventile weniger heiß werden, dafür aber der Kolbenlauf, in dem der Hilfsauslaß liegt, heißer wird. Das schadet nicht, wenn diese Stellen genügend gekühlt sind. Unangenehm bleibt das durch die Löcher mit dem Auspuff ausgestoßene Schmieröl und der dadurch bedingte Schmierölaufwand. Das nutzbare Hubvolumen der Maschine wird um die Höhe der Löcher kleiner, trotzdem kann ein Gewinn damit verbunden sein, besonders wenn die Auslaßventile klein sind.

der Kolbenkühlung die Temperatur des Zylinderlaufs umso niederer sein muß, je größer der Kolbendurchmesser ist. Eine Harz- oder Koksbildung auf der Außenseite des Kolbenbodens schützt den Kolbenboden vor Überhitzungen, eine Harzbildung auf der Innenseite des Kolbenbodens beeinträchtigt die Kühlung durch Spritzöl und Luft. Die Kühlung des Kolbens wird besser sein, wenn er allseitig dicht am Zylinderlauf anliegt, resp. allseitig der Wärmedurchgang durch Vermittelung einer genügenden Ölschicht gewährleistet ist[1]).

Am nächsten liegt es, und innerhalb gewisser Grenzen am wirksamsten ist es, den mittleren Druck durch Erhöhung der Kompression zu vergrößern, doch sind dem natürlich Grenzen einmal durch die Forderung ruhigen Gangs gezogen, sodann dadurch, daß unerwünscht frühe Selbstzündung des Gemisches vermieden werden muß, weil sie nicht nur die Ruhe des Ganges beeinträchtigt, sondern vor allem, wie ohne weiteres einleuchtend, durch Störung des gewollten Arbeitsprozesses einen großen Ausfall an Leistung und starke Erhitzung der Maschine bedingen kann. Bei sonst gleichen Verhältnissen wird Selbstzündung umso später zu erwarten sein, je besser die Kühlung der Maschine, speziell des Auslaßventils und Kolbens ist, ganz abgesehen davon, daß die für die Kompression erforderliche Arbeit bei besserer Kühlung kleiner ist. Je besser die Kühlung, umso höher kann man also mit der Kompression gehen.

Was schließlich die Zündung anlangt, so ist der Zündfunke bei sonst gleichen Verhältnissen umso kräftiger, je geringer der Kompressionsdruck und je niederer die Temperatur ist. Wird das Gemisch an zwei Stellen gleichzeitig zur Entzündung gebracht, so pflanzt diese sich schneller fort, der Explosionsdruck und damit die Leistung steigt. Damit dürften alle Einflüsse aufgezählt und, wenn auch nur andeutungsweise, besprochen sein, die auf die erreichbare Höhe des mittleren Drucks von Einfluß sind. Neben rein konstruktiven Maßnahmen treten vor allem drei Faktoren als ausschlaggebend in den Vordergrund, d. i. neben guter Gemischbildung und Zündung: verhältnismäßig hohe Kompression bei guter Kühlung und geringer Erhitzung der Ventile und Kolben. Man sieht, welche ausschlaggebende Bedeutung die Güte der Kühlung für die Erreichung eines hohen mittleren Drucks und damit einer großen spezifischen Maschinenleistung hat.

Eine Erhöhung des mittleren Druckes ist sodann gegeben durch Übergang vom Viertakt zum Zweitakt. Es ist klar, daß unter Umständen damit schon dann ein Vorteil erreicht werden kann, wenn auch der mittlere Druck, bezogen auf nur zwei Hübe, kleiner wird wie bei Arbeit mit Viertakt. Mit anderen Worten, es ist ein Vorteil auch dann gegenüber dem Viertakt erreicht, wenn der einzelne Arbeitsprozeß nicht gleich vollkommen, die Ausnutzung des Hubvolumens nicht gleich gut ist wie beim Viertaktverfahren. Nun erfordert das Zweitaktverfahren Vorkehrungen verschiedener Art, Ladepumpe usw., die es im ersten Augenblick

---

[1]) Ob freilich in Rücksicht hierauf die Ausbildung einer relativ geräumigen etwa $^2/_3$ des Kolbenlaufs einnehmenden Ölkammer um den Kolben herum nach dem Vorgang von Anzani empfehlenswert ist, muß dahingestellt bleiben. Mit der Dicke der Ölschicht wächst jedenfalls die erforderliche Höhe des Temperaturgefälles, um die Wärme vom Kolben durch das Öl in die Zylinderwand zu treiben. Daß die Flächenpressung am Kolben auf diese Art sehr hoch wird, ist klar.

fraglich erscheinen lassen, ob ein durchschlagender Erfolg erreichbar ist. Es ist zunächst eine konstruktive Frage, ob der Gewichtszuwachs, der unter Umständen bedingt ist, nicht die Vorteile verschlingt. Es sind Maschinen bekannt, bei denen das nicht der Fall ist. Auf Einzelheiten ist noch einzugehen.

Die Maschinenbauarten.

Mag nun der Arbeitsprozeß so vollkommen gestaltet sein wie nur möglich, so wird doch der schließliche Erfolg davon abhängen, ob das durch den gegebenen Arbeitsprozeß geforderte Hubvolumen konstruktiv so verwirklicht wird, daß die Maschine leicht wird. Zunächst wird sich eine Unterteilung des Hubvolumens notwendig machen, d. h. die Maschine wird nicht als Einzylindermaschine ausgeführt werden, sondern in Rücksicht auf Ruhe und Gleichförmigkeit des Ganges als Mehrzylindermaschine.

Der Aufbau der Maschine als Reihenmaschine scheint in Anlehnung an den Kraftwagenbau das Gegebene. Andererseits hat man doch in der Anordnung bei einem Flugzeugmotor freiere Hand als dort, weil man weniger durch die äußere Formgebung gebunden ist wie im Kraftwagenbau, und es stehen dem Konstrukteur alle Variationsmöglichkeiten in bezug auf die Anordnung der Zylinder gegen einander offen. Da es schließlich immer auf Gewichtsersparnis ankommen wird, soweit Zugänglichkeit und Übersichtlichkeit der Maschine, Ruhe des Ganges und Gleichförmigkeit darunter nicht leiden, so wird man sich fragen müssen, ob eine nennenswerte Gewichtsersparnis durch geeignete, von der Reihenmaschine abweichende Anordnung erreichbar erscheint.

Es bieten sich, abgesehen von der Reihenmaschine, folgende Möglichkeiten:
1. Anordnung der Zylinder in zwei Reihen, V-Form,
2. Anordnung der Zylinder in Fächerform,
3. Anordnung der Zylinder in Sternform.

Die mögliche Gewichtsersparnis liegt in der Verkürzung von Welle und Gehäuse und Verringerung des Schubstangengewichts insofern, als mehrere Schubstangen bei solchen Anordnungen an einem Kurbelzapfen angreifen und so die Schubstangenköpfe leichter werden können. Die verschiedenen derartigen bekannten Konstruktionen scheinen auf den ersten Blick zum Teil gewagt, ohne daß aber bei richtiger Ausbildung Ernsthaftes gegen sie vorgebracht werden könnte.

Eine nennenswerte Gewichtsersparnis ist durch solche Anordnungen sicher möglich und nachweisbar, unbequem aber unter Umständen ist der relativ große Raumbedarf solcher Maschinen in der Ebene senkrecht zur Drehachse und der damit verbundene große Luftwiderstand. Das gilt von 2 und 3 mehr wie von 1. Eine Verkleidung solcher Maschinen scheint kaum möglich.

Was für wassergekühlte Motoren einen Nachteil bedeuten würde, ergibt für luftgekühlte einen Vorteil insofern, als hier der Luftwiderstand eben in Rücksicht auf eine möglichst ausgiebige Kühlung in den Kauf genommen werden muß. Für luftgekühlte Motoren, die ohne Zuhilfenahme von Ventilatoren arbeiten, scheint so die leichte Sternform das Gegebene, für wassergekühlte die etwas schwerere Reihenanordnung.

Die Zylinderkühlung.

Streng genommen, sind alle Kraftfahrzeugmotoren luftgekühlt, nur erfolgt in einem Fall die Kühlung direkt, im andern Fall indirekt unter Vermittelung des Wassers als Zwischenträger der Wärme, die von der Zylinderwand zur Luft transportiert werden soll. Der Grund, weshalb ein solcher Zwischenträger von Vorteil ist, ist, wie klar, ein zweifacher. Einmal ist infolge des um ein Vielfaches günstigeren Wärmeübergangs von der Zylinderwand an Wasser gegenüber dem Übergang an Luft am Motor selbst die durch die Zylinderform vorhandene Kühlfläche ausreichend, während andererseits für den Kühler, in dem das Kühlwasser durch die Luft gekühlt wird, eine im Prinzip beliebig große Kühlfläche möglich ist; sodann steht für die Kühlung des Kühlwassers im Kühler eine im Prinzip gleichfalls beliebig große Zeit zur Verfügung insofern, als durch eine entsprechend große Kühlwassermenge die Zeit, während der der gesamte Wasserinhalt einmal zirkuliert, beliebig vergrößert werden kann. Schließlich bildet dieser Wasserinhalt eine Reserve, wenn aus irgendwelchen denkbaren Gründen vorübergehend die Kühlung nicht ausreichend sein sollte. Für Flugmotoren dürfte dieser letzte Vorteil allerdings von sehr untergeordneter Bedeutung sein.

Der Kühler, die erforderlichen Rohrleitungen, die Zirkulationspumpe, die Kühlmäntel an den Zylindern, das meist erforderliche Kühlwassersammelgefäß über den Zylindern samt dem Wasserinhalt, all diese Teile bilden ein zusätzliches Gewicht bei wassergekühlten Motoren, das immerhin nicht unbedeutend ist. An allen diesen Teilen sind, wie schon ausgeführt, Defekte denkbar, die die Betriebssicherheit beeinträchtigen können.

Luftgekühlte Motoren bedürfen unter allen Umständen einer künstlichen Vergrößerung der Zylinderoberfläche. Zu diesem Zweck werden in der Regel Kühlrippen an die Zylinder angegossen oder angedreht. Auch damit ist ein Mehrgewicht verbunden, und man kann in roher Schätzung annehmen, daß das Gewicht der Kühlrippen dem Gewicht des Kühlmantels wassergekühlter Motoren gleichkommt. Trotzdem wird für luftgekühlte Motoren der üblichen Art mit feststehenden Zylindern und angegossenen Kühlrippen keinesfalls eine gleich gute Kühlung erreicht wie bei wassergekühlten Motoren.

In Rücksicht auf den bedeutenden Einfluß, den die Kühlung nach dem Vorausgegangenen auf die Erzielung eines hohen mittleren Druckes hat, ist somit nicht zu erwarten, daß bei diesen luftgekühlten Motoren eine gleich gute Ausnutzung des Hubvolumens der Maschine erreicht wird. Dadurch werden die Vorteile des luftgekühlten Motors zum Teil wieder aufgehoben. In Rücksicht auf die Schwierigkeiten der Kühlung ist eine weitgehende Unterteilung des Gesamthubvolumens nötig. Es ergeben sich so mehr Zylinder mit kleiner Leistung als bei wassergekühlten Motoren, das Maschinengewicht wird dadurch relativ größer, die Gleichförmigkeit und Ruhe des Ganges besser. Kann man bei Wasserkühlung bis etwa 25 PS pro Zylinder gehen, so wird man im allgemeinen bei luftgekühlten Motoren nicht über 12 PS pro Zylinder hinauskommen können. Dabei beträgt das Hubvolumen pro PS bei luftgekühlten Motoren etwa 0,16 — 0,13 Liter/PS, bei wassergekühlten 0,1 — 0,08 Liter/PS, d. h. also, der mittlere Druck ist bei wassergekühlten Motoren ca. 1,5 bis 1,6mal so groß wie bei luftgekühlten, die Leistung pro Zylinder ca. doppelt so groß[1]). Im Zusammenhang damit steht die schlechtere Brennmaterialausnutzung der luftgekühlten Motoren, im Zusammenhang mit der ungünstigeren Kolbenkühlung der größere Schmierölverbrauch. Je größer demnach die geforderte Betriebsdauer ist, umsomehr geht beim luftgekühlten Motor der Vorteil des geringen Konstruktionsgewichts verloren.

Je größer die Geschwindigkeit ist, mit der die kühlende Luft an dem zu kühlenden Zylinder vorbeistreicht, umso besser wird die Kühlwirkung sein. Je mehr die Fluggeschwindigkeit sich steigert, umso günstiger werden demnach die Aussichten für den luftgekühlten Motor. Es ist aber zu beachten, daß man, je größer die Fluggeschwindigkeiten werden, umsomehr auf Verringerung der Widerstände bedacht sein muß, und daß, wie schon ausgeführt, mit zunehmender Geschwindigkeit der prozentuale Arbeitsverlust durch den Motorwiderstand wächst. Dasselbe, wenn auch nicht im gleichen Grad gilt allerdings ebenso vom Kühler eines wassergekühlten Motors.

Eine künstliche Erhöhung der Geschwindigkeit zwischen Luft und Zylinder kann auf zwei Wegen erreicht werden: durch die Ausbildung des Motors zum Rotationsmotor, durch Zuhilfenahme eines Ventilators. Typische Beispiele sind der Gnômemotor und der Renaultmotor. Die Rotation bedingt einen beträchtlichen Arbeitsverlust, ebenso, wenn auch nicht einen gleich starken, der Einbau eines Ventilators. Bei beiden Motorenarten, die vielleicht noch neben Anzani als die bis heute erfolgreichsten Typen von luftgekühlten Motoren angesehen werden können, sind aber außerdem noch andere Hilfsmittel angewendet, um die Übelstände, die mit der ungenügenden Luftkühlung verknüpft sind, zu verringern. Der Gnômemotor saugt die Frischluft durch den Kolben an und kühlt so den Kolben durch die Frischluft. Allerdings erwärmt er dadurch, wie schon ausgeführt wurde, auch das Frischluftgemisch, was natürlich für die Größe der Arbeitsleistung, bezogen auf das Hubvolumen, von Nachteil ist. Renault geht in der Unterteilung des Hubvolumens sehr weit, verwendet also zahlreiche (8—12) Zylinder von kleinem Durchmesser. Das bedingt im Verein mit dem Ventilator und dem Leitmantel für die Luft ein verhältnismäßig großes Gewicht. Er verwendet außerdem eine intensive Kühlung für das zirkulierende Öl.

Es ist hier nicht der Platz, auf die Einzelheiten und konstruktiven Eigentümlichkeiten einzelner Motoren einzugehen, die verhältnismäßig günstigen Bedingungen für die Kühlung eines Rotationsmotors nach Art des Gnôme leuchten auch so ohne weiteres ein. (Explosionsraum an der Stelle der größten Geschwindigkeit, Saugwirkung und Ausstoßung unterstützt durch die Zentrifulgalkraft.) Ebenso die Nachteile (relativ starke Reibungsverluste durch Korioliskraft, großer Ölverbrauch durch Schleuderwirkung, großer Luftwiderstand).

Es wäre anzunehmen, daß bei der sicher besseren Kühlung des rotierenden luftgekühlten Motors gegenüber dem stehenden luftgekühlten der mittlere spezi-

---

[1]) Das Konstruktionsgewicht luftgekühlter Motoren beträgt etwa 2,0 bis 1,0 kg/PS, für wassergekühlte 2,5 bis 1,8 kg/PS einschließlich Kühler. Würde man bei luftgekühlten Motoren mit demselben Hubvolumen pro PS rechnen können wie bei wassergekühlten, so würde an Stelle von 2,0 bis 1,00 kg/PS, 1,25 bis 0,65 kg/PS treten.

fische Druck höher, der Brennmaterialverbrauch bei ihm gegenüber dem stehenden Motor besser sein müßten. Der mittlere Druck eines Gnômemotors beträgt etwa 4,5 bis 5,0 kg/cm², der eines feststehenden luftgekühltenMotors etwa 4,0 bis 5, ausnahmsweise vielleicht auch 5,5 kg/cm², wenn auch einzelne Firmen wesentlich höhere Leistungen und mittlere Drücke bis fast 7 kg/cm angeben, Zahlen, die aber jedenfalls nur für kurze Zeit erreicht werden. Aus diesen Zahlen folgt aber unter Berücksichtigung der größeren Reibungsverluste des rotierenden Motors, daß sein indizierter mittlerer Druck größer sein muß, als bei den Motoren mit feststehenden Zylindern. Nimmt man an, daß durch den Rotationswiderstand 10 bis 15 % der Leistung verzehrt werden, und daß der mechanische Wirkungsgrad gleichfalls um etwa 10 bis 15 % schlechter ist als bei den feststehenden Maschinen, so tritt an Stelle von 4,5 bis 5,0 kg/cm² ein mittlerer Druck von 5,2 bis 5,7 kg/cm². Auch aus diesen Zahlen kann man noch nicht klar ersehen, ob die vermehrte Kühlwirkung des rotierenden Motors, von seinen besonderen Verlustqellen abgesehen, tatsächlich die Erreichung eines höheren mittleren Drucks zur Folge hat. Es sind dazu die Unterschiede doch zu gering. Es sei denn, daß man den Gnômemotor mit dem wohl gleich zuverlässigen Renaultmotor vergleicht, der einen mittleren Druck von nur 4,0 bis 4,1 kg/cm erreicht, und annimmt, das sich höhere mittlere Drucke mit einer weitgehenden Betriebssicherheit bei feststehenden luftgekühlten Motoren nicht erreichen lassen, beziehungsweise daß höhere mittlere Drucke sich nur so lange ergeben, bis die Maschine warm geworden ist.

Andererseits muß man beim Gnômemotor —wenn man nur die Wirkung der Rotation auf die Kühlung durch die Höhe des mittleren Kolbendrucks einschätzen will — berücksichtigen, daß eine bessere Ausnutzung des Hubvolumens und voraussichtlich eine höhere Kompression[1]) sich erzielen ließen, wenn der Kolben länger gemacht würde und die Kolbenkühlung nicht durch die Frischluft erfolgen würde. Alles in allem kann man demnach wohl eine tatsächliche Verbesserung der Kühlung durch die Erhöhung der Luftgeschwindigkeit infolge der Rotation annehmen.

Wenn andererseits praktisch der mittlere Druck des Rotationsmotors den eines stationären luftgekühlten Motors nicht bedeutend übertrifft, so ist die schließliche praktische Überlegenheit im Gewicht nur in der konstruktiven Ausführung zu suchen, und tatsächlich leuchtet es ja auch ein, daß ein stationärer luftgekühlter Motor, der nicht den großen Beanspruchungen durch Zentrifugalkraft ausgesetzt ist, im übrigen aber wie der Rotationsmotor gebaut wäre (Stahlzylinder usw.), nur leichter, aber nicht schwerer als ein Rotationsmotor werden könnte, gleiche mittlere Drucke vorausgesetzt.

Wenn trotzdem die Überlegenheit des rotierenden Motors besteht, so müssen hierfür noch andere Gründe maßgebend sein. Ein solcher Grund ist jedenfalls

---

[1]) Es wird dem Gnômemotor meist nachgesagt, daß er so gut wie gar keine Kompression habe. Z. T. ist das wohl eine Täuschung, die durch das große Schwungmoment des Motors hervorgerufen ist, wenn man ihn von Hand andreht. Sodann ist die Kompression speziell bei der leichten Kolbendichtung des Gnômemotors eine Funktion der Kolbengeschwindigkeit bzw. der Drehzahl. Es ist so denkbar, daß eine bei niederer Drehzahl, wie sie von Hand beim Anwerfen erzeugt wird, verschwindend kleine Kompression bei höherer Drehzahl sehr beträchtlich wird.

in der Betriebssicherheit — zum Teil bedingt durch die bessere Kühlung — zu erkennen. Es kommen noch andere tatsächliche oder eingebildete Gründe hinzu, über die schon bei der Gleichförmigkeit und Ruhe des Ganges gesprochen wurde.

Der wassergekühlte Motor steht auf einer Höhe und Vollkommenheit, die einen großen weiteren Fortschritt — abgesehen von Änderung des Arbeitsprozesses oder Übergang vom Viertakt zum Zweitakt, — unwahrscheinlich erscheinen läßt. Auch alle Konstruktionsvorteile, Stahlzylinder, Blechmäntel usw. sind hier schon wahrgenommen.

Das gleiche kann eigentlich trotz allem nicht vom luftgekühlten Motor gesagt werden. Es kann vielmehr scheinen, als ob eine Verbesserung der Kühlung durch Luft wohl noch möglich wäre. Es soll auf diesen Punkt noch kurz eingegangen werden.

Die Möglichkeit einer Erhöhung des mittleren Drucks der luftgekühlten Motoren, womit auch ihr Betriebsmittelverbrauch innerhalb gewisser Grenzen günstiger würde, würde die Verhältnisse stark verschieben. Voraussetzung wäre größere Wirksamkeit der Luftkühlung. Nicht nur das Eigengewicht der luftgekühlten Motoren würde noch günstiger, sondern auch das Betriebsmittelgewicht.

Die Wärmeabgabe des zu kühlenden Motors erfolgt durch Strahlung und durch Berührung mit dem Kühlmittel. Beim wassergekühlten Motor wird die ausgestrahlte Wärme, ausgenommen die des Kolbenbodens, ebenso wie die durch Berührung abgegebene, vom Kühlmittel aufgenommen und fortgetragen, obwohl das Kühlmittel den Motor nur in verhältnismäßig dünner Schicht umgibt. Beim luftgekühlten Motor wäre eine sehr dicke Schicht von Luft nötig, um die ausgestrahlte Wärme aufzunehmen, sie pflanzt sich also geradlinig von der strahlenden Stelle in den Raum fort, bis ihr in Form eines anderen Körpers ein Hindernis in den Weg gelegt ist, dessen Temperatur sie dann erhöht. Stehen mehrere luftgekühlte Zylinder nebeneinander, die alle die gleiche Temperatur haben, so werden sich nach dem Gesagten die einzelnen Zylinder gegenseitig anstrahlen, die erzielte Kühlwirkung wäre gleich Null. Das trifft bei den meisten luftgekühlten Motoren in gewissem Grade, je nach ihrer gegenseitigen Stellung zu[1]). Ganz besonders ungünstig sind in dieser Hinsicht Motoren, bei denen die Zylinder in zwei Reihen unter V-Stellung angeordnet sind, ebenso, wenn auch nicht in gleichem Maße, Motoren in zwei Sternen hintereinander.

Dabei ist überschlägig die von einem Zylinder ausgestrahlte Wärme etwa $\frac{1}{4}$ bis $\frac{1}{8}$ (je nach der Wandtemperatur) derjenigen Wärmemenge, die durch Berührung abgeführt wird, also jedenfalls ein nicht zu vernachlässigender Betrag. Schon eine Verbesserung in dieser Hinsicht ergäbe also einen Gewinn.

Die Wärmeabgabe durch Berührung steigert sich mit der Geschwindigkeit[2]) des Kühlmittels, Tatsachen, die beim wassergekühlten Motor nicht in gleichem

---

[1]) Dem Übelstand könnte sofort abgeholfen werden, wenn man eine Scheidewand zwischen zwei solche Zylinder stellen würde, die die strahlende Wärme der beiden Zylinder von rechts und links aufnimmt und selbst durch den Luftstrom gekühlt wird.

[2]) Die Hütte gibt an, daß bei gleicher Temperatur der zu kühlenden Oberflächen die abgeführten Wärmemengen proportional sind dem Ausdruck $2 + 10\sqrt{v}$, wo v die Geschwindigkeit des Kühlmittels. Für 25 m/s Windgeschwindigkeit ergäbe sich demnach die Zahl 52 für 49 m/sec (ungefähre Umfangsgeschwindigkeit des Gnômemotors) 72.

Maße von Wichtigkeit sind — wenn sie immerhin auch für diesen eine gewisse Rolle spielen — wie beim luftgekühlten.

Denkt man an das Strömungsbild, das um einen in der Luft liegenden Zylinder entsteht, so ergibt sich ohne weiteres, daß die Kühlung des Zylinders an der Vorderseite und den Flanken besser sein wird wie an der Rückseite. Besondere Punkte sind dann je nach der Form des Zylinderkopfes der Übergang des zylindrischen Teils in den Kopfansatz. Je nach der Gestalt des Kopfes wird an ihm eine gute oder schlechte Kühlwirkung zu erwarten sein. Setzt z. B. der Zylinderboden scharf rechteckig an den Lauf an, so wird die vordere Ecke stark, der übrige Boden sehr mäßig gekühlt usw. Die Temperaturunterschiede, die dabei auftreten, sind größer, als man vermuten sollte, und verhalten sich an einzelnen Stellen wie 1:2. Vorsprünge usw. an den Zylindern (Zündkerzen, Nocken, Hebelständer), in der Nähe des Zylinders liegende andere Körper (Ansaugrohre, Ventilgestänge usw.) beeinträchtigen unter Umständen die Kühlung benachbarter Teile des Zylinders bedeutend.

Es fragt sich nun, welche Teile des Zylinders in erster Linie einer Kühlung bedürfen, denn diese Teile speziell sollten so liegen, daß ihre Kühlung die denkbar beste wird. Am heißesten wird stets das Auslaßventil, der Kolben und der Zylinderkopf. Betrachtet man eine Ausbildung des Zylinderkopfes, wie sie früher z. B. von Anzani und anderen angewendet wurde[1]), so leuchtet ohne weiteres ein, daß die Kühlung des Auspuffventils sowie der ganzen Ventilkammer die denkbar schlechteste ist. Sie ist erstens schlecht infolge des Umstandes, daß entsprechend der Lage der Kammer und speziell des Auslaßventils der frische Luftstrom kaum an diese Stellen gelangt, sie ist weiterhin deshalb schlecht, weil die gewählte Anordnung bedingt, daß ein Krümmer den Auspuff ablenkt. Dieser Krümmer wird vom Auspuff geheizt und heizt seinerseits den Motorkopf[2]). Auf weitere Einzelheiten dieser ungünstigen Anordnung soll nicht eingegangen werden.

Anzani verlegte später das Auspuffventil in den Zylinderkopf; doch auch da war der Effekt allem Anschein nach nicht befriedigend, denn neuerdings verwendet er eine Anordnung, bei der das Auspuffventil vorn im Luftstrom liegt, das Einlaßventil auf der Rückseite.

Diese Einzelheiten wurden nur angeführt, um auf die Schwierigkeiten, die sich bei nicht genügender Berücksichtigung der Strömungsverhältnisse bieten können, hinzuweisen. Es ist jedenfalls auch diese neueste Anordnung von Anzani noch nicht ideal, und es scheint mir sicher, daß eine weitgehende Verbesserung nur erreicht werden kann, wenn der Konstrukteur eines luftgekühlten Motors mehr auf die tatsächlich sich einstellenden Strömungsvorgänge eingeht[3]). Da das bis heute nur in ganz ungenügender Weise der Fall ist, so scheint eine Verbesserung der Kühlwirkung für luftgekühlte Motoren auch nicht ausgeschlossen.

---

[1]) Sie bestand in einer hinter dem Zylinder in der Luftrichtung angeordneten Ventilkammer mit selbsttätigem Einlaß- und nach der Welle gerichtetem gesteuerten Auslaßventil. Die Kammer hing durch einen Kanal und die Kühlrippen mit dem Zylinder zusammen und war im übrigen ein selbständiger Körper.

[2]) Wo mit der Kühlung gespart werden muß, sollte man bestrebt sein, die Auspuffgase auf möglichst direktem Weg ins Freie zu befördern.

[3]) Daß das bis heute nicht der Fall ist, zeigen ungezählte Einzelheiten an luftgekühlten

Mißlich bleibt die Kühlung des Kolbens, die in der Hauptsache nur durch den Zylinderlauf hindurch erfolgen kann. Da es bei der Kühlung des Zylinderlaufes nicht in erster Linie darauf ankommt, seine Temperatur so niedrig zu halten, daß die Schmierung gewährleistet ist, sondern so niedrig — innerhalb gewisser Grenzen — wie irgend möglich, damit der Zylinderlauf die genügende Kühlung des Kolbens gewährleistet, so scheint es unzweckmäßig, an dem unteren Teil des Zylinderlaufes mit Kühlrippen zu sparen, weil der Zylinderlauf da „nicht heiß" wird. Eine möglichst tiefe Temperatur an dieser Stelle ist ein Gewinn für die Kolbenkühlung, besonders weil gerade in diesem unteren Teil die Kolbengeschwindigkeit gering ist, der Kolben also relativ viel Zeit zur Abkühlung hat.

Da die Kühlwirkung auf Vorder- und Rückseite des Zylinders verschieden ist, so ergibt sich hieraus die Notwendigkeit, die Ausbildung der Kühlrippen auf Vorder- und Rückseite verschieden zu machen. Auch scheint es in manchen Fällen fraglich, ob es in Rücksicht auf den Verlauf der Stromlinien richtig ist, die Kühlrippen durchweg eben zu machen und senkrecht zur Zylinderachse zu stellen, weil damit unter Umständen eine Hemmung der vorbeistreichenden Luft hervorgerufen wird. Vor allem sollten die Teile, die in erster Linie einer ausgiebigen Kühlung bedürfen, so angeordnet und geformt sein, daß sie möglichst allseitig vom Luftstrom umflossen werden. Das sollte auch dann geschehen, wenn mit einer solchen Anordnung gewisse Komplikationen verknüpft sind.

Beim rotierenden Motor ist es sehr schwer, sich eine richtige, ins Einzelne gehende Vorstellung vom Verlauf der Luftströmung um den Zylinder herum zu machen. Es setzen sich zwei Geschwindigkeiten zusammen, die tangentiale des rotierenden Motors und die axial fortschreitende des Flugzeugs bzw. Schraubenstrahls. Da die tangentiale Geschwindigkeit von innen nach außen ständig zunimmt, die axiale konstant ist, ergibt sich eine stetig veränderliche Richtung und Größe für die resultierende Geschwindigkeit und ein jedenfalls ziemlich kompliziertes Strömungsbild. Auch hier scheint sich die Formgebung der Kühlrippen wenig dem zu erwartenden Stromlinienverlauf anzupassen. Jedenfalls kann, da sich aller Wahrscheinlichkeit nach die Strömungsbilder um die einzelnen Zylinder herum zu einem gemeinsamen Strömungsbild kombinieren, der durch die Rotation bedingte Geschwindigkeitszuwachs nicht in vollem Umfang der erhöhten Kühlwirkung zugut geschrieben werden.

Aus diesen Andeutungen geht für mich hervor, daß die Luftkühlung für Motoren noch wesentlicher Verbesserung und Vervollkommnung fähig ist, wenn man sich erst daran wird gewöhnt haben, die Kühlwirkung und konstruktive Formgebung bis ins Detail von aerodynamischen Gesichtspunkten aus zu beurteilen. Es scheint dabei nicht ausgeschlossen, daß mit der Verbesserung der Kühlwirkung eine Verringerung der Luftwiderstände Hand in Hand geht.

Motoren, wo scheinbar bei stationären Motoren die Anhäufung möglichst vieler Quadratmeter Kühlrippen das einzige Ziel der Bemühungen bedeutet, ganz ohne Rücksicht darauf, ob diese Kühlrippen überhaupt ihre Aufgabe erfüllen können.

Der Zweitakt.

Unter gewissen Voraussetzungen bedingt der Übergang vom Viertakt zum Zweitakt eine Verringerung des Motorgewichts. Zwar wäre es, von speziellen Fällen abgesehen, unrichtig, wenn man annehmen würde, der Zweitaktmotor würde bei gleichem Gewicht die doppelte Leistung gegenüber dem Viertaktmotor ergeben. Hingegen wird das Gewicht von Pleuelstangen, Gehäuse, Steuerungsteilen usw., bezogen auf die Leistung, halb so groß sein, nicht aber die Gewichte von Kolben und Zylindern. Das rührt daher, daß neben dem Arbeitszylinder ein Pumpenzylinder nötig wird und es nur beim Einzylindermotor und beim Motor mit zwei gegenüberliegenden Zylindern möglich sein wird, die Kolbenrückseite im Verein mit dem Motorgehäuse als Luftpumpe auszubilden. In allen anderen Fällen muß ein besonderer Pumpenzylinder und Pumpenkolben angefügt werden. In der Regel geschieht das in der Art, daß der Arbeitskolben als Stufenkolben ausgebildet wird.

Es fragt sich, ob bei einem Zweitaktmotor die Kühlung größere oder geringere Schwierigkeiten macht wie bei einem Viertaktmotor. Die Temperaturverhältnisse beim Expansionshub und beim Kompressionshub sind im Großen und Ganzen die gleichen. Beim Viertakt ist außerdem noch vorhanden ein Ladehub und ein Auspuffhub. Der Ladehub hat die niedersten, der Auspuffhub die zweithöchsten Temperaturen, beide kämen beim Zweitakt in Wegfall, so daß also bei ihm mit einer etwas höheren mittleren Temperatur zu rechnen wäre. Dafür aber findet eine Ausspülung des Zylinders statt, so daß, wenn diese Ausspülung gut ist, der Kompressionshub mit etwas niedrigerer Temperatur beginnt wie beim Viertakt. Es werden sonach die Anforderungen, die man an die Kühlung zu stellen hat, ungefähr dieselben sein wie beim Viertakt.

Die Kühlung des Kolbens kommt im allgemeinen der beim Viertakt gleich. Sie mag etwas besser sein, wenn die Kolbenrückseite als Pumpenzylinder arbeitet. Ist ein Stufenkolben verwendet, so wird zwar ein Teil des Kolbens von Frischluft beim Expansionshub umspült, dafür aber liegt eben dieser Teil des Kolbens nicht an der kühlenden Zylinderwand an. Auf den Nachteil, der damit verbunden ist, daß die Frischluft zur Kühlung dient, ist schon hingewiesen.

Der erreichbare mittlere Druck scheint im ersten Moment bei sonst gleichen Verhältnissen nicht von dem beim Viertakt verschieden zu sein. Es ist aber zu berücksichtigen, daß am Hubende jedenfalls ungünstigere Verhältnisse vorliegen, insofern als der Teil des Hubs, der während der Ausspülung zurückgelegt wird, ohne Arbeitsgewinn verläuft. Ferner ist zu berücksichtigen, daß die Luftpumpe im Interesse einer guten Ausspülung eine größere Luftmenge ansaugen und vorkomprimieren muß, als dem Hubvolumen entspricht; das bedingt einen gewissen Arbeitsaufwand, der den mittleren verfügbaren Arbeitsdruck verkleinert. Andererseits ist bei guter Ausspülung die Füllung mit frischem Gemisch vollkommener als beim Viertaktmotor, so daß in dieser Hinsicht eine bessere Ausnutzung des Hubvolumens zu erwarten wäre. Es überwiegen aber doch die zuerst genannten Einflüsse, so daß tatsächlich praktisch mit einem geringeren mittleren Druck gegenüber dem Viertaktmotor zu rechnen ist[1]).

---

[1]) Als Beispiel kann der Laviator-Motor dienen, der bei Wasserkühlung einen mittleren

Abgesehen von dem durch den niedrigeren mittleren Druck bedingten verhältnismäßig ungünstigen Brennstoffverbrauch kommt hinzu, daß die notwendige Ausspülung des Motors kaum so genau getroffen werden kann, daß nicht ein Teil des frischen Gemischs mit durch den Auspuff entweicht, so daß hierdurch weiterhin eine, wenn auch geringe Erhöhung des Benzinverbrauchs zu erwarten ist.

Am einfachsten wird der Aufbau des Zweitaktmotors, aber auch am primitivsten, wenn man Ein- und Auslaß durch den Kolben steuert, wie das bei der Ausführung von Grade und dem Laviator-Motor der Fall ist. Eine solche Anordnung hat manches Bestechende durch die denkbar geringste Menge von beweglichen Teilen an der Maschine, was bis zu einem gewissen Grade die Betriebssicherheit erhöht, man muß aber dann eine verhältnismäßig unvollkommene Ausspülung in Kauf nehmen. Auf den Zusammenhang von Einfachheit und Betriebssicherheit ist schon an anderer Stelle hingewiesen.

Einlaß und Auslaß stehen sich so bei tiefster Kolbenstellung offen gegenüber. Damit die Luft nicht direkt vom Einlaß zum Auslaß durchbläst, sondern vielmehr eine gute Ausspülung durch den ganzen Zylinder hindurch eintritt, ist auf dem Kolben eine Ablenkschaufel angeordnet[1]).

Im übrigen stehen für die Konstruktion eines Zweitaktmotors prinzipiell alle Wege offen, die im Großgasmotorenbau mit Erfolg beschritten sind, man ist also nicht gezwungen, an der oben beschriebenen Konstruktion festzuhalten, es sind im Gegenteil solche denkbar, die, wenn auch nicht mit gleich einfachen Mitteln, gute Resultate ergeben können.

Im Kraftwagenbau hat sich der Zweitaktmotor trotz zahlreicher Versuche nicht einführen können. Die Mängel, die ihm hier vorgeworfen wurden, und die sicher tatsächlich bestehen, d. i. seine geringe Elastizität, spielen im Flugzeugbau, wo mit einer innerhalb kurzer Zeiträume stark veränderlichen Motorleistung nicht zu rechnen ist, so gut wie gar keine Rolle. Es ist deshalb keineswegs ausgeschlossen, daß der Zweitakt, wasser- oder luftgekühlt, mit Vorteil für den Bau von Flugzeugmotoren Verwendung finden wird. Bei entsprechender Durchbildung der Konstruktion wird sich mit ihm voraussichtlich eine, wenn auch nicht allzugroße, Gewichtsersparnis erreichen lassen. Bei Verzicht auf größte Einfachheit wird er auch einen Betriebsmittelverbrauch aufweisen können, der mit dem Verbrauch anderer Motoren in erfolgreichen Wettbewerb treten kann.

Wenn bis heute nur eine Form des luftgekühlten Zweitaktmotors im Flugzeugbau Verwendung gefunden hat, so liegt das vermutlich daran, daß im allgemeinen im Fahrzeugmotorenbau nur sehr beschränkte Erfahrungen mit Zweitaktmotoren vorliegen und deshalb jeder Konstrukteur mehr oder weniger vor den noch unbekannten Schwierigkeiten, die sich unter Umständen praktisch ein-

---

Druck von 4,4 bis 4,6 aufweist, bei Luftkühlung einen solchen von weniger als 4,0. Ein Grade-Fahrradmotor von 84,6 mm $\oslash$ und 86 mm Hub besitzt einen mittleren Druck von 3,1. Diese niederen Drucke sind aber z. T. durch spezielle Konstruktionseinzelheiten bedingt und gelten nicht in vollem Umfang allgemein.

[1]) Diese auf dem Kolben sitzende Schaufel wird beim Arbeitshub jedenfalls sehr heiß, und der Frischluftstrom, der energisch gegen sie bläst, kühlt sie ab, wird aber selbst dadurch warm. Dadurch wird das Gewicht der Füllung (ähnlich wie bei Gnôme) beeinträchtigt, außerdem wird die Höhe der ohne Selbstzündung erreichbaren Kompression dadurch herabgesetzt.

stellen, zurückschreckt, während er beim Bau eines Viertaktmotors ziemlich genau weiß, was er zu erwarten hat, und wie er den auf dem Prüfstand sich zeigenden Unvollkommenheiten zu begegnen hat.

Geringer Betriebsmittelverbrauch.

Ein leichter Motor mit ungeheurem Betriebsstoffverbrauch wird nur für kurze Flüge Verwendung finden können. Je längere Flüge beabsichtigt sind, und je mehr solche Flüge die Regel werden, umsomehr wird der Betriebsmittelverbrauch an Bedeutung gewinnen, umsomehr wird dann andererseits die Bedeutung des Konstruktionsgewichts zurücktreten. Es ist deshalb unmöglich, die Wichtigkeit beider zahlenmäßig ins Verhältnis zu setzen. Nicht nur durch den Einfluß persönlicher subjektiver Meinung, sondern auch infolge der fortschreitenden Entwickelung, der Zunahme der Leistungen, in späterer Zeit vielleicht auch infolge der Größe der Maschinen, die eine unbegrenzte Fahrtdauer ermöglichen würde, wird dieses Verhältnis stets in Fluß bleiben. Eine Grenze wäre in letzter Hinsicht erst erreicht durch die Länge der Strecken, deren Bereisung praktisch für den Verkehr in Betracht kommt.

Vorerst ist der wassergekühlte Motor bezüglich des Betriebsstoffverbrauchs ja weit im Vorteil. Im Hinblick auf die angedeuteten Entwickelungsmöglichkeiten könnte er so unter Umständen für die Zukunft allein in Betracht kommen. Wir leben aber in der Gegenwart und müssen heute und morgen mit den tatsächlichen Verhältnissen rechnen. Berücksichtigt man diese, dann ist der Unterschied im Wert weniger gewaltig.

Es ist auch darauf hingewiesen, daß eine Vervollkommnung des luftgekühlten Motors nicht unmöglich erscheint. Unter Umständen wird durch die Erreichung einer solchen Vervollkommnung das Bild vollständig geändert. Jedenfalls wäre es nicht zweckmäßig, wenn man bei uns zu dem Glauben käme, die Frage ,,Wasser- oder Luftkühlung" sei für Flugmotoren schon heute erledigt. Die große Wertschätzung, die der luftgekühlte Motor — rotierend und stationär, vor allem aber rotierend — anderwärts genießt, muß uns zu denken geben.

Der luftgekühlte Motor hat unleugbare große Vorteile, er hat ebenso Nachteile, beide gegeneinander abzuwägen, ist sehr schwer, wenn nicht unmöglich. Wir haben im Gegensatz zu anderen Ländern, speziell zu Amerika, im Kraftwagenbau am wassergekühlten Motor gegenüber dem luftgekühlten festgehalten und haben allem Anschein nach damit das Richtige getroffen. Es könnte sein, daß die Verhältnisse im Flugzeugbau ebenso liegen. Immerhin sind die Betriebsbedingungen hier anders und dem luftgekühlten Motor unzweifelhaft günstiger. Noch nicht entfernt sind alle Konstruktionsmöglichkeiten für den luftgekühlten Motor erschöpft und alle denkbaren Vervollkommnungen unter Berücksichtigung der besonderen Verhältnisse erreicht. Solange, bis das geschehen, ist ein abschließendes Urteil unmöglich.

Bis dahin sollte unser Bestreben sein, nicht nur hervorragende und unübertreffbare wassergekühlte Motoren zu bauen, sondern auch luftgekühlte in jeder erreichbaren Vollkommenheit.

Diskussion

Professor Dr. Gümbel-Charlottenburg:

Herr Professor Baumann hat in seinen interessanten und ausführlichen Betrachtungen über Motorsysteme als eine der Hauptforderungen des Flugmotors die Forderung geringen Gewichtes gestellt. Als Mittel, welche dem Konstrukteur zur Verfügung stehen, um das Gewicht des Motors zu reduzieren, hat der Vortragende

1. Erhöhung des mittleren Druckes im Zylinder,
2. Erhöhung der Kolbengeschwindigkeit,

welche entweder durch Erhöhung des Hubes oder durch Erhöhung der Tourenzahl erzielt werden kann, genannt. Da der Vortragende die Tourenzahl des Flugmotors von vornherein als durch die Drehzahl des Propellers bestimmt annahm, verfolgte er leider das letztgenannte meines Erachtens wichtigste und einflußreichste Hilfsmittel zur Erzielung niederen Motorgewichts in seinem Vortrag nicht weiter, weshalb mir einige Worte hierzu gestattet sein mögen.

Bei der Aufgabe der Vereinigung des Motors mit der Schraube wird der Luftschiffbau vor genau dieselbe Frage gestellt, welche im Seeschiffbau, insbesondere bei der Einführung der Dampfturbine zum Schraubenantrieb, sich aufwarf. Es ist interessant, zu beobachten, wie der Luftschiffbau in dieser Frage heute genau die gleichen Wege geht, welche der Seeschiffbau vor ihm bereits gegangen ist. Als zum ersten Male raschlaufende Dampfturbinen zum Schraubenantrieb verwendet wurden, da glaubte man, mit der raschlaufenden Turbine ohne allzu große Einbuße an Wirkungsgrad raschlaufende Schrauben direkt verbinden zu können. Der Erfolg war ein negativer. Der Wirkungsgrad der Turbine war zwar ein guter; der Wirkungsgrad der raschlaufenden Schraube aber derartig gering, daß die Gesamtanlage unbrauchbar wurde. Dies war der Fall z. B. bei dem ersten Parsonsschen Turbinenschiff „Turbinia" und bei dem ersten mit Zoelly-Turbinen ausgerüsteten Versuchsboot der Howaldtswerke. Die so gewonnene Erkenntnis, daß die Tourenzahl einer Schraube nicht beliebig gesteigert werden darf, führte dazu, daß man einen Kompromiß zwischen Turbinendrehungszahl und Schraubenumdrehungszahl schloß. Das Resultat war, daß man eine Turbine erhielt, deren Umdrehungszahl niedriger war, als für ökonomische Ausnutzung des Dampfes wünschenswert, und eine Schraube, deren Umdrehungszahl troz allem Entgegenkommen wesentlich höher lag, als zur Erzielung eines günstigen Wirkungsgrades erforderlich gewesen wäre. Erst in neuerer Zeit hat man es gelernt, durch Einschaltung eines Übersetzungsgetriebes zwischen Turbine und Schraube jedem der beiden Teile die unbedingt notwendige Bewegungsfreiheit zurückzugeben.

Sie wissen, daß man heute bereits hydraulische Übersetzungsgetriebe in dem Föttingertransformator, mit Leistungen von 12—15 000 PS mit Übersetzungsverhältnissen von 1:5 und Zahnradgetriebe bis zu 6000 PS mit Übersetzungsverhältnissen von 1:20 mit vollem Erfolg ausgeführt hat, und ich habe die Überzeugung, daß den Übersetzungsgetrieben in der einen oder anderen

Form die Zukunft des Schraubenantriebes in Verbindung mit Dampfturbinen gehört. Denn durch Verwendung eines Übersetzungsgetriebes ist man in der Lage, der Antriebsmaschine diejenige Umdrehungszahl zu geben, welche vom Gesichtspunkte der Ökonomie oder der Gewichts- oder Raumforderung wünschenswert ist, der Schraube andererseits diejenige Umdrehungszahl und diejenigen Abmessungen, welche für die gegebene Konstruktion des Fahrzeuges den günstigsten Schraubenwirkungsgrad verspricht.

In den ersten beiden Etappen, welche ich für den Seeschiffbau geschildert habe, nämlich der direkten Kupplung des raschlaufenden Motors mit der raschlaufenden Schraube und darauffolgendem Kompromiß der Wahl eines Motors mit für seine Verhältnisse ungünstiger Tourenzahl mit einer Schraube von einer für ihre Verhältnisse ebenso ungünstigen Tourenzahl, befindet sich heute noch der Luftschiffbau und Flugzeugbau, aber ich glaube, auch er wird in dem Dritten, in der Einschaltung eines Übersetzungsgetriebes zwischen raschlaufendem Motor und langsam laufender Schraube seine endgültige Lösung finden.

Was für den Seeschiffbau zur Bemessung einer Schraube gilt, das, glaube ich, darf man auch den Kollegen von der Luft als empfehlenswerte Regel empfehlen, nämlich: Wählt die Schraube im Durchmesser so groß, als es die vorliegenden räumlichen Verhältnisse irgend gestatten, bestimmt zu diesem Durchmesser diejenige Tourenzahl, welche mit günstigstem Wirkungsgrad den erforderlichen Schub bei der gewünschten Geschwindigkeit ergibt. Hat man ein Übersetzungsgetriebe, so darf man weiter sagen: Nunmehr wählt die Tourenzahl des Motors so hoch, als sie irgend mit Rücksicht auf die Betriebssicherheit und Lebensdauer gewählt werden darf, und verbindet beide, Motor und Schraube, durch ein geeignetes Übersetzungsgetriebe.

Als solches kommt für Flugzeuge in erster Linie das in Öl laufende, evtl. mit Preßöl geschmierte Zahnradgetriebe in Frage. Solche Zahnradgetriebe lassen sich mit Wirkungsgraden von 98% unschwer ausführen, mit absoluter Betriebssicherheit bei nur unbedeutender Gewichtszugabe. Bedenkt man, daß raschlaufende Luftpropeller mit Steigungsverhältnissen von 0,2 bis 0,6 einen Wirkungsgrad von nur 30 bis 50% besitzen, mit zweckmäßiger Tourenzahl konstruierte Propeller dagegen bei Steigungsverhältnissen von 0,8 bis 1,2 unschwer Wirkungsgrade von 60 bis 70% erreichen, so erkennt man, daß die Verwendung des Übersetzungsgetriebes eine Leistungsreduktion des Motors auf die Hälfte bis zwei Drittel gestattet. Dementsprechend sinkt das Gewicht des mitzunehmenden Brennstoffs und das Gewicht des in der Leistung reduzierten und in der Tourenzahl erhöhten Motors. Auf der anderen Seite steht lediglich als Mehrgewicht das Gewicht des Übersetzungsgetriebes und das Mehrgewicht der Schraube.

Ich möchte nicht verfehlen, einmal auf die hier sich wieder ergebende Gleichheit der Aufgaben des Luftschiffbaues und Seeschiffbaues hinzuweisen, zum andern auf das Reduktionsgetriebe als Mittel zur Verringerung des Gewichtes von Flugfahrzeugen und Flugmotoren in Ergänzung der Ausführung des Herrn Vortragenden hinzuweisen.

Professor Dr. **Bendemann**-Adlershof:

Herr Baumann hat ausgesprochen, daß die Gattung der wassergekühlten Motoren heute kaum noch wesentlicher Verbesserungen fähig erscheint. Dem kann man wohl beipflichten, insoweit man die eigentliche Konstruktion der Motoren an sich im Auge hat. Sehr verbesserungsfähig sind aber noch zahlreiche Zubehörteile, besonders die Vergaser, ferner die Verbindungsleitungen usw. sowie die Kühler. Die meisten Störungen gehen heute von diesen Nebenteilen aus. Die Motorkonstrukteure sollten mit darauf hinarbeiten, daß die zum Einbau des Motors gehörigen Teile, für die sie sich bisher zu wenig verantwortlich fühlen, einfacher und zuverlässiger werden.

Auf die Ausführungen des Herrn Gümbel ist festzustellen, daß der Vorteil einer Übersetzung des Propellers ins Langsame im Flugmaschinenbau längst genau bekannt und vielfach beachtet worden ist (Wright, Blériot, Dorner und viele andere). Man ist aber im Interesse möglichster Einfachheit fast ganz davon abgekommen. M. E. mit Unrecht. Ich habe schon oft auf den großen französischen Kriegsflugzeug-Wettbewerb von 1911 hingewiesen, wo die sehr schweren Bedingungen (300 kg Nutzlast, Betriebsstoffe für 300 km, dabei Steigvermögen 500 m in 15 Minuten) von 10 Maschinen bestanden wurden, davon 7 mit 100- bzw. 140-PS.-Gnome- und 3 mit 70-PS.-Standmotoren. Diese 3 hatten sämtlich eine Propellerübersetzung ins Langsame. Mit direkt gekuppeltem Propeller hätten die 70 PS. sicher nichts ausgerichtet. Man sieht, wieviel da zu gewinnen ist.

Fabrikant **A. Euler**-Frankfurt a. M.:

Bei den Differenzgewichten, welche hier von Herrn Professor Baumann ins Auge gefaßt worden sind, möchte ich doch darauf hinweisen dürfen, daß es sich keineswegs nur um ein Differenzgewicht von 50 kg handelt, wenn man von stationären, stehend arbeitenden und von rotierenden Motoren spricht. Die Gewichtsdifferenz stellt sich folgendermaßen:

Ein 100-PS-Mercedes-Motor wiegt nackt . . . . 227 kg
für den Kühler rechne ich . . . . 30 „
für das Wasser . . . . 25 „
Das Mehrgewicht, welches entsteht durch die durch das oben
    gesagte Gewicht erforderlich werdenden größeren Quer-
    schnitte in den einzelnen Flugmaschinenteilen, rechne ich
    bei Verwendung eines stationären Motors auf . . . . . 60 „

in Summa rund   340 kg
Ein 80-PS-Gnome-Motor wiegt komplett . . . . 90 „

mithin beträgt das Mehrgewicht rund   250 kg

Über ein solch hohes Mehrgewicht ist doch nicht so leicht hinwegzugehen, wenn wir berücksichtigen, daß wir vor vier Jahren noch unsere Schlüssel, Portemonnaies usw. aus der Tasche genommen haben, um, wenn wir es uns vielleicht auch nur einbildeten, besser fliegen zu können, und wenn man diesem Mehrgewicht gegenüberstellt, daß eine moderne Flugmaschine mit einem 70-PS-Gnome-Motor überhaupt nur 260 kg wiegt, so muß man sagen, daß man dieses Mehrgewicht vielleicht doch nicht so leicht nehmen sollte, denn die Erfolge unserer westlichen Nachbarn zeigen uns ja am besten, was mit diesen Gewichtsdifferenzen an Flugleistungen mehr zu erreichen ist.

Der Weltrekord, welchen die Franzosen inne haben, steht auf etwa 14 Stunden, während unsere Höchstleistung auf etwas mehr als 6 Stunden steht.

Dabei ist noch zu erwähnen, daß diese Höchstleistung von 14 Stunden ohne Zwischenlandung mit einem 50 PS rotierenden Motor geleistet ist, während unsere 6-Stundenleistung mit einem 80/90-PS-Motor vollbracht ist.

Die außerordentlich großen Unterschiede zwischen unseren Leistungen und den Leistungen unserer westlichen Nachbarn sind eben hauptsächlich auf das außerordentlich hohe Eigengewicht unserer Flugmaschinen zurückzuführen und dieses wiederum auf das außerordentlich hohe Eigengewicht der von uns verwendeten schwereren Motoren.

Denn das ist doch nicht wegzuleugnen, daß tatsächlich die Flugmaschine, welche 14 Stunden flog, die Betriebsstoffe für diese 14 Stunden mitgenommen haben muß.

Es ist dies nun aber nicht eine Ausnahmeleistung, sondern es sind meines Wissens wenigstens 7 bis 8 amtlich kontrollierte Leistungen in Frankreich vorhanden, die über 9 Stunden ununterbrochene Dauer gehen.

Professor Dr. **Bendemann**-Adlershof:

Über die Lebensdauer der Gnomemotoren hört man merkwürdig verschiedene Urteile! Ich möchte die Entwicklung der Rotationsmotoren in Deutschland keineswegs hintanstellen! Im Gegenteil: ich hoffe sehr, daß man ihre Lebensdauer steigern und ihre Verbrauchszahlen herabdrücken wird. Dann wird ihre Überlegenheit entschieden sein. Einstweilen ist sie es aber noch nicht. Herr Euler rechnet mit viel zu ungünstigen Zahlen für den wassergekühlten Motor. Ich habe bei unserem Kaiserpreis-Wettbewerb die Verhältnisse genauer geprüft und fuße bezüglich der Verbrauchszahlen des Gnome auf den ganz einwandfreien und unverdächtigen Ergebnissen des letzten französischen Motorwettbewerbs, wo man den Gnome sicher nicht zu ungünstig hat abschneiden lassen.

Herrn Euler gegenüber möchte ich auf diese Leistungen der Standmotoren hinweisen. Es ist nicht richtig, daß die heutigen Umlaufmotoren den feststehenden so sehr weit überlegen seien. Die von ihm vorgerechneten Gewichtsersparnisse am Aufbau der Maschine werden zum großen Teil illusorisch, wenn man bedenkt, daß der Rotationsmotor wegen seines hohen Benzin- und Ölverbrauchs einen fast doppelt so schweren Betriebsmittelvorrat mitnehmen muß als der wassergekühlte Standmotor für die gleiche Zeit. Nach den bisherigen Ergebnissen ist das Gesamtgewicht der Gnomemotoren, wenn man die anfangs mitzunehmenden Vorräte mitrechnet, schon vom dreistündigen Fluge an höher als bei einem der besseren deutschen Standmotoren.

Fabrikant **A. Euler**-Frankfurt a. M.:

Auch der Betriebsstoffeverbrauch steht nicht so zuungunsten des rotierenden Motors, wie von Herrn Professor Bendemann gesagt worden ist, daß z. B. der Gnomemotor doppelt so viel Benzin brauche wie ein stationärer Motor.

Demgegenüber kann ich sagen, daß ein 80-PS-Gnome-Motor, welcher z. B. die militärischerseits geforderten Bedingungen ebenso gut und besser erfüllt wie ein stationärer Motor von 100 PS, also im Endergebnis ebenso leistungsfähig und leistungsfähiger ist wie ein stationärer Motor, pro Stunde 27 Liter Benzin verbraucht, während ein 90/100-PS-Argus- oder Mercedes-Motor wenigstens 35 Liter Benzin verbraucht; demzufolge ist der Benzinverbrauch eher geringer wie größer.

Der Ölverbrauch ist allerdings etwas größer bei rotierenden wie bei stationären Motoren, aber daraus entsteht keine so große Gewichtsdifferenz, daß man sagen könne, daß dadurch die Verwendung des rotierenden Motors weniger vorteilhaft wäre.

Professor **Baumann**-Stuttgart:

Zu den Ausführungen von Herrn Euler möchte ich sagen, daß die von mir angegebenen 50 kg eine ganz beliebig gewählte Zahl darstellen sollen und nicht die Gewichtsersparnis eines luftgekühlten Motors gegenüber einem wassergekühlten. Er tut mir also unrecht, wenn er sagt, ich gäbe diese Ersparnis zu niedrig an, wenn ich auch auf der andern Seite finde, daß er diese Ersparnis sehr reichlich in Rechnung setzt.

Sodann muß ich aber feststellen, daß es mir nicht erinnerlich ist, an irgendeiner Stelle gesagt oder geschrieben zu haben, daß die wassergekühlten Motoren zur Aufrechterhaltung des Betriebes nur Wasser nötig hätten. Ich wüßte wirklich nicht, wie ich zu einer solchen Behauptung käme.

Ein Apparat zur Untersuchung der Windstruktur (Anemoklinograph) der Siemens & Halske - A. G.

Von

H. Gerdien-Berlin.

Das Studium der Luftströmungen in der Atmosphäre war bis vor kurzem an den meisten Beobachtungsstationen auf die Messung und Registrierung der Windgeschwindigkeit und Windrichtung beschränkt. Man legte bei diesen Untersuchungen den Hauptwert darauf, sich einen allgemeinen Überblick zu verschaffen über den räumlichen und zeitlichen Verlauf dieses Elements. Den Bedürfnissen dieses Beobachtungsdienstes, dessen Resultate zu Mittelwerten über größere Zeiträume verarbeitet wurden, genügte das übliche Instrumentarium. Dieses wurde auch den Anforderungen der Aerologie angepaßt, als es galt, Windgeschwindigkeiten in der freien Atmosphäre mittels Drachen und Fesselballon zu messen. Erst durch die Methode der Pilotballons wurde die nähere Untersuchung der Windstruktur in der freien Atmosphäre ermöglicht; durch die Aufnahme der Flugbahn eines Pilotballons sind wir in der Lage, den Windvektor nach Größe und Richtung festzulegen. Die Methode versagt jedoch naturgemäß, wenn es sich um die spezielle Aufgabe handelt, die Windstruktur in der Nähe des Bodens zu messen und — was als Grundlage eines eingehenden Studiums unbedingt gefordert werden muß — zu registrieren.

Es hat nicht an Versuchen gefehlt, ein hierfür geeignetes Instrument zu schaffen, doch sind die darauf gerichteten Bemühungen, soweit mir bekannt ist, nicht über das Versuchsstadium hinausgekommen. Ernstliche Anstrengungen erfolgten wohl erst, als die Entwicklung der Flugtechnik gebieterisch dazu zwang, eine Lösung dieser Aufgabe zu finden. So ist auch dieses Instrument, welches ich heute die Ehre habe Ihnen vorzuführen, aus einem Bedürfnis der Praxis hervorgegangen.

In der Zeit, die dem Flüggewerden des Siemens-Schuckert-Luftschiffes voranging, entstand die Aufgabe, die Windverhältnisse in der Nähe der drehbaren Halle in Biesdorf, welche diesem Luftschiff als Hafen diente, zu untersuchen. Ich habe auf Anregung des Herrn Geh. Reg.-Rat Dr. ing. Wilhelm v. Siemens diese Aufgabe in Angriff genommen und sie gemeinsam mit Herrn Dr. Holm bearbeitet.

Die gebräuchlichen Instrumente zur Messung der Windgeschwindigkeit, welche zumeist auf dem Prinzip des Schalenkreuz- oder Flügel-Anemometers beruhen, sind in der gegenwärtigen Form ungeeignet für Momentanmessungen und dürften sich auch schwerlich so modifizieren lassen, daß sie eine hinreichend kleine Einstellzeit erreichen, da sie von bewegten Teilen Gebrauch machen, die aus Rücksicht auf die Festigkeit nicht in erwünschtem Grade masse- und trägheitsfrei hergestellt werden können.

Man mußte also darauf ausgehen, die bewegten Teile wenigstens bei der Messung der Windgeschwindigkeit auf ein Minimum zu reduzieren. Dieses schien erreichbar durch die Vereinigung von zwei Meßprinzipien, die einzeln, wenn auch nicht in der gegenwärtigen Ausgestaltung, schon längere Zeit bekannt sind. Ich meine erstens das Prinzip der Staudruckmessung, welches besonders in den Kreisen der Lüftungstechniker viel verwendet wird, bei welchem man die Messung der Luftgeschwindigkeit auf die Messung des Staudrucks oder des kombinierten Stau- und Saugdruckes an einem geeignet geformten, in den Luftstrom eingeführten Staukörper zurückführt.

Ich meine zweitens das weniger bekannte Prinzip, nach welchem man die Geschwindigkeit eines Gasstromes aus der Kühlwirkung beurteilen kann, welche dieser auf einen elektrisch geheizten Draht ausübt, indem man die Änderung des elektrischen Widerstandes oder ähnlicher elektrischer Größen zur Messung der Gasgeschwindigkeit heranzieht. Durch die Verwendung des zweiten Prinzips wird es insbesondere möglich, einer Anforderung zu genügen, welche uns neben der Erreichung einer kleinen Einstellzeit gestellt war: der Fernanzeige und Fernregistrierung.

Es ist vielleicht zweckmäßig, das Gesagte durch einen einfachen Versuch zu veranschaulichen[1]). Wir haben hier einen dünnen Platindraht zwischen zwei Klemmen ausgespannt und heizen ihn durch einen elektrischen Strom, der durch zwei Leitungsdrähte einem Strommesser an der anderen Seite des Tisches zugeführt wird; sobald wir hier in der Nähe des Drahtes etwas Luftbewegung erzeugen, zeigt das Strominstrument dort starke Schwankungen an, entsprechend den Luftstößen, welche den Draht treffen. Bei jedem Luftstoß wird der Draht abgekühlt, sein elektrischer Widerstand sinkt entsprechend der niedrigeren Temperatur, und die Stromstärke steigt entsprechend.

Wollte man daran gehen, diese Anordnung unmittelbar zu einer quantitativ wirkenden Meßvorrichtung zu entwickeln, so würde man auf erhebliche Schwierigkeiten stoßen. Erstens ist ein einfacher sehr dünner Draht, der ungeschützt der Luftströmung ausgesetzt wird, ein sehr leicht verletzbares Gebilde; er ist aber auch für Meßzwecke wenig geeignet, da schon sehr kleine Luftgeschwindigkeiten genügen, ihn praktisch auf die Temperatur der Luft abzukühlen — eine weitere Zunahme der Geschwindigkeit also der Messung entgehen würde. Andererseits ist die ganze Anordnung noch stark von der Lufttemperatur selbst abhängig, da ja der Widerstand des Drahtes und damit die ganze Skala des Instrumentes von der Lufttemperatur abhängt.

Diese und andere Schwierigkeiten sind bei dem vorliegenden Instrument durch folgende Maßnahmen überwunden:

Der Hitzdraht wird nicht unmittelbar der zu messenden Luftströmung ausgesetzt; er befindet sich vielmehr innerhalb eines geschlossenen Metallgehäuses. Es wird ferner nicht mehr die Kühlwirkung auf einen einzigen Draht ausgeübt,

---

[1]) Siehe Anmerkungen und Bilder Seite 74.

sondern es werden innerhalb des gleichen Gehäuses zwei Hitzdrahtsysteme[2]) in vollkommenster Symmetrie angeordnet, von denen das eine zunächst vom Luftstrom getroffene stärker gekühlt wird als das zweite, dahinterliegende; nur die Differenz der Widerstandsänderungen beider Systeme gelangt zur Messung. Durch diese Differentialschaltung wird ein wesentlicher Teil des Temperatureinflusses beseitigt. Der Rest des Temperatureinflusses wird durch eine besondere Kompensation, auf welche wir noch zurückkommen werden, unschädlich gemacht.

Der angedeutete Hitzdrahtapparat ist nun mit dem Staudruckgerät in folgender Weise kombiniert.

Von der Vorder- und Rückseite des Staugerätes[3]) führen Röhren zu dem Metallgehäuse des Hitzdrahtapparates, derart, daß unter der Stau- und Saugwirkung des Windes ein schwacher Luftstrom durch den Apparat mit den in seinem Innern ausgespannten Hitzdrahtsystemen getrieben wird. Dieser Luftstrom ist durch eine in das Röhrensystem eingebaute Drosselvorrichtung selbst für die größten vorkommenden Windstärken auf wenige Kubikzentimeter in der Sekunde abgedrosselt. Seine Geschwindigkeit ist innerhalb des hier benutzten Bereiches dem Staudrucke proportional. Da dieser mit dem Quadrat der Windgeschwindigkeit wächst, ergibt sich ein einfacher Zusammenhang für die Luftgeschwindigkeit außerhalb und innerhalb des Apparates. Nennen wir die erstere G, die letztere v, so ist $G^2 = $ konst. v. Die Konstante ist außer von der Form des Staugerätes von dem durch die Drosselvorrichtung einstellbaren Strömungswiderstand des Röhrensystems abhängig.

Wir haben also gewissermaßen statt der gebräuchlichen statischen Staudruckmessung mit Staukörper und Manometer eine dynamische Staudruckmessung mit Staukörper und Hitzdrahtapparat.

Um die Leistungsfähigkeit des Apparates genauer zu beschreiben, müssen wir jetzt etwas näher auf die konstruktiven Einzelheiten eingehen.

Als Staugerät benutzen wir auf Grund ausgedehnter Versuche eine Stauscheibe mit verhältnismäßig hohem Rande, bei welcher die Meßröhren beiderseits symmetrisch verlegt sind und ihre Öffnungen gegen die Stauscheibe kehren. Diese Anordnung[4]) hat den Vorzug, daß sie bis zu Winkelabweichungen von 25⁰ der Windrichtung gegen die Scheibennormale nur etwa 1 % Abweichung der gemessenen Windgeschwindigkeit von dem richtigen Wert ergibt. Es wird also durch eine recht mangelhafte Einstellung der Stauscheibe auf die Windrichtung nur ein unmerklicher Fehler in der Geschwindigkeitsmessung verursacht. Von der Stauscheibe[5]) führen die Anschlußröhren zunächst vertikal nach oben, um ein Eindringen von Niederschlägen zu verhindern. Sie laufen dann zu dem eigentlichen Hitzdrahtapparat, der hier unter einem doppelten Strahlungsschutz aus blankem Nickelblech untergebracht ist. Der Eintritt und Austritt des Luftstromes in den Apparat erfolgt durch Düsen, welche eine homogene Geschwindigkeitsverteilung in seinem Innern gewährleisten. In der Eintrittsdüse ist die erwähnte Drosselvorrichtung untergebracht.

Im Innern des Apparates[6]), der einen schmalen rechteckigen Querschnitt für den Durchtritt des Luftstromes freiläßt, sind die Hitzdrahtsysteme ausgespannt. Sie bestehen aus 0,04 mm dickem Platindraht, der in Zickzackwindungen zwischen federnden Haltern ausgespannt ist. Die Drahtwindungen bleiben infolge ihrer federnden Befestigung stets unbeeinflußt von den durch Temperaturschwankungen bedingten Längenänderungen genau in der Symmetrieebene des Apparates, wodurch es allein möglich wird, an den durch den Heizstrom um rund 50^0 über die Lufttemperatur erwärmten Drähten Präzisionsmessungen des Widerstandes vorzunehmen.

Die beiden Hitzdrahtsysteme sind mit zwei gleichen unveränderlichen Widerständen zu einer Wheatstoneschen[7]) Brückenschaltung vereinigt; das Brückengalvanometer wird, nachdem die Brücke abgeglichen ist, unmittelbar in Windgeschwindigkeiten geeicht.

Eine solche Eichkurve zeigt das folgende Bild[8]).

Durch das Zusammenwirken des für den Zusammenhang der Windgeschwindigkeit mit dem Staudruck geltenden quadratischen Gesetzes und der für die Strömungsgeschwindigkeit im Apparat und den Ausschlag des Brückeninstrumentes geltenden Beziehung[9]), auf welche hier nicht näher eingegangen werden kann, wird eine Eichkurve erhalten, welche für ein erhebliches Stück der Skala angenähert Proportionalität der Ausschlagsänderung mit der Windgeschwindigkeitsänderung ergibt.

Das Brückeninstrument dient zugleich nach Umlegen eines Schalthebels zur Kontrolle des Heizstromes, der normalerweise etwa 1/10 Ampere beträgt.

Der Apparat ist an sich, wie wir schon sahen, temperaturabhängig[10]). Der Einfluß der Temperatur rührt her teils von der Änderung der Dichte der Luft mit der Temperatur, wodurch der Staudruck für eine bestimmte Geschwindigkeit von der Temperatur abhängig wird. Andererseits sind auch der Strömungswiderstand der Luft in dem Röhrensystem und der elektrische Teil der Vorrichtung temperaturabhängig. Alle diese Einwirkungen der Temperatur haben wir durch eine besondere Kompensation beseitigt, welche mit der schon mehrfach erwähnten Drosselvorrichtung vereinigt ist. Diese besteht aus einer ebenen Ventilplatte[11]), die in kleinem Abstande über der Ventilöffnung in einer ebenen Grundplatte gehalten wird. Die Dimensionen sind so gewählt, daß der Widerstand, den das ganze Röhrensystem mit dem Hitzdrahtapparat dem Durchtritt der Luft entgegensetzt, klein ist gegen den Widerstand des Drosselventils. Es sind also auch Änderungen des Widerstandes in dem Röhrensystem, die durch Staubablagerung verursacht werden, unschädlich, solange der Widerstand der Drosselvorrichtung unverändert bleibt. Letztere ist nun durch ihre Konstruktion, welche gerade an den Stellen höchsten Widerstandes auch die höchsten Geschwindigkeiten zustande kommen läßt, vor dem Verschmutzen[12]) geschützt und kann übrigens leicht kontrolliert werden. Zum Zwecke der Temperatur-Kompensation ist nun die Ventilplatte mit einem Bimetall-System verbunden, welches den Abstand der Ventilplatte von der Grundplatte genau so reguliert, daß der Einfluß der Temperatur auf die Geschwindigkeitsmessung herausfällt.

Wir müssen nun noch auf die Genauigkeit der Messung und die Einstellzeit des Apparates eingehen. Der elektrische Teil der Vorrichtung würde eine sehr hohe Meßgenauigkeit zulassen; die bekannten Schwierigkeiten, welche mit der Eichung eines Staugerätes verknüpft sind, legen den Genauigkeitsgrad der Eichung auf etwa 1% fest. Das bezieht sich natürlich auf die Bestimmung der Apparatkonstanten, während die Ablesung des Instruments mit einer noch etwas höheren Genauigkeit möglich ist.

Die erreichte Meßgenauigkeit ist jedoch weitaus genügend, wie sofort einleuchtet, wenn man den Charakter der zu messenden Größen berücksichtigt; bei den schnellen Änderungen, denen die Windgeschwindigkeit unterliegt, ist eine höhere Genauigkeit vorläufig gar nicht erwünscht. Es muß vielmehr Wert darauf gelegt werden, daß das Instrument fähig ist, mit seiner Anzeige schnellen Änderungen der Geschwindigkeit zu folgen.

Dieser Anforderung wird in der Tat in weitgehender Weise genügt. Das thermische Gleichgewicht zwischen den Hitzdrähten und der strömenden Luft stellt sich, wie besondere Versuche gezeigt haben, innerhalb einer Zeit her, die von der Größenordnung $^1/_{100}$ Sekunde ist. Diese Zeit würde als Einstellzeit des Apparates in Betracht kommen, wenn wir es mit einem einzigen, senkrecht zum Luftstrom ausgespannten Drahte zu tun hätten; tatsächlich sind in dem Apparat aus technischen Gründen eine ganze Reihe von Drähten in Zickzackwindungen ausgespannt, so daß eine etwas längere Zeit verstreicht, bis sich die beiden Drahtsysteme mit der strömenden Luft in thermisches Gleichgewicht gesetzt haben. Diese Zeit[13] beträgt immerhin bei mittleren Windstärken nur einige Zehntel Sekunde. Zu dieser Einstellzeit des Hitzdrahtapparates kommt noch hinzu diejenige des Meßinstruments. Benutzt man die hier aufgestellten Zeigerinstrumente zur Ablesung, so beträgt die Einstellzeit etwa 1 Sekunde, werden jedoch für die Zwecke der Registrierung die bekannten Oszillographen-Meßschleifen verwendet, so kommt praktisch nur die Einstellzeit des Hitzdrahtapparates in Betracht, da diejenige der hier benutzten Meßschleifen etwa $^1/_{50}$ Sekunde beträgt.

Ehe wir weiter auf diese Registriervorrichtung eingehen, wollen wir noch eine andere Kombination des Hitzdrahtapparates mit einem Staugerät besprechen, durch welche die Messung der Windneigung und damit der Vertikal-Komponente der Luftbewegung ermöglicht wird.

Wir hatten uns schon zu Beginn unserer Untersuchungen dieses Problem gestellt, da gerade die Vertikal-Bewegungen in der Nachbarschaft des Biesdorfer Luftschiffhafens von besonderem Interesse sein mußten. Man kann eine einfache und im allgemeinen wohl einwandfreie Lösung finden, wenn man das bei der Messung der Windgeschwindigkeit benutzte Prinzip sinngemäß modifiziert. Man braucht nur statt der gegen Winkelabweichungen der Windrichtung von der Stauscheibennormalen möglichst unempfindlichen Form der Stauscheibe eine solche zu suchen, die gerade eine möglichst große Empfindlichkeit gegen Winkelabweichungen zeigt. Man erhält eine auch anderen praktischen Anforderungen genügende Form, wenn man einen Staukörper verwendet, der gegen die Horizontalebene vollkommen symmetrisch gestaltet und in seinem Vertikalschnitt ähnlich dem Längsschnitt durch ein Parsevalluftschiff geformt ist.

Versieht man diesen Körper nahe vor der Stelle maximaler Dicke mit Öffnungen, von welchen wieder Rohrleitungen zu einem Hitzdrahtapparat führen, so erhält man ein Instrument, das nur Ausschläge zeigt, sobald die Windrichtung von der Horizontalen abweicht. Die Ausschläge sind allerdings nicht allein von der Windneigung, sondern auch von der Windgeschwindigkeit selbst abhängig. Man braucht aber nur mit dem zuerst beschriebenen Apparat gleichzeitig die Windegschwindigkeit zu messen, um dann aus einer Tabelle mit zwei Eingängen oder einer Kurvenschar[14]), wie sie dieses Diagramm zeigt, die Windneigung und damit die Vertikalkomponente der Windgeschwindigkeit zu entnehmen.

Um solche Messungen vorzunehmen, haben wir hier bei unserem „Anemoklinographen"[15]) 2 Hitzdrahtapparate unter gemeinsamem Strahlungsschutz um eine vertikale Achse drehbar so eingebaut, daß sie durch diese Windfahne stets auf die Windrichtung eingestellt werden. Der eine Apparat ist mit dieser Stauscheibe zur Messung der Windgeschwindigkeit, der andere mit diesem für Neigungen empfindlichen Staukörper verbunden. Diese beiden Apparate sind durch drehbare Schleifringe und feststehende Schleifstücke elektrisch mit 6 Adern eines Kabels verbunden, welches zu diesen beiden Ableseinstrumenten[16]) führt. Die Zeiger dieser Instrumente lassen sich gleichzeitig durch Druck auf einen Knopf festhalten, wodurch gleichzeitige Ablesungen erhalten werden.

Der Apparat ist ferner mit einer einfachen Vorrichtung ausgestattet, welche die Windrichtung auf elektrischem Wege kontinuierlich an der Skala dieses dritten Instrumentes anzeigt[17]).

Wir haben also in dem „Anemoklinographen" ein Instrument, welches die **Momentanwerte der Windgeschwindigkeit, Windneigung und Windrichtung**, also alle 3 Komponenten des Windvektors durch Fernanzeige zu messen gestattet.

Bei der schnellen zeitlichen Veränderlichkeit dieses Vektors können naturgemäß Beobachtungen mittels **Augenablesung** nur ein unvollkommenes Bild der zu beobachtenden Vorgänge liefern. Wir haben daher schon vor 3 Jahren auf Grund der in Biesdorf gesammelten Erfahrungen eine photographische Registriervorrichtung[18]) benutzt, von der wir hier ein inzwischen wesentlich verbessertes Exemplar sehen

Statt der Ableseinstrumente mit Zeiger werden drei Oszillographenschleifen als Strominstrumente benutzt, deren Ausschläge in bekannter Weise mittels von einer kleinen Glühlampe beleuchteten Spiegelchens auf einem gleichmäßig fortbewegten Streifen photographischen Papieres aufgeschrieben werden Der Registrierapparat kann in bequemster Weise gegen die Ableseinstrumente ausgewechselt werden, so daß es jederzeit möglich ist, besonders interessante Windstruktur-Änderungen dauernd festzuhalten. Die Papiergeschwindigkeit kann zwischen 2 mm/Sek. und dem 5 fachen Wert eingestellt werden. Es ist auch eine Signalanlage vorgesehen, welche es ermöglicht, von einem entfernten Standorte aus eine Zeitmarke an allen drei Kurven gleichzeitig anzubringen. In dem Registrierapparat können Papierstreifen bis zu 100 m Länge verwendet werden. Das belichtete Papier läuft in einen lichtdichten Kasten hinein, kann nach Ablauf eines beliebig langen Stückes abgeschnitten und sofort entwickelt und fixiert werden.

Einige Kurven, die den Verlauf der Windgeschwindigkeit, -neigung und -richtung darstellen, zeigt das nächste Bild; sie sind mittels eines Apparates aufgenommen, der jetzt im Königl. Aeronautischen Observatorium Lindenberg des Herrn Geh. Rat Aßmann aufgestellt ist.

Ich möchte zum Schluß noch den Anemoklinographen in einem künstlichen Winde vorführen. Wir haben hier ein Gebläse aufgestellt, welches einen Luftstrahl gegen den Apparat schleudert. Hinter dem Gebläse ist eine Richtvorrichtung eingeschaltet, welche es ermöglicht, den Luftstrahl nach oben und unten zu neigen. Sie sehen, wie insbesondere das an den neigungsempfindlichen Staukörper angeschlossene Meßinstrument auch bei schnellen Änderungen im Luftstrahl gut folgt. Wenn ich jetzt künstliche Änderungen der Windgeschwindigkeit erzeuge, so zeigt auch das andere Instrument starke Schwankungen. Ich drehe jetzt den Apparat um die vertikale Achse, und Sie sehen nun die entsprechenden Ausschläge an dem Windrichtungsanzeiger.

Ich darf wohl schließlich noch kurz eingehen auf einige Resultate, die wir mit dem Anemoklinographen bisher erhalten haben.

Wir haben im Jahre 1910 auf dem ebenen Felde, welches die Biesdorfer Halle umgibt, mit 3 auf 12 m hohen Masten befestigten Apparaten beobachtet, von denen 2 nur die Windgeschwindigkeit, einer die Windgeschwindigkeit und Windneigung anzeigte. Die Masten waren transportabel, und es wurde mittels auf dem Felde ausgelegter Kabel von bis zu 150 m Länge Abstand und Orientierung der Masten gegen die Windrichtung verändert.

Es zeigten sich schon in 12 m Höhe über dem ebenen Boden sehr merkliche Vertikalkomponenten der Windgeschwindigkeit.

Diese waren relativ größer an heiteren Tagen mit geringerer als an Tagen mit großer mittlerer Windgeschwindigkeit. Wir konnten ferner durch Verkleinerung des Abstandes zweier Masten bis auf 5 m gelegentlich Wogenbildung mit Wellenlängen bis herab zu etwa 10 m nachweisen. Diese Beobachtungen erstreckten sich aus äußeren Gründen nur über kurze Zeit.

Weit ausgedehntere Beobachtungsreihen hat seither Herr Geh. Rat Aßmann an einem Anemoklinographen gesammelt, der seit Ende des vorigen Jahres im Aeronautischen Observatorium zu Lindenberg aufgestellt ist. Es ist mir eine angenehme Pflicht, Herrn Geh. Rat Aßmann für mancherlei Anregungen zur weiteren Durchbildung unseres Apparates an dieser Stelle zu danken.

Ich schließe mit dem Wunsche, daß der Anemoklinograph, dessen konstruktive Durchbildung jetzt wohl zu einem gewissen Abschluß gelangt ist, nun auch in den Händen der Flugtechniker bald wertvolles Beobachtungsmaterial liefern möchte.

Figuren und Anmerkungen.

[1]) In der Figur ist die Stromquelle mit B, der Hitzdraht mit D und der Strommesser mit A bezeichnet.

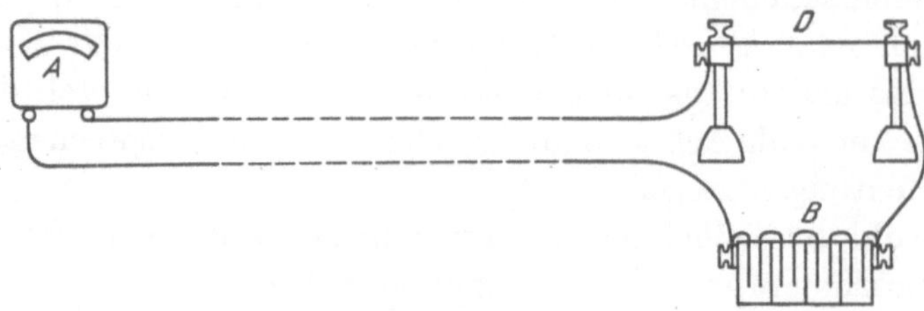

Fig. 1 (zu Anm. 1).

[2]) Für eine präzise Messung ist es unerläßlich, daß die Temperaturänderungen unterworfenen Teile in sehr vollkommener Weise ihre Lage gegeneinander und gegenüber den Kanalwänden beibehalten; im Interesse einer präzisen Momentan-Einstellung des Meßinstruments müssen alle diese Teile möglichst geringe Wärmekapazität haben und dürfen an keiner Stelle in merklichem Wärmeaustausch mit schlechten Wärmeleitern stehen.

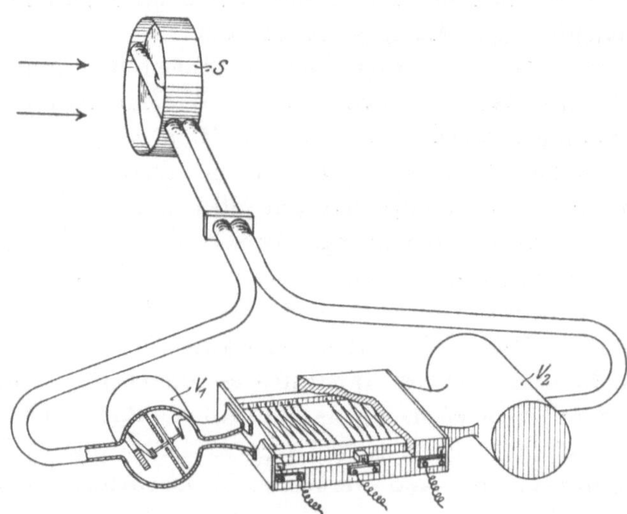

Fig. 2 (zu Anm. 3).

[3]) In der Figur ist S die Stauscheibe, welche durch Rohrleitungen mit den Kammern V_1 und V_2 verbunden ist; zwischen diesen sitzt der Hitzdrahtapparat. V_1 enthält die Drosselvorrichtung.

[4]) Die Änderungen, die der Staudruck und der Saugdruck allein bei Winkelabweichungen erleiden, sind recht beträchtlich, in der Differenz beider, welche hier für die Messung in Betracht kommt, gleichen sich die Änderungen fast vollständig aus bis zu etwa 25^0 Winkelabweichung.

[5]) Wie aus der Figur ersichtlich ist, sind die Anschlußröhren, welche den Hitzdrahtapparat mit der Stauscheibe verbinden, mit relativ weitem Querschnitt ausgestattet. Der in die Drosselvorrichtung verlegte Strömungswiderstand beträgt mindestens das 10 fache des Widerstandes, der in dem ganzen übrigen System vorhanden ist.

Fig. 3 (zu Anm. 5).

[6]) Die Platindrähte H 1, 2 sind mittels kleiner Wurmfedern w aus Platiniridiumdraht zwischen isolierenden Elfenbeinleisten E ausgespannt. Das Gehäuse des Apparates besteht aus 2 dicken Kupferplatten K_1 und K_2, die auf der Innenseite eben geschliffen, vernickelt und poliert werden.

Ihr Abstand ist durch die planparallelen Kupferleisten L_1, L_2, L_3, L_4 auf 6 mm fixiert.

Die Elfenbeinleisten stützen sich gegen die Führungsleisten F und sind in ihrer Lage zwischen den Kupferplatten justierbar.

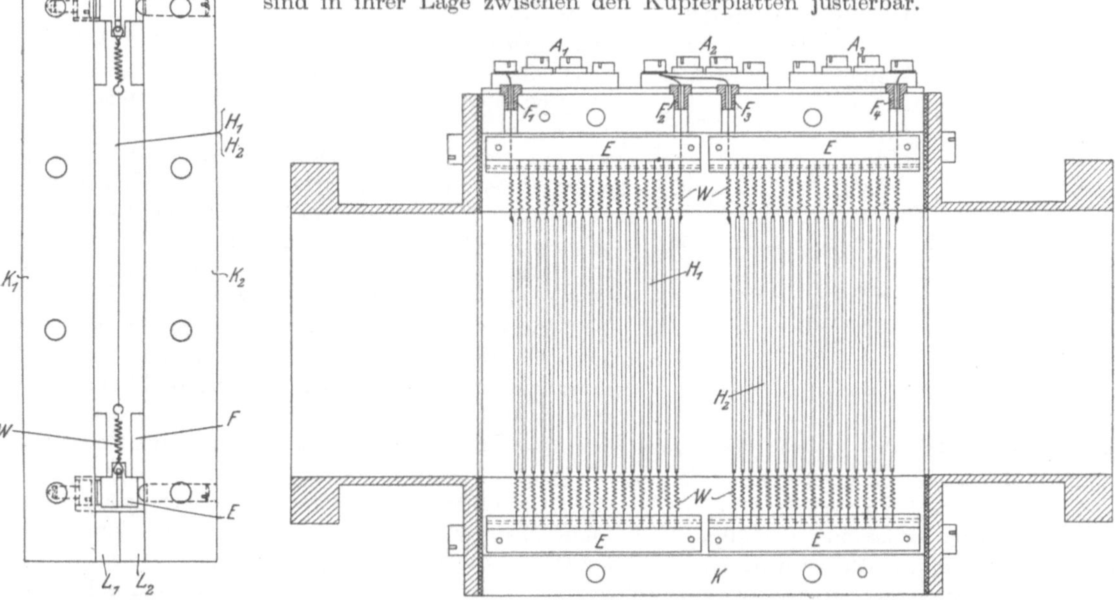

Fig. 4 (zu Anm. 6).　　　　　　　　　　Fig. 4 a (zu Anm. 6).

⁷) In der Figur bezeichnen w_1 und w_2 die Hitzdrahtzweige, w_3 und w_4 die durch einen Schleifdraht S verbundenen konstanten Zweige, B die Stromquelle, w einen Regulierwiderstand, G das Brückengalvanometer.

⁸) Die ausgezogene Kurve der Figur zeigt den Zusammenhang zwischen Windgeschwindigkeit und Ausschlag des Galvanometers, die gestrichelte denjenigen zwischen der Druckdifferenz an der Stauscheibe und dem Ausschlag des Galvanometers.

⁹) Bei kleinen Geschwindigkeiten wird zunächst nur der erste Hitzdrahtzweig merklich gekühlt; bei größeren Geschwindigkeiten zeigt auch der zweite Zweig mehr und mehr Widerstandsabnahme. Der Ausschlag des Galvanometers ist nun der Differenz beider Widerstände proportional, welche sich bei einer gewissen Geschwindigkeit einem Maximum annähert, um dann bei sehr großen Geschwindigkeiten bis auf Null abzunehmen.

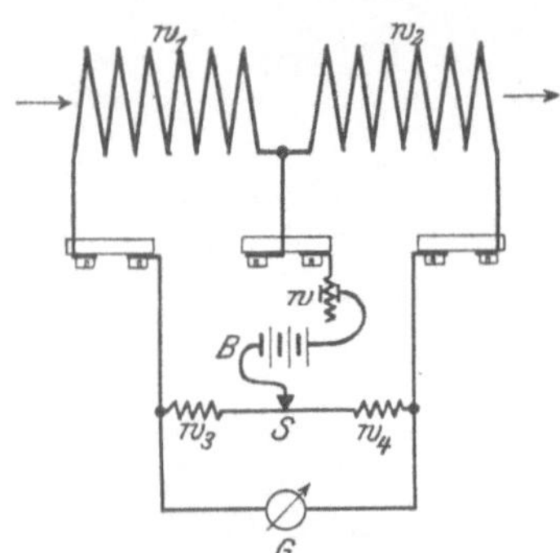

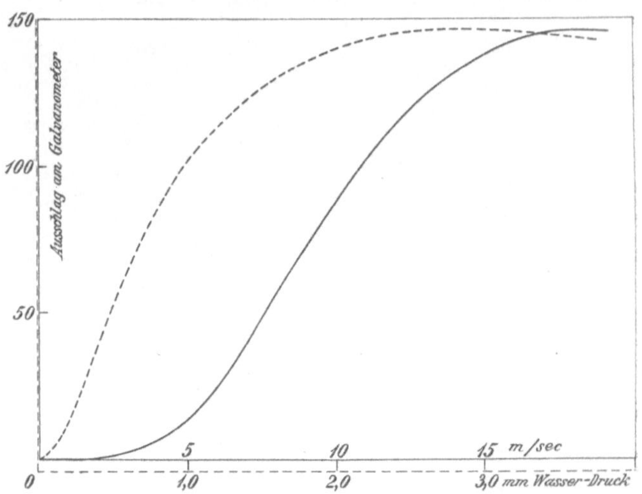

Fig. 5 (zu Anm. 7).   Fig. 6 (zu Anm. 8).

Das zur Verwendung gelangende Meßbereich liegt stets unterhalb des Maximums; durch die mit wachsender Geschwindigkeit bei Annäherung an das Maximum etwas abnehmende Empfindlichkeit der elektrischen Anordnung läßt sich für ein gewisses Bereich der Skala der quadratische Anstieg der Stauscheiben-Empfindlichkeit kompensieren.

¹⁰) Die Abhängigkeit beträgt für den unkompensierten Apparat etwa — 1,5 %/Grad Celsius; durch die Kompensation wird sie für fast die ganze Skala unter 0,1 %/Grad Celsius herabgedrückt, und zwar besteht eine gute Kompensation innerhalb eines Temperaturbereichs von etwa 40⁰ Celsius. Die Druckabhängigkeit des Apparates ist nicht kompensiert. Beobachtet man bei dem Barometerstand B, so ist die Windangabe mit 760/B zu multiplizieren.

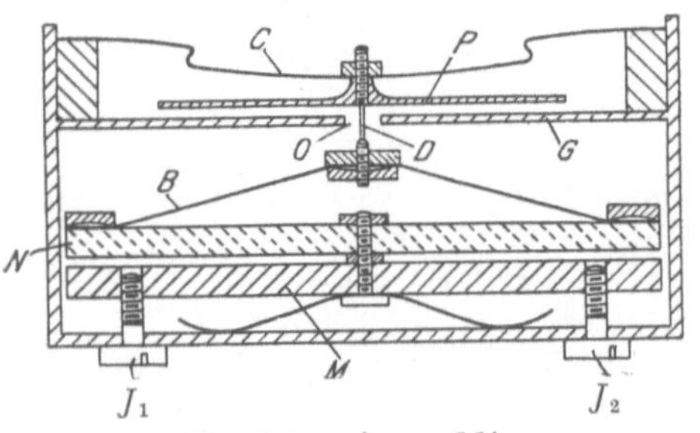

Fig. 7 (zu Anm. 11).

¹¹) Die Einzelheiten der Konstruktion sind in Figur 11 schematisch dargestellt.

Ein außen schwach konisch abgedrehtes und nach Art eines Hahnkükens in die Verteilungskammer V_1 (Fig. 3) dicht eingeschliffenes Gehäuse enthält den ganzen Mechanismus und ist mit einer (in der Fig. 11 weggelassenen) Eintrittsöffnung für den Gasstrom versehen; der Austritt des Gases erfolgt durch eine Öffnung O in der Grundplatte G des Ventils.

Das Gas muß von hier aus radial zwischen der Grundplatte und der darüber schwebenden ebenen, kreisrunden Ventilplatte P hindurchströmen, um dann in die Düse einzutreten. Die Ventilplatte wird durch die Feder C von der Grundplatte abgezogen, während sie auf der anderen Seite durch den Stift, welcher das Loch in der Grundplatte zentrisch durchsetzt, mit dem temperaturempfindlichen Element verbunden ist. Letzteres besteht aus dem dünnen Metallband B und dem starken Nickelstahlbalken N von Uförmigem Querschnitt; das Band ist in der in Fig. 11 ersichtlichen Weise an beiden Enden mit dem Nickelstahlbalken verschraubt und wird durch den in seiner Mitte mit entsprechender Verschraubung angreifenden Stift D gespannt. Der in der Mitte an dem Balken M befestigte Nickelstahlbalken ist mittels der beiden Justierschrauben J_1 und J_2 in seinem Abstand von der Grundplatte G einstellbar.

Bei steigender Temperatur dehnt sich das Metallband B stärker aus als der Nickelstahlbalken N, es folgt also die Ventilplatte P dem Zuge der Feder C und entfernt sich von der Grundplatte, wodurch der Luftwiderstand des Ventils verkleinert wird. Bei sinkender Temperatur zieht das sich zusammenziehende Metallband die Ventilplatte wieder näher an die Grundplatte heran.

Der Abstand, den die Ventilplatte von der Grundplatte bei einer bestimmten Temperatur haben soll — wodurch Empfindlichkeit und Meßbereich des Apparates festgelegt werden — ist mittels der Justierschrauben J_1 und J_2 einstellbar, der Temperaturgang der Ventilbewegung

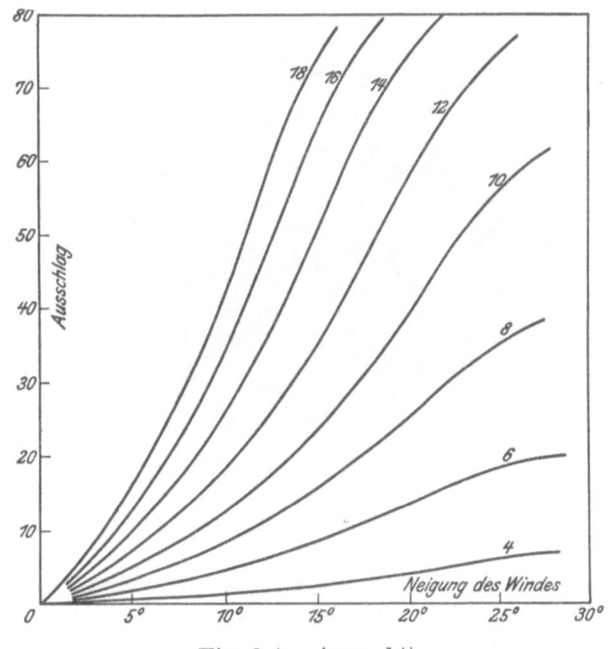

Fig. 8 (zu Anm. 14).

wird durch die Länge und den Durchhang des Metallbandes bestimmt. Die Kräfte, welche von der Feder und dem Bimetall-Mechanismus auf die Ventilplatte ausgeübt werden, sind

Fig. 9 (zu Anm. 16).

so groß gewählt, daß die Druckkräfte der Luftbewegung sowie auch mäßige Erschütterungen des Apparates die Lage der Ventilplatte nicht in störender Weise beeinflussen.

¹²) Ventilsitz und Ventilplatte sind hochglanz-vernickelt, so daß man nach Herausziehen der Kompensation jedes Staubkörnchen, das sich etwa zwischen den Platten abge-

setzt hat, beim Visieren gegen einen hellen Hintergrund leicht erkennen kann. Tatsächlich sind nach monatelangem Betrieb oft nur einige Körnchen vorhanden, die übrigens den Widerstand des Ventils nur um unmeßbare Beträge ändern.

Fig. 10 (zu Anm. 17).

[13]) Diese Zeit ist angenähert gleich derjenigen, welche der Luftstrom im Hitzdrahtapparat braucht, um dessen halbe Länge zu passieren.

[14]) Die Fig. 14 zeigt die nach m/sec. in Windgeschwindigkeit bezeichneten Kurven von 2 zu 2 m/sec.); die Ordinaten sind die Ausschläge des an den neigungsempfindlichen Staukörper angeschlossenen Meßinstruments, die Abszissen geben die gesuchte Windneigung an.

[15]) Vergl. Figur 5.

[16]) Die beiden Meßinstrumente sind in ein gemeinsames Gehäuse eingebaut, welches zugleich die Brückenwiderstände, Regulierwiderstände und Schalter enthält.

[17]) Fig. 17 zeigt dieses Instrument, das ebenfalls mit den erforderlichen Schaltern usw. ausgerüstet ist. Die im Fuß des Anemoklinographen eingebaute Vorrichtung zur Richtungsanzeige besteht aus einem stromdurchflossenen Widerstandsring, auf welchem ein mit der Windfahne drehbarer Kontaktarm schleift. Die von diesem abgegriffene Spannung wird an dem Voltmeter angezeigt, dessen Skala mit Windrichtungsangaben versehen ist.

Fig. 11 (zu Anm. 18).

[18]) Die Figur zeigt den photographischen Registrierapparat und den getrennt davon aufgestellten Elektromagneten, der die Oszillographen-Meßschleifen enthält.

Diskussion.

Professor **Grosse**-Bremen:

Der neue Gerdiensche Windmesser bildet ohne Frage eine wertvolle Bereicherung des wissenschaftlichen Instrumentariums, soweit es zur Windmessung dient. Auf dem Newtonschen Abkühlungsgesetz, daß der Logarithmus der Temperaturerhöhung über die Umgebung der Dauer der Abkühlung proportional ist, beruht folgendes einfache Verfahren der Windmessung, zu dem nur ein in Zehntelgrade geteilter Thermometertyp und eine Sekundenuhr erforderlich sind. Bestimmt man die Zeit, innerhalb deren ein über die Umgebung (durch die Wärme der Hand) um 10⁰ erwärmtes Thermometer seinen halben Temperaturüberschuß abgibt, zunächst in ruhiger Luft, sodann im Winde, so wird diese Halbierungszeit im letzten Falle kürzer sein, und die Windgeschwindigkeit ist eine Funktion dieses Zeitunterschiedes. Ich habe festgestellt, daß besonders bei kleineren und mittleren Windgeschwindigkeiten diese sich nach dem geschilderten Verfahren, das nur sehr wenig Zeit erfordert, ganz gut messen lassen. Ob das Verfahren außer für klimatologisch-hygienische Zwecke auch für die Zwecke der Lufttechnik Bedeutung erhalten wird, vermag ich heute noch nicht zu sagen, da meine Versuche noch nicht abgeschlossen sind.

Professor Dr. **von Kármán**-Aachen:

berichtet über Vorversuche, die in Aachen vorgenommen worden sind, die Hitzdrahtmethode zur Geschwindigkeitsmessung in dem künstlichen Windstrom anzuwenden. Besonders vorteilhaft sei es, daß man durch diese Methode nicht Größen mißt, die dem Quadrat der Geschwindigkeit proportional sind, sondern der Quadratwurzel derselben; durch Vergleich der Mittelwerte, die man nach den üblichen Methoden (Pitotrohr, Stauscheibe) ermittelt, und der Mittelwerte der Hitzdrahtmessungen könnte man sogar auf die Größe der Schwankungen (Turbulenz) schließen.

Professor Dr. **Bendemann**-Adlershof:

Im Anschluß an die Mitteilungen von Dr. Gerdien möchte ich kurz auf ein ganz anderes Verfahren zur Beobachtung des Windes hinweisen, das zwar nicht auf exakte Messung der momentanen Luftbewegungskomponenten ausgeht, das aber ein sehr anschauliches Bild des Bewegungszustandes geben kann, und das ferner den großen Vorteil bietet, die Luft in größeren Höhen vom Erdboden aus beobachten zu können, ohne daß Meßinstrumente hinaufgetragen werden müssen.

Die Artilleriegeschosse zeigen am Rauch ihrer Sprengwolken sehr deutlich den Bewegungszustand der Luft in großen Entfernungen, welche man durch die Zeitzünder sehr genau bestimmen kann. Würde man senkrecht nach oben schießen, so ließe sich die Höhe ebenso genau bestimmen. Denken wir uns nun eine Kette solcher Sprengwolken mit genau bestimmten zeitlichen Abständen, z. B. von je 1 Sekunde, in 500 oder 1000 m Höhe erzeugt und das entstehende Bild photographisch festgehalten, so haben wir eine geradezu ideale Möglichkeit, die Windrichtung und die Geschwindigkeit (aus dem linearen Abstand der einzelnen Wolken) mit ihren Schwankungen festzustellen. Aus der Schnelligkeit, mit der sich die Wolken zerteilen, werden wir aber auch ein Maß für die Turbulenz erhalten können.

Es scheint nicht allzu schwierig, ungefährliche Rauchgeschosse mit präzisen Zeitzündern herzustellen und sie in genügende Höhen zu schießen. Zunächst wollen wir aber in der Deutschen Versuchsanstalt für Luftfahrt ein dem Maschinentechniker näherliegendes Verfahren erproben, um die Rauchwolken in die Höhe zu bringen, mit dem man allerdings schwerlich auf große Höhen kommen kann: der Rauch soll in Form von Wirbelringen durch eine maschinell getriebene Vorrichtung ausgesandt werden, welche der bekannten Trommel nachgebildet ist, die man aus den physikalischen Hörsälen kennt. Ich hoffe, bei einer späteren Tagung einiges über den Erfolg dieser Versuche mitteilen zu können.

Dr. Gerdien-Berlin:

Ich möchte zunächst dem ersten Herrn Diskussionsredner antworten. Nach seinen Ausführungen könnte es den Anschein haben, als ob die von ihm angegebene Methode annähernd dasselbe leiste wie der Anemoklinograph: das kann natürlich nicht der Fall sein, da es sich bei diesem um eine Messung und Registrierung der Momentanwerte handelt. Er meint, der Apparat sei zu kompliziert. Das ist doch nur von einem relativen Standpunkt aus verständlich! Anderen ist der Apparat vielleicht nicht zu kompliziert in Anbetracht dessen, was er leistet — er ist vielleicht kompliziert für denjenigen, der ihn herstellt, keineswegs aber für denjenigen, der ihn besitzt. Man darf ihn doch auch wohl nicht mit Vorrichtungen vergleichen, die zwar einfacher sind, aber auch nicht entfernt das leisten, was er leistet! Man darf sich, glaube ich, überhaupt in der fortschreitenden modernen Technik nicht auf den Standpunkt stellen: eine Sache ist mir zu kompliziert, sonst dürfte man auch keinen modernen Flugapparat benutzen!

Was die Ausführungen des Herrn von Kármán anlangt, die mich sehr interessiert haben, haben wir natürlich auch zuerst allerhand ganz einfache Hitzdrahtsysteme probiert, ehe wir zu dem jetzigen übergingen; man kann das natürlich alles sehr schön im Laboratorium machen, z. B. einen Draht auf 500^0 über die Lufttemperatur erhitzen und seinen Widerstand messen; für einen dauernd brauchbaren Apparat ist das aber nicht möglich, da darf man nicht über 100^0 C mit der Temperatur des Drahtes gehen, weil sonst Staubverbrennung eintritt, die auf die Dauer den Draht zerstört.

Zu dem, was Herr Prof. Bendemann ausführte, möchte ich sagen, daß es natürlich sehr erfreulich wäre, wenn wir durch seine Methode einen Ersatz für die immerhin etwas kostspieligen Pilotballone erhalten würden, die uns einen Überblick über die Windstruktur in der Atmosphäre verschafft — wir hatten uns ja hier nur das sehr viel bescheidenere Ziel gesteckt, die Windstruktur in der Nähe des Bodens zu messen.

Rechtsfragen der Luftfahrt.

Vortrag, gehalten in der Ordentlichen Mitgliederversammlung der Wissenschaftlichen Gesellschaft für Flugtechnik am 6. Juni 1913

vom

Geheimen Finanzrat Dr. Erythropel in Berlin.

Meine sehr verehrten Herren!

Der letzte der Fachvorträge, die den Gegenstand der heutigen Tagesordnung bilden, soll Sie auf ein Gebiet führen, das den meisten von Ihnen, denen vielleicht die physikalischen und technischen Seiten des Luftfahrwesens vertrauter sind, etwas ferner liegen dürfte, das indes bei der enormen Entwicklung, welche Luftschiffahrt und Flugwesen in unseren Tagen genommen haben, von nicht minderer Bedeutung ist, auf das Gebiet der mit der Luftfahrt verknüpften wichtigsten Rechtsfragen.

Wer vor etwa fünf Jahren noch über Rechtsfragen der Luftfahrt gesprochen haben würde, würde den Gegenstand mit verhältnismäßig wenigen Worten haben abtun können. Solange der Mensch noch außerstande war, der im freien Luftraum schwebenden Gasblase Ziel und Richtung nach eigenem Willen zu geben, solange der Motor noch nicht gefunden war, der den ikarischen Flug zu sonnigen Höhen verwirklichen konnte, war zu Erörterungen über die rechtliche Seite der Luftfahrt wenig Anlaß gegeben. Die Frage des Ersatzes von Flurschaden bei Landungen und die ehedem doch recht theoretische Frage, ob in und welcher Höhe der Eigentümer eines Grundstücks sich das Durchfliegen des über seinem Grundstück befindlichen Luftraums gefallen lassen müsse, waren so ziemlich die einzigen luftfahrtrechtlichen Fragen, die die Juristenwelt damals beschäftigten. Das änderte sich mit einem Schlage, als durch die Vervollkommnung des Benzinmotors der lenkbare Luftflug, der Traum so vieler hoffnungsfroher Jahrhunderte, zur Wirklichkeit geworden war. Die Möglichkeit, Menschen und Sachen ohne Verbindung mit dem Erdboden und unabhängig von allen festgezogenen Grenzen der Erdoberfläche in bestimmter Richtung fortbewegen zu können und die damit verknüpfte Gefahr nicht nur für die im Luftfahrzeug befindlichen Personen und Gegenstände, sondern auch für die an der Luftfahrt selbst nicht beteiligten, auf der Erde befindlichen Personen und Sachen schuf eine Reihe bisher unbekannter Tatbestände, deren Beurteilung auch die Rechtswissenschaft vor eine Reihe ganz neuer Aufgaben stellte. Innerhalb kurzer Zeit entstand eine umfangreiche Literatur, die — zum Teil an tatsächliche Vorkommnisse anknüpfend — sich mit der Frage beschäftigte, ob das bestehende Recht genüge, den Anforderungen der Luftfahrt in allen Punkten gerecht zu werden; eine Literatur, die in ihrer Reichhaltigkeit zugleich ein Beweis dafür ist, daß gerade die Lösung luftrechtlicher Fragen für unsere Juristen etwas besonders Reizvolles haben muß. Heute läßt sich bereits von einem völligen System des Luftfahrtrechts reden, worin Luftstaats- und Lufthoheitsrecht, Luftprivat- und Luftstrafrecht, Luftverkehrs- und Luftzollrecht, endlich auch Luftkriegsrecht in sich abgeschlossene Materien bilden. Eine systematische Zusammenstellung aller der den Luftverkehr berührenden rechtlichen Fragen versuchte bereits im Jahre 1908 der Schweizer Meili in seiner Schrift „Das Luftschiff im internationalen Recht und Völkerrecht". Ihm folgten in ähnlich umfassender Weise in Frankreich Fauchille, in Deutschland Zitelmann und Kohler. Das Ergebnis ihrer Untersuchungen und aller derer, die sich vor und nach ihnen mit der Lösung einzelner Fragen des Luftfahrtrechts beschäftigt haben, läuft darauf hinaus, daß zwar im großen und ganzen bei Lösung der aufgeworfenen luftrechtlichen Fragen mit den bestehenden Normen des geltenden Rechts ausgekommen werden könne, daß indes in einzelnen wichtigen Punkten das gegenwärtige Recht mit Rücksicht auf die Eigenartigkeit des Luftfahrtwesens einer durchgreifenden Änderung bedürfe. Nur darüber gehen die Meinungen auseinander, ob es sich empfehlen möchte, die als notwendig erkannte Fortbildung und Ergänzung des bestehenden Rechts der Rechtsprechung allein zu überlassen, oder ob es schon jetzt notwendig sei, durch entsprechende gesetzgeberische Maßnahmen eine Weiterbildung des Rechts vorzunehmen, durch welche die bei der Luftfahrt entstehenden Interessenkonflikte, soweit sie durch das bestehende Recht nicht in befriedigender Weise ausgeglichen sind, beseitigt werden können.

In den großen an dem Luftfahrtwesen besonders interessierten Staaten Europas beschränkte man sich inzwischen darauf, den Verkehr mit Luftfahrzeugen im Interesse vor allem der Verkehrssicherheit und im Interesse der Landesverteidigung gewissen polizeilichen Bedingungen zu unterwerfen. Dies geschah nicht im Wege des Gesetzes, sondern zunächst nur durch behördlich eAnordnungen administrativer Art. Frankreich erließ das Ministerialdekret über die Aviatik vom November 1911, England hat eine Luftschiffsfahrtakte von 1911, auch in Preußen ist durch eine Verordnung des Ministers des Innern und des Ministers der öffentlichen Arbeiten von 1911 der Verkehr mit Luftfahrzeugen polizeilich geregelt worden. Die preußischen Bestimmungen beschränken sich im wesentlichen darauf, den Polizeiorganen gewisse Direktiven bei der Beurteilung von Luftfahrtsangelegenheiten zu geben. Die Erteilung der Zeugnisse für Luftschiff- und Flugzeugführer liegt zurzeit noch in der Hand privater Vereine. Von einer polizeilichen Prüfung und Abnahme der Flugzeuge wird abgesehen. Es heißt in der preußischen Verordnung: „Die in letzter Zeit sich häufenden Unglücksfälle bei Flugversuchen und Luftschiffahrten sowie die Zunahme der Flugwettbewerbe und solcher Luftschiffahrten, bei denen Fahrgäste mitgenommen werden, lassen es ..... nicht tunlich erscheinen, die reichsgesetzliche Regelung abzuwarten. Vielmehr werden im Interesse der öffentlichen Sicherheit schon jetzt gewisse Maßnahmen im Wege der Einwirkung auf die Vereine sowie des Erlasses polizeilicher Anordnungen vorzusehen sein. Hierbei kann freilich nicht unbeachtet bleiben, daß es sich um eine Materie handelt, die einerseits wegen ihrer Neuheit und des Mangels an ausreichenden Erfahrungen besondere Schwierigkeiten bietet, andererseits auch zur möglichsten Rücksichtnahme und Schonung der noch im Anfange stehenden Entwicklung nötigt, um weiteren Fortschritten auf dem neugewonnenen Gebiete keine Hemmungen zu bereiten. ..... Nach Lage der Verhältnisse wird es sich empfehlen, von der Zusammenfassung der Anordnungen in eine mit Strafvorsschriften ausgestattete Polizeiverordnung im allgemeinen abzusehen und, soweit nicht die Art der Anordnung den Erlaß einer Verordnung erfordert, zu versuchen, ob nicht das Interesse der allgemeinen Sicherheit in ausreichender Weise durch polizeiliche Verfügungen an die in Betracht kommenden Vereine und an Einzelpersonen ...... gewahrt werden kann."

Sie sehen, meine Herren, daß es sich bei dieser Regelung des Luftverkehrs nur um ein Provisorium handelt.

Es ist zweifellos richtig, daß bei dem gegenwärtigen Stande des Luftfahrwesens, wo von einem geregelten Personenverkehr noch nicht die Rede sein kann, und wo das Fliegen im Ballon, Luftschiff oder Flugzeug im wesentlichen noch immer sportlichen und militärischen Zwecken dient, an eine Luftgesetzgebung nur mit der allergrößten Vorsicht herangetreten werden darf. Und doch wird sich bei den großen Umwälzungen, die der Luftverkehr auf allen Gebieten des wirtschaftlichen Lebens schon jetzt hervorgebracht hat und täglich neu hervorbringt, kein zivilisierter Staat einer Regelung des Luftverkehrs im Wege des Gesetzes dauernd entziehen können. Die Kunst des Gesetzgebers wird nur darin bestehen müssen, ein Gesetz zu schaffen, das auf der einen Seite der vorwärts strebenden Luftschiff- und Flugzeugindustrie in ihrer gedeihlichen Fortentwicklung nicht hinderlich ist, auf der anderen Seite aber mit der nötigen Schärfe durchgreift, um die erkennbar festgestellten Mängel des geltenden Rechts im Interesse derer zu beseitigen, die wider ihren Willen von gewissen Einwirkungen des Luftverkehrs betroffen werden und deshalb schutzbedürftig sind.

Wir werden also auch in Deutschland in absehbarer Zeit ein Luftverkehrsgesetz haben müssen. Wie Sie wissen, befindet sich ein solches „Reichsgesetz über den Verkehr mit Luftfahrzeugen" in Vorbereitung. Der französischen Deputiertenkammer ist in diesen Tagen ebenfalls der Entwurf eines Gesetzes über die Luftschiffahrt (loi sur la navigation aérienne) zugegangen. Auch in der Begründung zu diesem Entwurf heißt es, daß die Regierung bemüht gewesen sei, bei Anordnung der als unentbehrlich erkannten Schutzmaßregeln (tout en prescrivant les mesures de protection indispensables) nicht die durchaus berechtigten Interessen der Flugzeugkonstrukteure oder der Flugzeugführer zu beeinträchtigen. Denn das Luftfahrwesen sei eine nationale Industrie, die sich noch im Anfangsstadium befinde und verdiene, ermutigt zu werden.

Lassen Sie mich, meine Herren, den heutigen Vortrag auf die Erörterung derjenigen Rechtsfragen beschränken, die meiner Auffassung nach als besonders dringlich geprüft werden müssen, wenn es sich um die Entscheidung handelt, welche gesetzlichen Vorschriften bei uns in Deutschland angesichts des geltenden Rechtszustandes im Interesse des Luftverkehrs zu schaffen sind. Dies soll nur in großen Zügen geschehen. Ein näheres Eingehen auf Einzelheiten würde in den Rahmen unserer heutigen Sitzung nicht hineinpassen.

6*

I. Ich beginne mit dem Privatrecht. Hier sind vor allem drei Fragen hervorzuheben, die erörtert werden müssen: Die Frage des Überflug- und Landerechts, die Frage der Haftpflicht bei Personen- und Sachbeschädigungen durch Luftfahrzeuge und die Frage nach der rechtlichen Beurteilung von Vorgängen, die sich während der Fahrt ereignen.

1. a) Wie bereits erwähnt, wurde schon zur Zeit der Freiballone von verschiedenen Seiten die Rechtsfrage untersucht, ob und inwieweit der Grundeigentümer sich das Durchfliegen des über seinem Grundstück befindlichen Luftraums gefallen lassen müsse. Rein privatrechtlich betrachtet, kommt es hier darauf an, wieweit man dem Grundstückseigentümer auch an dem über seinem Grundstück befindlichen Luftraum ein ausschließliches Herrschaftsrecht einräumen will. In der Theorie stehen sich bei Diskussion über das sogenannte „Recht am Luftraum" im wesentlichen zwei Anschauungen gegenüber, deren eine ein Eigentum an der über der Erdoberfläche befindlichen Luftsäule uneingeschränkt anerkennen will und damit dem Grundstückseigentümer ein unbedingtes Verbotsrecht einräumt, während die andere dem Grundstückseigentümer nur die Befugnis zuspricht, über den Luftraum soweit zu verfügen, als es die aus der wirtschaftlichen Benutzung seines Grundstücks hervorgehenden Interessen erfordern.

Der französische Luftgesetzentwurf geht von dem Grundgedanken aus, daß der Satz des Art. 552 Code civil, wonach das Eigentum am Grund und Boden das Eigentum an allem, was über der Oberfläche ist, in sich schließt, daß der Satz vom „propriété du dessus" so aufzufassen sei, daß er sich nicht auf den des Privatrechts unfähigen Luftraum erstreckt. Dementsprechend bestimmt der Entwurf, daß die Besitzer von Grundstücken sich dem Überfliegen ihrer Ländereien nicht widersetzen können, wobei sie vor mißbräuchlicher Ausnutzung des Überflugrechts allerdings geschützt werden und Ersatz des Schadens erhalten sollen, der durch das Überfliegen und durch Landungen auf ihrem Grund und Boden entsteht.

Auch für uns kann es heute nach den Vorschriften des BGB. nicht zweifelhaft sein, daß ein unbedingtes Verbotsrecht des Grundeigentümers nicht anerkannt werden kann; denn § 905 BGB. bestimmt: „Das Recht des Eigentümers eines Grundstücks erstreckt sich auf den Raum über der Oberfläche und auf den Erdkörper unter der Oberfläche. Der Eigentümer kann jedoch Einwirkungen nicht verbieten, die in solcher Höhe und Tiefe vorgenommen werden, daß er an der Ausschließung kein Interesse hat." Ich glaube auch nicht, daß heute irgendjemand noch ernstlich wird bestreiten wollen, daß an sich der von den Franzosen für den internationalen Luftverkehr proklamierte Grundsatz „L'air est libre" auch bei uns in dem Sinne Geltung hat, daß im allgemeinen das Durchfliegen des Luftraums vom Grundstückseigentümer in solchen Höhen nicht untersagt werden kann, wo er an einem Verbotsrecht kein wirtschaftliches Interesse mehr hat. Diese Höhe nach irgendwelchen bestimmten Merkmalen abgrenzen zu wollen, wie es beispielsweise in der Weise vorgeschlagen worden ist, daß man das höchste Bauwerk der Erde — den Eiffelturm — oder die größte Tragweite eines modernen Geschützes oder endlich die Reichweite eines photographischen Apparates als Höchstgrenze bestimmt, ist natürlich willkürlich und praktisch nicht vorzuschlagen.

Man wird also mit den vorhandenen Vorschriften des BGB. auch den Anforderungen des Luftverkehrs gegenüber auskommen können, ohne daß dies — vorläufig wenigstens — einer Änderung bedarf. Auf der anderen Seite darf dabei nicht übersehen werden, daß es doch gewisse Möglichkeiten gibt, wo auch in Höhen, an deren Beherrschung der Grundstückseigentümer kein wirtschaftliches Interesse mehr hat, das Überfliegen zu unbequemen Folgen führen kann. Ich erinnere an das Überfliegen von Festungen und anderen im Interesse der Landesverteidigung geheim zu haltenden Plätzen. Gegen den Einblick in derartige Plätze wird durch gesetzgeberische Maßnahmen Vorsorge getroffen werden müssen, und zwar in der Weise, daß das Überfliegen bestimmter Gebiete im staatlichen Interesse untersagt werden kann. Der französische Entwurf hat eine Bestimmung, wonach Luftfahrzeugen, die sich aus Versehen in solche verbotenen Zonen verirren, die Verpflichtung auferlegt wird, auf Anfordern sofort oder, falls dies nicht möglich ist, sobald als möglich zu landen. Die Landung kann unter Umständen mit Gewalt erzwungen werden. Er wiederholt auch die in letzter Zeit bei uns infolge der Lunéviller Vorgänge vielfach genannte Vorschrift: „La circulation en France et dans ses colonies des aéronefs publics étrangers est interdite."

Gegen die Einwirkung, welche durch das Geräusch der Propeller, durch den Auspuff von Rauch oder Benzingasen und ähnliche unbequeme Nebenerscheinungen hervorgerufen werden, bietet das BGB. dem Grundstückseigentümer ebenfalls genügenden Schutz. Zwar nicht in § 906 BGB., wonach der Eigentümer eines Grundstücks die Zuführung von Gasen, Dämpfen, Gerüchen, Rauch, Ruß, Wärme, Geräusch, Erschütterungen und ähnliche von einem anderen Grundstück ausgehende Einwirkungen insoweit nicht verbieten kann, als die Einwirkung die Benutzung seines Grundstücks nicht oder nur unwesentlich beeinträchtigt, wohl aber ebenfalls in § 905 BGB. Derartigen Einwirkungen kann der Grundstückseigentümer mit Erfolg entgegentreten, sobald sie in so geringer Höhe stattfinden, daß seine Interessen dadurch verletzt werden.

b) Ein nicht minder wichtiges Kapitel wie das vom Überflugrecht ist das Kapitel vom Recht der Landung auf fremdem Grund und Boden. Ein solches Recht besteht nach unserem gegenwärtigen Rechtszustande nicht, vielmehr kann der Eigentümer eines Grundstücks nach § 903 BGB., soweit nicht das Gesetz oder Rechte Dritter entgegenstehen, andere von jeder Einwirkung auf sein Grundstück ausschließen, damit also jede Landung eines Luftfahrzeugs auf seinem Grund und Boden verbieten und gegebenenfalls verhindern. Er ist nach § 904 BGB. nur dann nicht berechtigt, die Einwirkung eines anderen auf sein Grundstück zu verbieten, wenn die Einwirkung zur Abwendung einer gegenwärtigen Gefahr notwendig oder der drohende Schaden gegenüber dem aus der Einwirkung ihm entstehenden Schaden unverhältnismäßig groß ist. Diese Voraussetzungen dürften bei allen Notlandungen vorliegen. Der Grundstückseigentümer ist dann schadensersatzberechtigt.

Die Franzosen wollen in ihrem Gesetzentwurf bei Landungen eine einschneidende Änderung des bestehenden — hier allerdings dem unsrigen nicht ganz gleichen — Rechts vornehmen, die für die Entwicklung des Luftverkehrs in Frankreich von der größten Bedeutung werden kann. Sie wollen bestimmen, daß — force majeure vorbehalten — nur innerhalb geschlossener Grundstücke, die zu einer menschlichen Siedelung gehören, ohne Einwilligung des Eigentümers, und innerhalb der vom Landungsrecht ausdrücklich obrigkeitlich ausgeschlossenen Gebiete nicht gelandet werden darf. Sie proklamieren damit also im übrigen ein allgemeines Landerecht. Dabei will man auch in Frankreich davon absehen, für die Luftfahrt das Einhalten einer bestimmten Höhe über der Erdoberfläche vorzuschreiben.

Ich erachte für unsere deutschen Verhältnisse die Anerkennung eines allgemeinen Landerechts, wie es die Franzosen wollen, für sehr bedenklich. Der Luftverkehr steckt noch in den allerersten Kinderschuhen, und ich glaube kaum, daß ein Bedürfnis für eine Maßnahme anerkannt werden kann, welche das Grundeigentum mit einer so tiefgreifenden Einschränkung vorsieht, wie es ein allgemeines Landerecht ist. Es kommt hinzu, daß man meines Erachtens bei uns auch ohne Änderung des bestehenden Rechtszustandes jedenfalls vorläufig und voraussichtlich dauernd wird auskommen können. Es darf doch nicht vergessen werden, daß die Notwendigkeit, überall landen zu können, immer mehr schwinden wird, je weiter es der Technik gelingt, die Luftfahrzeuge von den sie jetzt noch vielfach zu vorzeitiger Landung zwingenden Mängeln zu befreien.

Es ist in der Praxis vorgekommen, daß durch das Überfliegen von Grundstücken auf denselben befindliche Tiere durch den Schaltten des Luftfahrzeugs oder durch das Geräusch der Maschine erschreckt worden sind und dann Schaden angerichtet haben. Gegen derartige Einwirkungen kann natürlich auch auf Grund der Vorschriften des BGB. über die Rechte des Grundstückseigentümers nicht vorgegangen werden. Ich komme damit aber auf die zweite wichtige Frage des Luftfahrtrechts, auf die bereits bei dem Recht der Notlandung gestreifte Frage des Ersatzes von Schaden, der durch ein Luftfahrzeug hervorgerufen ist.

2. Die Frage nach der Schadensersatzpflicht — Haftpflicht — bei Luftfahrtunfällen ist zurzeit wohl die brennendste und wird auch Sie, meine Herren, ganz besonders interessieren. Wie wichtig sie ist, geht daraus hervor, daß sie auch auf dem 31. deutschen Juristentag 1912 in Wien zur besonderen Erörterungen gestellt worden ist mit der Formulierung: „Empfiehlt sich eine Fortbildung des geltenden Schadensersatzrechtes durch besondere Bestimmungen über die Haftung für Schäden, die verursacht werden durch die Verwendung von Luftschiffen und Flugmaschinen?"

Meine Herren! Bei einer Freiballonlandung das übliche Bild: Kaum hat auf dem Platze, dem man zum Niedergang erkoren, die gelbe Kugel nach einem festen Ruck an der Reißleine ihr Leben ausgehaucht, kaum liegen Korb und Hülle am Boden, da erscheinen in der Gegend, die von oben menschenleer schien, bereits die ersten neugierigen Erdbewohner, um den Fall zu betrachten. Die Menge die uns umringt, wächst binnen weniger Minuten und bald wird die nähere Umgebung des Landungsplatzes, wo früher junges Grün hoffnungsvoll emporsproß, unter den Füßen der Neugierigen zur verwüsteten Ödfläche. Es erscheint der Grundeigentümer oder Pächter des Grundstücks, auf dem gelandet wurde, und verlangt, meist weniger erfreut über den Einfall der Luftfahrer in ziemlich kategorischer Weise Ersatz für Flurschaden. Jeder, der als Ballonführer solche

Situationen mitgemacht hat, empfand es als selbstverständlich, daß diese Forderung in vollem Umfange erfüllt werden müsse, obwohl er sich sagte, daß er mit seinen Begleitern garnicht die Absicht gehabt hat Schaden zu machen, daß er nach Möglichkeit alles daran gesetzt hat, Schaden zu vermeiden, daß die Landung selbst auch den geringsten Schaden verursacht hat, daß es vielmehr im wesentlichen die Neugierde der Zuschauer war, die die junge Saat vernichtete. Er empfand es ebenso als selbstverständlich, die Schadensersatzforderung von Personen abzulehnen, die zum Teil von weit aus der Nachbarschaft herbeieilten mit der Behauptung, das ganze Dorf sei ihnen durch das Kornfeld gelaufen, um möglichst rasch an die Landestelle zu kommen. Der Ersatz des Sachschadens, der in diesem Falle als selbstverständlich empfunden wurde, findet — solange er unter die Vorschrift des § 904 BGB., Schadensersatz bei Notlandungen, gebracht werden kann — im BGB. seine gesetzliche Stütze. Soweit die Voraussetzungen des § 904 BGB. jedoch fehlen, soweit auch nicht vorsätzliche oder fahrlässige Sachbeschädigung vorliegt, fehlt es dafür zurzeit an einer gesetzlichen Unterlage. Denn im übrigen greifen nur die Bestimmungen der §§ 823 und 831 des BGB. ein, die zur Haftung für Schaden Vorsatz oder Fahrlässigkeit, also ein Verschulden erfordern.

Es wird Ihnen allen der Unglücksfall in Erinnerung sein, von dem im Jahre 1908 ein Mann betroffen wurde, der bei der Landung des Grafen Zeppelin in Echterdingen zugegen war. Zeppelin mußte am 5. August 1908 sein Luftschiff wegen Schadhaftigkeit des vorderen Motors auf dem Felde bei Echterdingen landen. Da tausende von Menschen herbeiströmten, wurde der Landungsplatz militärisch abgesperrt. Trotz der militärischen Bewachung riß nachmittags gegen 3 Uhr eine Gewitterböe das verankerte Luftschiff los und trieb es etwa 1200 m fort, bis es verbrannte. Bei dieser Gelegenheit wurde ein Mann, der in der letzten Reihe der Zuschauer nicht weit von der vorderen Gondel gestanden hatte, vom Kettenanker mitgerissen und so schwer verletzt, daß ihm später ein Bein abgenommen werden mußte. Er verlangte nun Schadensersatz von dem Grafen Zeppelin, weil dieser den Unfall durch Fahrlässigkeit verursacht habe. Die Klage dieses Mannes ist in allen drei Instanzen abgewiesen worden, und sie hat auch nach dem geltenden Recht abgewiesen werden müssen. Bei dem außerkontraktlichen Schaden, wie er hier vorlag, konnten nur die Vorschriften der §§ 823 und 381 BGB. in Frage kommen. Danach konnte der Graf Zeppelin für den entstandenen Schaden nur dann haftbar gemacht werden, wenn er ihn schuldhafterweise verursacht hatte oder wenn einer seiner Angestellten den Schaden widerrechtlich herbeigeführt hatte, ohne daß dem Grafen Zeppelin der Nachweis gelang, daß er bei der Auswahl der Angestellten die im Verkehr erforderliche Sorgfalt beobachtet habe. Das Reichsgericht entschied dabei, daß der bloße Betrieb eines an sich gefährlichen Unternehmens wie das Führen eines Luftschiffs kein Verschulden darstelle. Fälle, wie der Echterdinger Fall, können tagtäglich vorkommen. Nicht nur bei der Landung, sondern auch während des Überfliegens von Grundstücken und bei der Abfahrt können Personen und Sachen durch das Luftfahrzeug selbst, durch ausgeworfene Gegenstände, ja auch dadurch beschädigt werden, daß — wie in dem Fall der durch den Schatten des Luftschiffs erschreckten Tiere — mittelbar ein besonderer Schadensfaktor ausgelöst wird.

Wenn nun ein Ersatz des auf diese Weise entstandenen Schadens nach dem bestehenden Recht in den praktisch wichtigsten Fällen nur dann möglich ist, wenn demjenigen, der für die Leitung des Luftfahrzeugs verantwortlich ist, oder der den Schaden unmittelbar verursacht hat, ein Verschulden nachgewiesen werden kann, so wissen Sie alle, daß ein solcher Nachweis nur in den allerseltensten Fällen geführt werden kann. Die große Abhängigkeit der Luftfahrzeuge von den Einflüssen der sie umgebenden Atmosphäre und die sich aus der begrenzten Dauer des Betriebsstoffs ergebende Notwendigkeit, in sehr viel Fällen zwangsweise landen zu müssen, läßt ein Verschulden außerordentlich selten vorhanden sein. Und doch entspricht es, wie auch diejenigen, die die Zeit für eine gesetzliche Änderung des bestehenden Rechts noch nicht für gekommen halten, zugeben müssen, dem allgemeinen Rechtsempfinden, daß Schadensersatz in allen Fällen geleistet werden muß, wo durch ein Luftfahrzeug unverschuldeterweise Schaden angerichtet worden ist. Hier ist die Notwendigkeit den jetzigen Rechtszustand im Wege des Gesetzes zu ändern, zweifellos gegeben. Es ist der Vorschlag gemacht worden, daß ähnlich, wie im Automobilgesetz von 1909, der Grundsatz aufgestellt wird, daß auch bei unverschuldetem Schaden der Halter des Luftfahrzeuges zum Ersatz verpflichtet wird, und daß die Ersatzpflicht ausgeschlossen wird, wenn der Unfall weder durch ein Verschulden des Fahrzeughalters oder einer bei dem Betriebe beschäftigten Person noch durch einen Fehler in der Beschaffenheit des Fahrzeugs oder durch ein Versagen seiner Vorrichtungen verursacht worden ist. Die Haftung des Luftfahrzeughalters für unverschuldeten Schaden soll fortfallen, wenn zur Zeit des Unfalls der Verletzte oder die beschädigte Sache durch das Fahrzeug befördert wurde oder der Verletzte bei dem Betriebe des Fahrzeugs tätig war. Endlich soll der Luftfahrzeughalter von der Haftung für Schaden auch dann befreit sein, wenn bei der Entstehung des Schadens ein Verschulden des Verletzten oder bei Sachschaden ein Verschulden desjenigen, der die tatsächliche Gewalt über die Sache ausübt, mitgewirkt hat, wodurch der Schaden vorwiegend herbeigeführt worden ist. Ähnlich wie nach § 18 des Automobilgesetzes soll auch der Führer des Luftfahrzeugs für Personen- und Sachschaden neben dem Fahrzeughalter haften müssen, es sei denn, daß seine Schuldlosigkeit nachgewiesen wird. Der französische Gesetzentwurf hat, und zwar als Korrelat für die sich aus dem Überflug- und Landerecht für den Grundeigentümer ergebenden Unbequemlichkeiten, die viel schärfere Bestimmung, daß jeder Sach- oder Personenschaden auf der Erde, der durch ein Luftfahrzeug oder die Personen in ihm verursacht ist, ohne Nachweis eines Verschuldens den Urheber des Schadens und den Eigentümer des Luftfahrzeugs solidarisch haftbar macht, wobei der vom Schaden Betroffene nur die Tatsache des Schadens nachzuweisen braucht. Soweit zugleich ein eigenes Verschulden des Verletzten vorliegt, werden der Urheber des Schadens und der Flugzeugeigentümer entsprechend von der Haftung befreit.

Ich halte für uns in Deutschland wenigstens die vorgeschlagene mildere Regelung für unbedingt notwendig, da nach meinen Erfahrungen der jetzige Zustand als unhaltbar bezeichnet werden muß. Es kann nicht gewartet werden, bis einmal ein größeres Unglück eingetreten ist, das Ersatzansprüche auslöst, deren Nichtbefriedigung ein Schlag in das Gesicht des öffentlichen Rechtsgefühls bedeuten würde. Ich glaube auch, daß die Unternehmungen, die sich gewerbsmäßig mit der Beförderung von Personen oder Sachen durch Luftfahrzeuge befassen und bei einer solchen Regelung als Luftfahrzeughalter einer schärferen Haftung ausgesetzt werden wie bisher, diesen Zustand ohne nennenswerte Beeinträchtigung ihrer Interessen werden ertragen können, namentlich, wenn, wie auch im Automobilgesetz geschehen, eine obere Grenze für die Höhe der Ersatzsumme festgesetzt wird. Sie haben außerdem die Möglichkeit, durch Zusammenschluß zu größeren Verbänden die Haftpflicht auf breitere Schultern abzuwälzen oder sich durch Aufnahme einer Versicherung schadlos zu halten.

3. Als dritte Frage, die auf dem Gebiet des Privatrechts von Bedeutung ist, kommt die Frage in Betracht: Wie sind Vorgänge rechtlich zu beurteilen, die sich auf der Fahrt im Luftraum ereignen? Das bestehende Recht geht im allgemeinen von dem Grundsatz aus: locus regit actum, d. h. es richtet sich im allgemeinen die Form eines Rechtsgeschäfts nach dem Ort, wo es vorgenommen wird und auch das materielle Recht ist vielfach an ein bestimmtes örtliches Herrschaftsgebiet gebunden. Wie ist die Sache nun bei der Luftfahrt?

In der Literatur sind auch hier bereits die verschiedensten Meinungen vertreten worden. Die Frage spielt in das sogenannte internationale Privatrecht. Man hat die für das Schiff geltenden Vorschriften analog heranziehen und sagen wollen, daß alles, was auf der Fahrt im Luftfahrzeug sich ereignet, dem Recht desjenigen Staats unterliegt, dessen Nationalität das Fahrzeug besitzt, gleichgültig, ob es sich über fremden Ländern befindet oder nicht. Andere wiederum wollen, daß sich alle Vorgänge auf Luftfahrzeugen stets nach dem Recht desjenigen Staats richten sollen, über dem sie sich abgespielt haben, und nur wenn die Fahrt über staatenloses Gebiet gehe, wie bei Fahrten über offenes Meer, soll die Nationalität des Fahrzeugs, seine Flagge, ausschlaggebend sein. Eine dritte Meinung unterscheidet die Art der Vorgänge und erklärt, daß Vorgänge auf Luftfahrzeugen grundsätzlich nach dem Recht der Nationalität zu beurteilen seien, daß jedoch bei Fahrten über fremden Ländern diejenigen Vorgänge, durch welche die Sicherheit und öffentliche Ordnung des darunter liegenden Staats gestört, oder durch welche auf dem darunter liegenden Territorium befindliche Sachen oder Personen beschädigt werden, nach dem Recht und Gerichte des Grundstücks zu beurteilen seien. Ich glaube, daß man der letzten Meinung beitreten kann, bin allerdings der Ansicht, daß eine gesetzliche Regelung dieser dritten Frage zwar wünschenswert ist, in Wirklichkeit aber auf große Schwierigkeiten stoßen würde. Denn sie läßt sich ohne internationale Staatsverträge nicht in befriedigender Weise einheitlich regeln. Für ein deutsches Reichsluftgesetz scheidet sie vorläufig wohl ohne weiteres aus.

Hiernach wird man sich auf dem Gebiet des Privatrechts im wesentlichen darauf beschränken können, die Haftpflicht neu zu regeln.

II. Auf dem Gebiete des öffentlichen Rechts gibt es, wie bereits erwähnt, schon bei uns polizeiliche Vorschriften, die den Verkehr der Luftfahrzeuge einer obrigkeitlichen Aufsicht unterstellen. Daß diese Vorschriften sich zum Gesetz verdichten, scheint mir schon mit Rücksicht darauf wünschenswert, daß für das ganze Reich bestimmte unverrückbare Verkehrsnormen für Luftfahrzeuge festgelegt werden. Auch die Franzosen haben in ihrem neuen Luftgesetzentwurf hier ganz eingehende Bestimmungen.

Die Vorschriften über den Luftverkehr, soweit sie gesetzlich zu treffen sind, werden sich zu beziehen haben: auf die Einführung einer staatlichen Prüfung hinsichtlich

1. der Eigenschaften der Luftfahrzeuge und ihrer Führer,
2. der Anlage und Beschaffenheit von Aufstieg-, Landungs- und Flugplätzen,
3. der Regelung derjenigen gewerbsmäßigen Unternehmungen, die sich mit Luftfahrten beschäftigen.

Zu 1: Es wird zu bestimmen sein, daß nur solche Luftfahrzeuge, die zur Aufnahme von Menschen bestimmt sind, dem öffentlichen Verkehr dienen können, wenn sie nach eingehender Prüfung auf ihre Sicherheit hin von der zuständigen Behörde zugelassen worden sind. Genügen die Vorschriften, die im Interesse der Verkehrssicherheit an sie zu stellen sind, nicht mehr, so müssen sie von dem öffentlichen Verkehr ausgeschlossen werden können. Nur innerhalb von Übungs- und Flugplätzen werden auch nicht zugelassene Luftfahrzeuge fliegen dürfen. Auch an die Qualität derjenigen Personen, die Luftfahrzeuge als Ballon-, Luftschiff- oder Flugzeugführer bedienen, werden gewisse obrigkeitliche Anforderungen zu stellen sein, die auf Grund einer staatlichen Prüfung nachgewiesen werden müssen. Die Flugerlaubnis wird zu entziehen sein, wenn sich herausstellt, daß die betreffende Person zur Führung von Luftfahrzeugen ungeeignet ist.

Zu 2: Auch die Anlage von Aufstieg-, Landungs- und Flugplätzen bedarf der staatlichen Oberaufsicht. Es kommen gerade hier neben den gewerbepolizeilichen Interessen auch militärische Interessen in Frage, so daß auch die Militär- und Marinebehörden vor Anlegung derartiger Plätze zu hören sein werden.

Zu 3: Endlich muß auch die gewerbsmäßige Beförderung von Personen und Sachen durch Luftfahrzeuge vom Staate beaufsichtigt werden, ebenso wie jedes andere Unternehmen, welches sich mit der öffentlichen Beförderung von Personen und Sachen sonst befaßt. Von großer Wichtigkeit scheint mir dabei, daß der Staat sich die Möglichkeit offen hält, derartige Unternehmungen, wenn sie eine gewisse wirtschaftliche Bedeutung als Einnahmequelle für den Staat bilden können, für seine Zwecke zu erwerben und damit den Luftverkehr für gewisse Zwecke zu monopolisieren.

Eine große Anzahl der im Interesse an der staatlichen Regelung des Luftverkehrs notwendigen polizeilichen Vorschriften werden den Ausführungsbestimmungen des Gesetzes überlassen bleiben können. Hierzu gehören beispielsweise die Vorschriften über eine bestimmte Flaggenführung, über Beschaffenheit und Ausrüstung der für den öffentlichen Verkehr bestimmten Luftfahrzeuge, die Kennzeichnung derselben, die Prüfung und Zulassung der Führer und anderes mehr.

Der französische Entwurf, der die Luftfahrzeuge in private und staatliche unterscheidet, wobei wiederum für die militärischen Luftfahrzeuge besondere Vorschriften gelten, untersagt den privaten Luftfahrzeugen ohne besondere Erlaubnis die Mitnahme von Explosivstoffen, Waffen und Kriegsmunition, von Brieftauben, photographischen Apparaten, von Postbriefschaften, funkentelegraphischen und funkentelephonischen Apparaten. Es wird die Führung eines Bordbuchs vorgeschrieben, das noch zwei Jahre nach der letzten Eintragung aufzubewahren und auf jederzeitiges Verlangen zur Einsicht vorzulegen ist. Den zuständigen Behörden wird das Recht eingeräumt, alle Luftfahrzeuge jederzeit zwecks Ausübung ihrer polizeilichen Rechte und ihrer Überwachungsrechte zu untersuchen. Es wird eine Verwaltungsordnung in Aussicht gestellt, welche die Bedingungen und Förmlichkeiten bestimmen soll, die von Luftfahrzeugen und deren Führern, die aus dem Auslande kommen, zu erfüllen sind, um die Erlaubnis zu erhalten, nach Frankreich hineinzufahren und nach einer Landung auf dem Luftwege zurückzukehren. Die Motive weisen darauf hin, daß es hier vor allem internationaler Verhandlungen bedürfen werde, um die nötigen Unterlagen zu schaffen. Vorschriften allgemeineren Inhalts handeln von Pflicht der Lokalbehörden zur Beistandsleistung im Falle der Gefährdung eines Luftfahrzeugs, von der Anzeigepflicht bei den Behörden, wenn Trümmer eines Luftfahrzeugs gefunden werden, von der nachzusuchenden obrigkeitlichen Erlaubnis bei öffentlichen Schauflügen, von der Befreiung gewisser polizeilicher Vorschriften bei Übungen auf den Flugplätzen. Ein besonderer Artikel berührt das Luftzollrecht und untersagt jeden Lufttransport von Waren ausländischen Ursprungs oder von Waren französischen Ursprungs, die nicht von Ausweispapieren über ihren französischen Ursprung begleitet sind.

III. An dritter und letzter Stelle wird auch das Strafrecht in einigen Punkten durch Gesetz im Interesse des Schutzes der Luftfahrt und der von der Luftfahrt unter Umständen gefährdeten Personen und Sachen fortgebildet werden müssen. Strafrechtliche Anordnungen, die dazu dienen sollen, den im verkehrspolizeilichen Interesse erlassenen Vorschriften Geltung zu verschaffen, sind selbstverständlich. Es wird aber ferner notwendig sein, die Luftfahrzeuge selbst strafrechtlich davor zu schützen, daß sie von anderen beschädigt werden, oder daß die zur Fahrt notwendigen Apparate zerstört werden, wodurch dann Gefahren für Menschenleben herbeigeführt werden können. Endlich wird auch das vorsätzliche oder fahrlässige Fahren über verbotene Landstrecken zu bestrafen sein.

Interessant ist die Bestimmung des französischen Entwurfs, welche vorschreibt, daß ein Luftfahrzeug, dessen Eigentümer nicht in Frankreich wohnhaft ist, wenn der Führer oder sein Begleiter sich einer Übertretung des Luftschiffahrtsgesetzes schuldig gemacht oder Schaden verursacht haben, solange festgehalten werden kann, als bis die Gerichte gesprochen haben, es sei denn, daß der Eigentümer oder statt seiner der Führer die Verpflichtung übernimmt, den Schaden und die Strafen zu bezahlen, und für die Erfüllung dieser Verpflichtung genügende Sicherheit leistet. Eine entsprechende Vorschrift für das deutsche Gesetz möchte ich nicht befürworten. Sie führt meines Erachtens nur zu Erschwernissen und diplomatischen Verwicklungen, die zu der Größe der in Frage kommenden Interessen nicht im angemessenen Verhältnis stehen. ·

Dies sind, meine Herren, in großen Zügen die Fragen, die meiner Meinung nach schon jetzt bei einer gesetzgeberischen Aktion zu berücksichtigen sind. Es wird der Zukunft überlassen bleiben können, auch für den internationalen Verkehr,

bei dem sich ja aus der Natur der Luftfahrt besonders leicht Konflikte ergeben,
noch weitere Vorschriften zu erlassen. Ich glaube, daß auch die flugtechnische
Industrie einer gesetzlichen Regelung in dem Sinne, wie ich sie für wünschenswert
und unbedenklich halte, nicht wird widersprechen können, denn eine solche dient
nicht nur dem Schutze der an der Luftfahrt unmittelbar beteiligten Personen,
sondern mittelbar und nicht in letzter Linie auch den Kreisen, die an der Fortentwicklung der Luftfahrt und an dem Ausbau der dazu erforderlichen Maschinen ein
Interesse haben.

Erforschung der höheren Luftschichten durch Organisation eines internationalen Netzes von Pilotballonstationen.

Von

Professor **P. Polis**-Aachen.

Bekanntlich besteht in Deutschland seit mehreren Jahren ein Netz von Pilotballonstationen; diese nehmen täglich zwischen 7 und 8 Uhr vormittags — wenn die Sichtbarkeitsverhältnisse es erlauben — Windmessungen (Richtung und Geschwindigkeit) in der freien Atmosphäre vor. Die Ergebnisse dieser Messungen werden von dem Aeronautischen Observatorium Lindenberg und der Wetterdienststelle Frankfurt a. M. gesammelt sowie in Form von Sammeltelegrammen an die verschiedenen Wetterdienststellen telegraphisch verbreitet. Bis gegen 10 Uhr vormittags sind die Dienststellen im Besitz dieser Nachrichten, so daß deren Ergebnisse beim Wetterdienst Berücksichtigung finden können.

Der Präsident der internationalen Kommission für wissenschaftliche Luftfahrt, Geheimrat Hergesell, hat den Plan gefaßt, auf Grund der Beschlüsse der Konferenz für wissenschaftliche Luftfahrt (Wien 1912) ein internationales Netz von Pilotballonstationen ins Leben zu rufen; aus naheliegenden Gründen ist es für die Erforschung der Windverhältnisse in der Atmosphäre unbedingt erforderlich, solche Messungen über sehr große Gebiete (etwa den europäischen Kontinent mit den angrenzenden Meeren, Amerika usw.) auszuführen, und zwar nicht nur in den erdnahen Schichten, sondern in großen Höhen. Bei den Frühmorgenaufstiegen wird in erster Linie Rücksicht auf den täglichen Wetterdienst genommen; langandauernde Pilotballonvisierungen können daher nur selten vorgenommen werden. Geheimrat Hergesell schlägt nun weiter vor, gemäß dem Beschlusse der Wiener Konferenz die Zeit des Aufstieges auf einen etwas späteren Termin, zwischen 11 und 1 Uhr, zu verlegen.

Da nun seitens der Staatsregierung Mittel für die Frühmorgenaufstiege bewilligt werden, so würde es große Schwierigkeiten haben, weitere Mittel für einen zweiten Aufstieg zu erhalten.

Im Interesse der Sache gestatte ich mir, die Wissenschaftliche Gesellschaft für Flugtechnik zu bitten, einen empfehlenden Beschluß für die Ausführung dieser Pilotballonmessungen herbeizuführen, damit dieser den zuständigen Ministerien unterbreitet werden kann.

Die Versammlung beschließt in diesem Sinne, und der Vorstand der Gesellschaft wird ermächtigt, das weitere zu veranlassen.

Luftfahrt und Mechanik.

Von

Dr.-Ing. **A. Pröll**-Danzig.

Als vor etwa Jahresfrist die wissenschaftliche Gesellschaft für Flugtechnik gegründet wurde, da war dies der leitende Gedanke: es sollte die wissenschaftlich-theoretische Forschung auf dem Gebiete der Luftfahrtechnik durch die neue Gesellschaft eine besondere Pflege erfahren. Man hatte in der damals eben eröffneten „Ala" ein eindrucksvolles Bild gewonnen von alledem, was die rastlose Tätigkeit der Erfinder und Konstrukteure in dem neuen Zweige der Technik hervorgebracht, was Luftschiffer und Flieger selbst an bislang unerhörten Rekordleistungen geboten hatten. Das waren in der Tat ins Auge fallende großartige Erfolge der Praxis, neben denen freilich die Ergebnisse der theoretischen Forschung recht unansehnlich erschienen. Die Theorie hinkte mühselig nach, wo das fertige Flugzeug mit Windesschnelle voraneilte. Eine wissenschaftliche Gesellschaft, für Flugtechnik war darum ein Bedürfnis in einer Zeit und bei einer Fachrichtung, die großenteils nach·praktischen Gesichtspunkten zu rechnen und zu bauen gewohnt war.

Wir dürfen aber dabei zweierlei nicht vergessen: einmal, daß auch eine nach logischen Gesetzen arbeitende Praxis durchaus den Namen Wissenschaft verdient, zweitens aber, daß auch schon eine sehr ansehnliche wissenschaftliche Arbeitsleistung auf unserm Gebiete vorliegt, wenn auch ihre Erfolge vielleicht nicht immer offen zutage treten.

Wenn wir uns nun ein neues Ziel stecken, so ist es zweckmäßig, auf das bisher Erreichte zurückzublicken. In diesem Sinne möchten auch die nachstehenden Ausführungen verstanden sein; es soll in ihnen versucht werden, an einer Reihe von Beispielen aus dem Gebiete der Luftfahrt zu zeigen, wie außerordentlich vielseitig ihre Beziehungen auch zur Theorie, im besonderen zur Mechanik sind, und wie diese Beziehungen auch schon bisher teils bewußt, teils unbewußt die Konstruktionen beeinflußt haben.

Wir werden dabei sehen, wie eine „gute" Theorie mit der Praxis derart Hand in Hand arbeiten kann, daß durch neue Erfordernisse der Praxis auch der theoretischen Spekulation neue Gebiete eröffnet und neue Wege gewiesen werden, wie dann weiter die Theorie die praktischen Erfolge oder Mißerfolge zu erklären sucht und durch Hervorheben der leitenden Gesichtspunkte klaren Überblick schafft. Damit sind gewissermaßen hohe Warten gewonnen, von denen aus wiederum Ausblicke nach vorne möglich sind in das Neuland praktisch noch nicht erforschter Anwendungsbereiche.

Die Möglichkeit eines derartigen gedeihlichen Zusammenarbeitens von Theorie und Praxis wollen wir zuerst untersuchen an Beispielen aus der Hydromechanik, speziell der Aerodynamik. Hier sieht es allerdings auf den ersten Blick nicht allzu günstig aus für unsere Absicht, Theorie und Praxis einander zu nähern. Denn gerade für viele Gebiete dieses Faches gilt das Wort, das ein verstorbener Theoretiker einmal gesagt hat: „Die Hydrodynamik ist zu schön, um treu zu sein." Aber das ist ja es eben, was wir an einer „schlechten" Theorie verwerfen müssen: ohne scharfe Selbstkritik können wir sie als wissenschaftlich nicht anerkennen, denn sie nützt zu nichts und führt irre. Der Kampf ums Dasein mit den Erfordernissen des praktischen Lebens legt auch der wissenschaftlichen Spekulation gewisse Fesseln an und zwingt sie, Überflüssiges oder Unsicheres über Bord zu werfen. Das ist eine erste gute Frucht der gegenseitigen Verständigung von Theorie und Praxis, und eine solche finden wir auch hier bei der Aerodynamik vor. Das praktische Bedürfnis war vorhanden, und die Theorie hatte sich dem anzupassen. Deutlich genug erkennen wir diesen Wandel bei einem Vergleich der Mechaniklehrbücher aus früherer Zeit und heute, vielleicht am schlagendsten an den die Aerodynamik behandelnden Kapiteln des Taschenbuches „Hütte", und zwar das eine Mal in der 20. (1908), das andere Mal in der 21. Auflage (1911). In der ersteren finden sich nur ein paar praktische Formeln für den Winddruck, und das Wenige, was an Theorie geboten wird, ist entweder thermodynamischer und hydraulischer Art (Ausflußformeln, Rohrwiderstände) oder, soweit es die Widerstandsprobleme berührt, unzureichend oder gar unrichtig. Inzwischen hat die Flugtechnik ihren Siegeszug über die Welt angetreten, und in der neuen Auflage der „Hütte" ist denn auch eine recht eingehende, gegen früher von Grund aus geänderte theoretische Darstellung gegeben, die sehr gut dem Stande der heutigen Aerodynamik gerecht wird.

Ganz besonders gilt das Gesagte von der wichtigen Theorie des Luftwiderstandes und des Auftriebes von flügelförmigen Tragflächen. Hatte man sich bisher in den wenigen aerodynamischen Anwendungen (Winddruck auf Gebäude, Luftwiderstand von Landfahrzeugen) mit den rohen Annäherungsformeln begnügen können, die Newton u. a. gegeben hatten, so änderte sich dies sogleich, als man den Luftwiderstand für aviatische Zwecke auszunutzen begann. Sehr bald zeigte da der praktische Versuch, daß die bisherigen Formeln durchaus versagten, und daß die Gesetze des Luftwiderstandes von ganz neuen Gesichtspunkten aus aufgestellt werden müßten. Es sei in dieser Hinsicht nur an die bekannten Trugschlüsse des Newtonschen Sinus-Quadratgesetzes erinnert, dessen Gültigkeit, bis vor wenigen Jahrzehnten kaum ernstlich bestritten, jeden dynamischen Flug unmöglich gemacht hätte.

Die Erfolge der reinen Theorie waren freilich auch kaum bessere. Die mathematisch so elegante Theorie der Potentialströmung in reibungsfreier Flüssigkeit versagte hier ganz, denn sie führte in allen Fällen gleichförmiger Bewegung auf den Widerstand Null. Auch die geniale Erweiterung dieser Theorie durch Helmholtz, der in der Einführung unstetiger Bewegung ein Mittel zur Aufstellung eines Widerstandsgesetzes auch in idealer Flüssigkeit fand, brachte dem Praktiker noch immer keine brauchbaren Zahlenwerte für seine Rechnungen.

Vor allem aber stellte auch die Helmholtzsche Theorie nur einen idealen Grenz-
zustand dar, der in einer wirklichen Flüssigkeit nicht stabil bestehen kann. Die
in Wirklichkeit eintretenden Abweichungen und Umänderungen des Strombildes
sind es aber gerade, welche für die Einsicht in den Widerstandsmechanismus und
die Erscheinungen beim Fluge maßgebend geworden sind.

Erst auf Grund eingehender Versuche sowie neuer theoretischer Methoden
fand man schließlich Wege, auf denen man der Erkenntnis der wirklichen Vorgänge näherkommen konnte.

Die Flugtechnik verlangt insbesondere eine zahlenmäßige Feststellung des
Auftriebes gekrümmter Tragflächen bei horizontalem Fluge. Ein solcher Auftrieb
ist aber auch in idealer wirbelfreier Flüssigkeit möglich, also ohne Vorhandensein
eines direkten Widerstandes, nur muß dazu statt der früher allein bekannten einfachen Potentialströmung um den Tragkörper eine abgeänderte Strömung, die
der sogenannten Zirkulation eingeführt werden. Der wirkliche Vorgang spielt
sich nach dieser Anschauung etwa folgendermaßen ab:

Die Strömung um einen Widerstandskörper, z. B. um eine kreisbogenförmige Tragfläche (Fig. 1), erfolgt im ersten Augenblick (unter

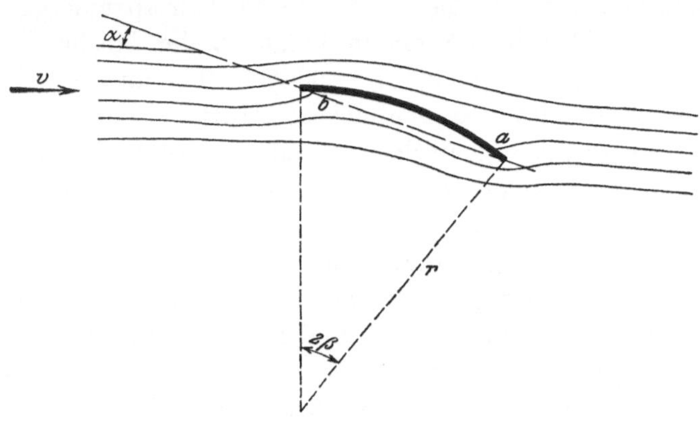

Fig. 1.

dem Einfluß von Potentialkräften) tatsächlich als gewöhnliche Potentialströmung.
Bei dieser entstehen aber theoretisch unendlich große Geschwindigkeiten an den
Kanten. Wegen der Reibung und Zähigkeit des Mediums bilden sich jetzt in der Um-
gebung von Stellen, an denen die Geschwindigkeitsgradienten sehr groß werden, in den
„Grenzschichten" Wirbel aus, die sich ablösen und mit der Flüssigkeit fortwandern.
Diese Erscheinung hat nun aber eine vollständige Änderung der einfachen
Potentialbewegung zur Folge. Mit den losgelösten Wirbeln wandert auch ein
gewisses Wirbelmoment ab, zu dessen Kompensation um den Widerstandskörper
eben jene Zirkulationsströmung sich einstellen muß. Als solche bezeichnet man
allgemein eine Potentialströmung in geschlossenen Kurven um ein Hindernis
herum, deren Eigenschaften aber wesentlich verschieden sind von denen einer
reinen Wirbelbewegung. Denn während bei dieser der Quotient aus der Tangen-

tialgeschwindigkeit w und dem Abstand r vom Wirbelkern konstant ist, $\dfrac{w}{r} =$ const,

ist bei der Zirkulationsbewegung das Produkt w·r = const. Nebenbei bemerkt,
ist dies dasselbe Produkt, das bei allen achsensymmetrischen Strömungen mit
Energieumsatz (Kreiselräder, Ventilatoren, Propeller usw.) eine entscheidende
Rolle spielt.

Die nun eingetretene Zirkulationsströmung überlagert sich der ursprünglichen parallelen Potentialströmung in der Weise, daß eine neue kombinierte Strömung entsteht, die einen Auftrieb des Widerstandskörpers zur Folge hat. Bekannt ist das Bild (Fig. 2) einer solchen kombinierten Strömung um einen einfachen Pol. Denkt man sich mit diesem eine Anzahl gekrümmter Schaufeln oder etwa die Trag-

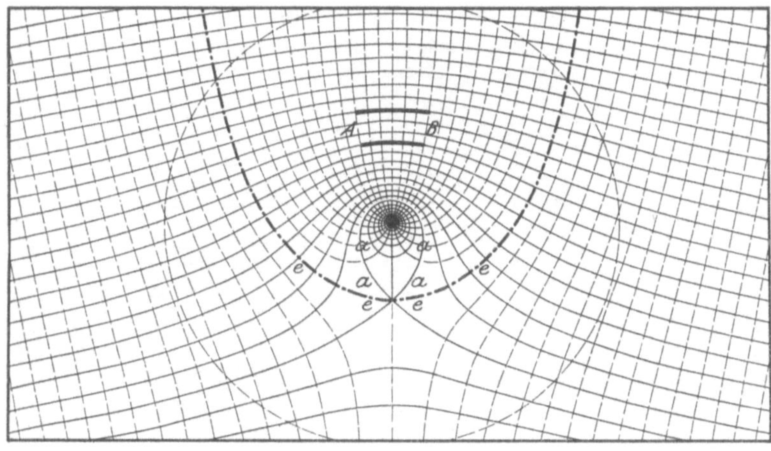

Fig. 2.

flächen AB eines Doppeldeckers verbunden, so ist deutlich zu erkennen, wie die Strömung beim Eintritt nach oben, beim Austritt nach unten abgelenkt wird. In beiden Fällen entstehen aufwärts gerichtete Impulse, die sich addieren. Man erkennt auch deutlich die Verdichtung der Stromlinien oben, die größere Distanz derselben unten, also vergrößerte Geschwindigkeit und kleinerer Druck an der Oberseite, geringere Geschwindigkeit und größerer Druck an der Unterseite der Tragflächen. Ist wie oben $w\,r = c$ die sogenannte Zirkulationskonstante, ρ die Dichte der Luft und V die parallele Fluggeschwindigkeit im ungestörten Luftraum, so ist der Auftrieb $= 2\,\pi\,V\,c\,\rho$. Kutta[1]) ist nun von dieser allgemeinen Betrachtung ausgegangen und hat das Entstehen und Ablösen der Wirbel (also den Vorgang, der von den Zähigkeitseigenschaften der Flüssigkeit herrührt) ausgeschieden und nur die Wirkung dieses Vorganges betrachtet: d. h. die Zirkulationsströmung wird als schon bestehend angenommen. Nun wurde mit den Gesetzen der idealen Flüssigkeit die kombinierte Strömung zunächst um einen Kreiszylinder ermittelt und diese darauf durch geschickte Anwendung der aus der Mathematik bekannten Methode der konformen Abbildung auch auf andere Widerstandskörper (Tragflächenprofile) übertragen. Freilich mußten diese Profile ebenso wie der ursprüngliche Kreiszylinder in senkrechter Richtung zur Strömung als unendlich ausgedehnt angenommen werden, weil nur so (also in einem zweifach zusammenhängenden Bereich) die Bedingungen für das Entstehen einer Zirkulationsströmung gegeben sind. Doch nähern sich in der Anwendung die

---

[1]) Kutta, Über eine mit den Grundlagen des Flugproblems in Beziehung stehende zweidimensionale Strömung. Sitzungsberichte der bayr. Akademie d. Wissenschaften 1910.

seitlich meist sehr ausgedehnten Aeroplanflächen in erheblichem Maße dieser Forderung.

Auf diese Weise fand sich für den Auftrieb einer kreisbogenförmigen Tragfläche (Fig. 1) auch wieder der Ausdruck $2\,\pi\,\rho\,V\,c$; die Zirkulationskonstante c bestimmt sich aber aus der Bedingung eines glatten Strömungsverlaufes an der

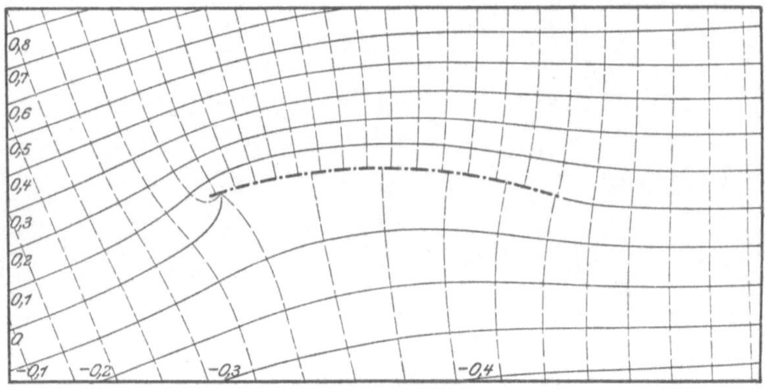

Fig. 3.

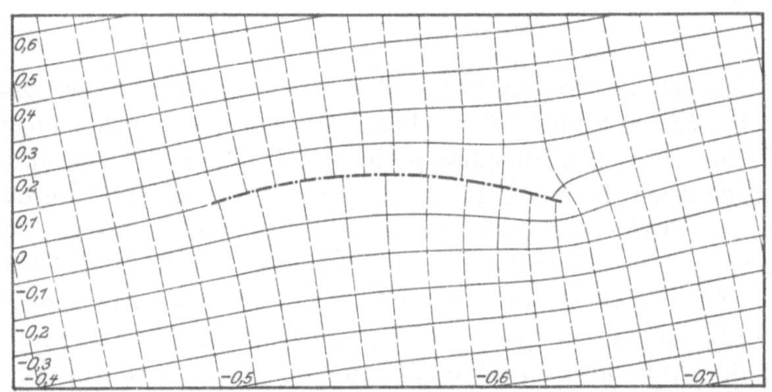

Fig. 4.

Hinterkante (ohne unendliche Geschwindigkeiten) zu $c = 2\,V\,r\,\sin\beta\,\sin(\beta + \alpha)$, und das Strömungsbild sieht jetzt etwa so aus wie Fig. 3. Man beachte auch hier wieder das enge Zusammenrücken der Stromlinien oben und das Auseinanderrücken unterhalb der Tragfläche im Gegensatz zu der Strömung ohne Zirkulation (Fig. 4). Freilich ist an der Vorderkante die Geschwindigkeit noch immer unendlich groß, eine theoretische Abstraktion, die man vermeiden kann durch das bekannte, auch praktisch jetzt immer angewendete Mittel einer Verdickung der Vorderkante.

Berechnet man schließlich nach dieser Kuttaschen Theorie Geschwindigkeit und Druckverteilung in der Umgebung der Tragfläche, so erhält man in der Tat Werte, die den experimentell festgestellten im allgemeinen recht gut entsprechen, gleicherweise wie auch die Auftriebsrechnung mit den Versuchsergebnissen befriedigend übereinstimmt (vgl. Fig. 5)[2]).

Wir haben hier an einem Beispiel gesehen, wie die rationelle Theorie klare Einblicke in das Wesen einer Erscheinung zu vermitteln vermag. Daß diese Theorie aber bei weiterer Ausbildung auch praktische Erfolge zeitigen wird, kann man nach vielversprechenden Ansätzen (wie sie unter anderen von Blasius[3]) gegeben wurden) wohl erwarten. Hierher gehört z. B. die theoretische Entwickelung günstiger Flügelformen für die obere und untere Bespannung der Tragflächen, womit gleichzeitig auch schon praktisch brauchbare Querschnitte der Flügel von selbst erhalten werden. Aber die Theorie enthält noch mehr, sie gestattet auch in gehöriger Selbstkritik, die Lücken zu erkennen, die noch vorhanden sind, und die sich aus dem oben Gesagten von selbst ergeben: Dort, wo die Geschwindigkeitsgradienten groß sind, wird auch der Einfluß von Oberflächenreibung und Zähigkeit stark hervortreten. Da kann naturgemäß die ideale Potentialströmung kein zutreffendes Bild der Erscheinungen mehr liefern. Hier stehen aber einer mathematischen Darstellung des physikalischen Vorganges, die alle Gebiete der Strömung gleichzeitig umfassen soll, unüberwindliche Hindernisse entgegen. Es war daher ein glücklicher Gedanke von Professor Prandtl[4]), Vorgänge dieser Art, die sich in den Grenzschichten abspielen, auszuscheiden von der Potentialströmung in der weiteren Umgebung der Tragfläche. In den Gebieten mit großem Geschwindigkeitsgradienten, und zwar dort, wo sich die kinetische wieder in Druckenergie umsetzen soll, verfolgt Prandtl das Entstehen der Ablösung in den Grenzschichten. Er zeigt, wie dabei eine Wirbelschicht sich bildet, die dann, weil sie ein labiles Gebilde darstellt, in bestimmter Weise in einzelne selbständige Wirbel zerfällt.

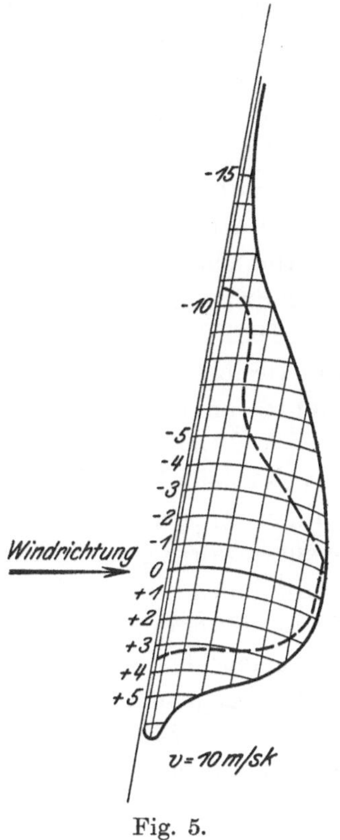

Fig. 5.

Die Theorie von Prandtl gestattet also eine ungezwungene Erklärung und rechnerische Verfolgung allerdings nur für das erste Anfangsstadium der Wirbelablösung und damit für die Umwandlung der ursprünglichen einfachen

---

[2]) Die Figuren 3, 4 und 5 sind der Abhandlung von Dr. Deimler entnommen: „Zeichnungen zur Kutta-Strömung", Zeitschrift für Flugtechn. u. Motorluftschiffahrt 1912. In Fig. 5 gibt die gestrichelte Linie den Druckverlauf nach den Versuchsergebnissen von Eiffel wieder, während die ausgezogene Umrißlinie die theoretische Druckverteilung darstellt.

[3]) Blasius, „Stromfunktionen symmetrischer und unsymmetrischer Flügel in zweidimensionaler Strömung", Zeitschr. f. Mathematik u. Physik, Bd. 59, S. 225.

[4]) Prandtl, Über Flüssigkeitsbewegungen bei sehr kleiner Reibung. Verh. d. III. Internationalen Mathematikerkongresses in Heidelberg 1904, Leipzig 1905.

Potentialströmung. Von Kármán[5]) hat dann für einen besonders einfachen Fall die eigenartige Periodizität dieser Ablösungserscheinung verfolgt und auf theoretischem Wege Ergebnisse erzielt, die in bester Weise übereinstimmen mit den experimentellen Untersuchungen. Wenn auch die Anwendung dieser schönen theoretischen Arbeiten vorläufig noch auf zweidimensionale Strömungen beschränkt ist, so erkennen wir doch hierin schon einen großen Fortschritt gegen früher. Diese neue theoretische Aeromechanik ist auf dem besten Wege, selbständig die Erscheinungen der Wirklichkeit zu verfolgen, sie zu erklären und zum Teil wenigstens auch voraus zu berechnen.

Allerdings ist gerade hier zu betonen, wie sehr das wissenschaftliche Experiment für die weitere Forschung unentbehrlich bleibt. Dem Versuch wird es immer vorbehalten bleiben, die Lücken unserer theoretischen Kenntnisse besonders in quantitativer Beziehung auszufüllen, brauchbare Zahlenwerte dort zu schaffen, wo die Theorie allein nicht genügt, weil sie in alle Feinheiten der Vorgänge nicht einzudringen vermag.

Die Theorie wird aber mittelbar auch hier ihre Dienste leisten, indem sie die Gesichtspunkte für eine zweckmäßige und fruchtbare Anstellung des Experimentes angibt.

Auf einem verwandten Gebiete hat aber die Theorie die Luftfahrt auch schon direkt gefördert. Betrachten wir noch einmal das Bild Fig. 2; da sind gestrichelte Linien zu sehen, welche Kurven gleichen Geschwindigkeitspotentials darstellen. Kehren wir die Strömung um, d. h. machen wir die Äquipotentiallinien jetzt zu Stromlinien (und die früheren Stromlinien zu Äquipotentiallinien), so haben wir eine Parallelströmung von unten nach oben erhalten, in die eine Quelle gesetzt ist. Als solche bezeichnet man in der Hydromechanik eine Stelle, aus der nach allen Seiten gleichmäßig Flüssigkeit hervorquillt, während im Gegensatz dazu die Senke eine Stelle ist, in der Flüssigkeit verschwindet. Das Ergebnis einer solchen Kombination in Fig. 2 ist die in gestrichelten Linien gezeichnete Strömung, die sich deutlich durch die Linie ee in zwei Teile scheiden läßt. Wir haben gewissermaßen eine Innenströmung innerhalb ee und eine Außenströmung, die einen sogenannten „Halbkörper“ (Halbmodell eines Luftschiffes) in gesetzmäßiger Weise umfließt.

Von diesem einfachen Gedankengang ausgehend, haben Professor Prandtl und Dr. Fuhrmann[6]) die Theorie und Konstruktion günstiger Luftschiffmodelle (Fig. 6 und 7) entwickelt, wobei Kombinationen einer solchen Parallelströmung mit Systemen vom Quellen und Senken in besonderer Anordnung verwendet wurden[7]). Was damit erreicht worden ist, wie insbesondere die Modellversuche

---

[5]) v. Kármán u. Rubach, Über den Mechanismus des Flüssigkeits- und Luftwiderstandes, Physikal. Zeitschr. 1912, S. 49.

[6]) Prandtl u. Fuhrmann, Mitteilungen aus der Göttinger Versuchsanstalt. Zeitschr. für Flugtechnik und Motorluftsch., Jahrg. 1, S. 61. — Dr. Fuhrmann, Theoretische und experimentelle Untersuchungen an Ballonmodellen. Jahrbuch der Motorluftschiff-Studiengesellschaft 1912.

[7]) In Fig. 6 ist das Stromsystem für die Ermittelung eines derartigen Stromlinienkörpers angegeben (Kombination einer Parallelströmung mit einer punktförmigen Quelle und linearer Senke von gleicher Ergiebigkeit); Fig. 7 zeigt die Kurven der theoretisch und experimentell

durchaus die Zweckmäßigkeit dieser Konstruktionsmethoden erwiesen haben, ist in verschiedenen Vorträgen und Veröffentlichungen niedergelegt worden. Es möge daher genügen, wenn auch auf diesen so engen Zusammenhang der mechanischen Theorie mit der Praxis hingewiesen wird.

Im Anschluß hieran sei dann noch einer weiteren Anwendung mechanischer Gesetze Erwähnung getan: nämlich der Theorie der mechanischen Ähnlichkeit und der Modelle. Auch hier handelt es sich um eminent praktische Ziele der theoretisch-experimentellen Forschungstätigkeit, die im einzelnen zu besprechen an dieser Stelle nicht möglich ist. Es erübrigt sich dies auch, da die praktischen Arbeiten der wenigen aerodynamischen Versuchsanstalten, wie z. B. die Untersuchung des Widerstandes von Luftschiff- und Tragflächenmodellen, doch ziemlich allgemein bekannt und gewürdigt sind. Daneben stehen aber auch manche Probleme von zunächst lediglich theoretischem Interesse auf dem Arbeitsprogramm dieser Anstalten, Probleme der Mechanik, die in Verknüpfung mit Fragen der Luftfahrt für die Zukunft wohl praktische Bedeutung gewinnen können.

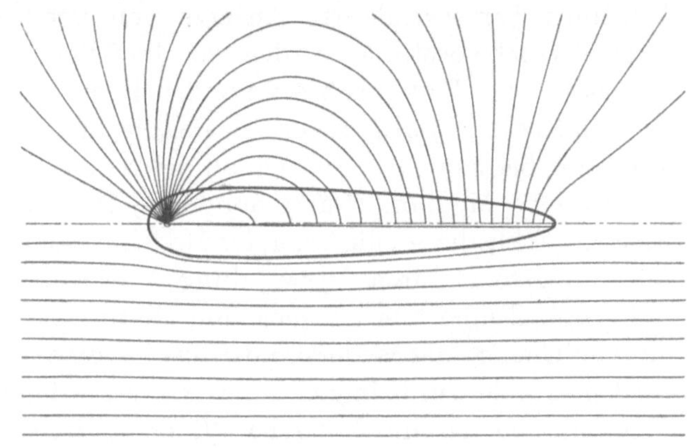

Fig. 6.

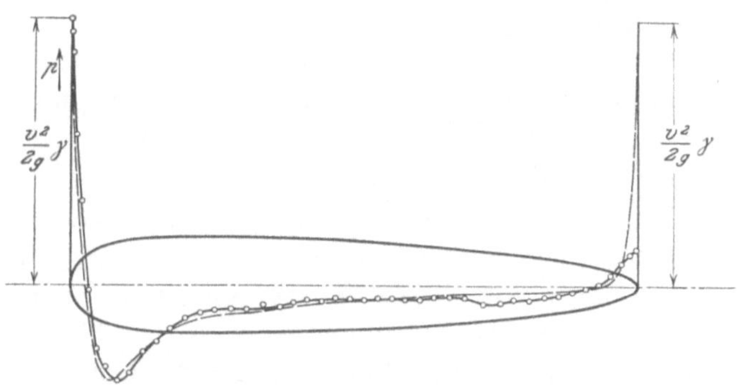

Fig. 7.

Auf eine dieser Fragen soll bei dieser Gelegenheit noch hingewiesen werden. Es ist theoretisch wie praktisch wichtig, zu wissen, wie weit eigentlich das Modellgesetz zu Recht besteht, d. h. wie lange und unter welchen Verhältnissen auch mechanische Ähnlichkeit zweier geometrisch ähnlicher Systeme vorhanden ist. Es ist klar, daß unmöglich alle Bedingungen erfüllt sein können, wenn nur die geometrische Ähnlichkeit der Widerstandskörper gewahrt bleibt, während ihre Massen- und Gewichtsverhältnisse sowie auch die Zähigkeitseigenschaften des

---

ermittelten Drücke entlang eines Meridianschnittes. (Aus der Göttinger Versuchsanstalt, Dr. Fuhrmann, siehe Fußnote 6.) Die eigentlich nur am hinteren Ende in nennenswertem Maße erkennbare Verschiedenheit im Verlauf der Kurven erklärt sich durch das Auftreten der im hinteren Teile abgelösten Wirbel. Hierin liegt die Hauptursache des (Form-)Widerstandes.

gemeinsamen Mediums keine entsprechenden Änderungen erfahren haben, solange also Modell und Original im gleichen Medium (Luft) untersucht werden. Die Theorie der Modellversuche hat darum zuerst die Bedingungen aufzustellen, unter welchen vergleichbare Zustände überhaupt auftreten können. Es sind in dieser Beziehung bemerkenswerte Ansätze von verschiedenen Forschern gegeben und durch Versuche bestätigt worden; sie alle fußen auf der von Reynolds aufgestellten und später von Rayleigh erweiterten Regel, daß es mit Rücksicht auf die Zähigkeit des Mediums anzustreben sei, das Produkt aus Längen- und Geschwindigkeitsverhältnis bei Modell und Original gleich zu halten, sofern es sich in beiden Fällen um dasselbe Medium (Luft) handelt. Die praktischen Schwierigkeiten, welche diese Regel für die Ausführung der Modellversuche zur Folge hätte, könnte man zum Teil wenigstens durch Verwendung verschieden zäher Flüssigkeiten für Modell und Original umgehen. Bisher sind allerdings die wichtigsten praktischen Erfolge auf dem Gebiete der Widerstandsfragen auch ohne Beachtung dieser Regel erhalten worden. Dabei wurde in gleicher Weise wie bei den Schleppversuchen in den Schiffsschlepprinnen das quadratische Widerstandsgesetz bezüglich der Geschwindigkeit und die Proportionalität mit den Flächen zugrunde gelegt. Allerdings scheinen die wachsenden Werte, die z. B. Eiffel[8]) für den Widerstandskoeffizienten mit zunehmender Flächengröße erhält, auf einen recht merklichen Einfluß der Zähigkeit zu deuten. Von Interesse sind in dieser Hinsicht auch die Feststellungen Stantons[9]), nach denen die Berücksichtigung der Reynoldschen Regel weit bessere Übereinstimmung der berechneten und beobachteten Widerstände von Luftschiffmodellen ergeben hätte.

Sehr wünschenswert und dankbar wäre zur weiteren Klarlegung dieser Verhältnisse eine genaue experimentelle Untersuchung mit geometrisch ähnlichen Körpern und Flächen von stufenweise vergrößerten Abmessungen. Auf jeden Fall aber ist von einem weiteren Ausbau der Theorie der mechanischen Ähnlichkeit noch manche wichtige Anregung für die Praxis zu erwarten. Von einer anderen, besonders interessanten Anwendung dieser Theorie auf die Untersuchung von Stabilitätseigenschaften wird noch die Rede sein.

Zu den aerodynamischen Problemen, die einer praktischen Lösung noch entgegensehen, und die dafür erst einer wissenschaftlichen Durcharbeitung bedürfen oder jedenfalls durch eine solche sehr gefördert werden könnten, gehört noch die Frage der Schwingen- und Schraubenflugzeuge, die Untersuchung der Bedingungen für den Segelflug u. a. mehr.

Mit dem Schraubenflugzeug wird außerdem ein Kapitel berührt, das von jeher die Theoretiker besonders anzog: die Frage der Propulsion durch Luftschrauben. Es genügt, einige Namen von Forschern zu nennen: Bendemann, Prandtl, Reißner, Drzewiecki: wer einmal die umfangreiche Literatur durchgesehen hat, wird wissen, welche Fülle theoretisch und experimentell gleich wichtigen Materials sich mit diesen und anderen Namen verbindet; er findet

---

[8]) Eiffel, La résistance de l'air et l'aviation. Paris 1910.

[9]) Stanton, The law of comparison for surface friction and eddy-making resistances in fluids. (Trans. Inst. of Naval Architects 1912.) Vgl. auch Technical report of the advisory Committee for Aeronautics, 1910—1911 und Engineering 1912, S. 437.

dabei reichlich Beispiele für die Umsetzung theoretischer Arbeit in praktischen Erfolg.

Auch hier freilich war eine gedeihliche Entwickelung der Theorie so lange nicht möglich, als man mehr oder weniger mathematische Untersuchungen über eine willkürlich angenommene Gesamtströmung im „Schraubenstrahl" in den Vordergrund stellte. Von unzulänglichen Voraussetzungen ausgehend, verleiteten sie oft zu Fehlschlüssen. Andererseits hatte man auch vielfach Betrachtungen der Geschwindigkeiten und Kräfte am Elemente eines Schraubenflügels angestellt, die Ergebnisse aber in physikalisch unrichtiger Weise auf den ganzen Propeller übertragen. So gab es je nach dem Standpunkt eine ganze Reihe verschiedener Propellertheorien. Keine war die richtige, aber fast jede zeitigte doch ein oder das andere praktisch brauchbare Ergebnis.

Erst als man in der Aerodynamik gelernt hatte, die physikalischen Voraussetzungen richtig zu werten und zu benutzen, konnte eine rationelle Theorie der Luftpropeller begonnen werden. Wir sind noch nicht weit auf diesem Wege, aber die Anfänge sind jedenfalls vielversprechend.

Ein Ergebnis der Theorie verdient noch hervorgehoben zu werden: die Untersuchung der Wirksamkeit von Propellern bei verschiedenen Betriebsbedingungen[10]). Sie führt zu der praktischen Forderung: Es kommt weniger darauf an, die Schraube besten Wirkungsgrades zu bauen, als darauf, daß Motor und Propeller einander angepaßt werden; sie bilden dann ein gemeinsames System besten Wirkungsgrades für eine gegebene Fluggeschwindigkeit und Zugkraft. Früher hatte man dies nicht so erkannt, da kam es denn wohl vor, daß man dem Motor eine für seine günstigste Tourenzahl gar nicht passende Schraube aufzwang und sich dann wunderte, warum der Propeller nicht „auf Touren kam" oder der garantierte gute Wirkungsgrad ausblieb.

Verlassen wir nun die Aeromechanik und sehen wir zu, welche Beziehungen in einem andern Zweige der technischen Mechanik, in der Festigkeitslehre, zu der Luftfahrt bestehen. Sie liegen klar vor Augen: die Aufgabe der Mechanik ist es, die Festigkeit unserer Konstruktionen zu gewährleisten. Dazu sind die äußeren Kraftwirkungen, denen das Luftfahrzeug ausgesetzt ist, festzustellen, weiter sind die Materialbeanspruchungen danach zu berechnen und auf ihre Zulässigkeit zu prüfen; endlich sollen auch die elastischen und bleibenden Formänderungen ermittelt und durch geeignete Formgebung der Konstruktionsteile auf ein zulässiges Maß beschränkt werden.

Bei der hohen Entwickelung der technischen Elastizitätslehre scheint es zunächst, als habe hier die Theorie ein besonders dankbares Feld zur Betätigung. Umso auffallender ist es, daß bis vor kurzem eigentlich so gut wie nichts in dieser

---

[10]) Ein schönes Beispiel zu unserem Thema bilden die Versuche, die Dorand in Frankreich auf Flugzeugen zur Bestimmung von Schraubenzug und Leistung während des Anfahrens und in voller Fahrt bei verschiedenen Verhältnissen ausgeführt hat. Die in der „Technique aéronautique" 1911 veröffentlichten Originaldiagramme und die daraus berechneten Schraubenwirkungsgrade und Schubkurven eignen sich vorzüglich zu theoretischen Rechnungen. Auch werden durch die gefundenen Propellerschübe (= Gesamtwiderstand des Flugzeugs) verschiedene Modellversuche aufs beste bestätigt, die Eiffel mit vollständigen Flugzeugmodellen ausgeführt hat.

Beziehung geschehen ist. Man baute Luftschiffe und Flugzeuge fast nur nach praktischem Gefühl (Beispiel: der alte Wright-Apparat!). Erst die zahlreichen Unfälle zwangen zu einer Berechnung einzelner wichtiger Teile. Man hatte sich ja anfänglich auch nur auf „Gut-Wetter-Fahrten" beschränkt und konnte für solche Fälle ja wohl noch den unberechneten Apparat riskieren. Als man sich aber mit ihm hinauswagte in die Sturmböen, als immer größere Geschwindigkeiten und Kräfte nötig wurden, da ging es nicht mehr in der bisherigen Weise.

Eine solche Entwickelung ist vielleicht begreiflich. Der Ingenieur war gewohnt, mit Eisen und Stahl als Konstruktionsmaterial zu rechnen, nicht aber mit den anscheinend so gebrechlichen Aluminium- oder Holzgestellen, mit Ballon- und Aeroplanstoffen. Verhältnismäßig bekanntes Gebiet hatte man eigentlich nur bei dem Gerippe der starren Luftschiffe, wenn auch die Festigkeitseigenschaften der verwendeten Materialien (Aluminium, Holzfourniere wie bei Schütte-Lanz) im großen noch unbekannt waren und eingehender neuer Versuche bedurften. Aber die statische Berechnung konnte sich doch im großen und ganzen an die bekannten Methoden des Eisenhochbaues und des Schiffbaues halten. Die Erfahrung hat diesen Berechnungen recht gegeben. Verschiedene ernste Unfälle, bei denen die Z-Schiffe und auch „Schütte-Lanz" vorzüglich standgehalten haben, zeigen, daß es bei gründlicher theoretischer Durchbildung sehr wohl möglich ist, so große Gerippe fest und dabei doch leicht genug zu bauen.

Viel ungünstiger lagen die Verhältnisse für die Berechnung und Konstruktion der unstarren Luftschiffe. Eine neue Festigkeitslehre für solche Konstruktionen mußte erst geschaffen werden. Bekannt sind hier die Arbeiten von Prof. M. Weber[11]) über Beanspruchungen von Ballonhüllen. In allerjüngster Zeit ist ein weiterer wichtiger Beitrag hierzu von Haas und Dietzius[11]) geliefert worden. Die Stoff-beanspruchungen und Deformationen, die sich in sehr unangenehmen Knicken, Verbiegungen u. dgl. bei großen unstarren Luftschiffen bemerkbar machten, gaben Anlaß zu diesen schönen experimentellen und theoretischen Untersuchungen, durch die wir nun besser gelernt haben, unstarre Luftschiffhüllen mit genügender Sicherheit zu berechnen. Durch derartige eingehende Voruntersuchungen können dann wohl auch solche Katastrophen vermieden werden, wie sie sich z. B. vor einigen Jahren beim Luftschiff „Erbslöh" durch Platzen der Hülle ereigneten. Die umfang-reiche Diskussion[12]) dieses Unfalles ließ hinterher die Ursachen erkennen. Damals freilich kamen leider die Untersuchungen zu spät; fünf Menschenleben waren der teure Preis, der für diese in der Folge wichtigen Erkenntnisse bezahlt werden mußte.

Bei Luftschiffen ist hauptsächlich der statische Überdruck im Innern der Hülle im Zusammenhang mit der angehängten Last für die Festigkeitsbeurteilung wesentlich; natürlich können daneben auch dynamische Spannungen durch den Fahrtwiderstand sowie durch Bewegungen in der Gasmasse entstehen. Die Festig-keit des Flugzeuges hinwieder wird durch ganz andere Kräfte beansprucht,

---

[11]) M. Weber, Die Beanspruchung der Hüllen von Prall-Luftschiffen und Mittel zur Herabminderung der Gefahr des Platzens, Deutsche Luftfahrerzeitschrift XVI, 1912, Seite 244 ff.; ferner Dr.-Ing. Haas und Dipl.-Ing. Dietzius, Stoffdehnung und Formänderung der Hülle von Prall-Luftschiffen (Luftfahrt und Wissenschaft, Heft 5).

[12]) Vgl. Deutsche Zeitschrift für Luftschiffahrt 1910, 1911.

für deren Erkenntnis und Berechnung eine ganze Reihe von Gesetzen der Dynamik zur Anwendung kommt. Auch hier ist man zu einer eingehenden Betrachtung erst durch die wachsende Zahl der Unfälle veranlaßt worden. Meistens sind solche auf zu schwache oder unzweckmäßige Konstruktionen zurückzuführen, auch sind zufällig sich addierende ungünstige Belastungen beim Flugzeug mehr als anderswo zu befürchten. Schon beim normalen geradlinigen Flug ist die Beanspruchung der Tragflächen eine ziemlich verwickelte, die Kuttasche Theorie ergibt aber in guter Übereinstimmung mit den Modellversuchen die Druckverteilung auf die Flügel für diesen normalen Fall (vgl. Fig. 5). Andere Verhältnisse treten dagegen ein beim Kurvenflug, beim Gleitflug, bei der Landung, unter Einwirkung von Böen. Wie alle diese verschiedenen Möglichkeiten von gemeinsamen Gesichtspunkten aus betrachtet werden können, hat Professor Reißner bei der letzten Tagung der W. G. F. in Frankfurt gezeigt, indem er einfache Rechnungsgrundlagen für einen ersten Ausbau einer Festigkeits- und Konstruktionslehre des Flugzeuges gab [13]). In diesem Referat, in dem fast alle denkbaren Arten von Beanspruchungen in anschaulicher Weise auf Vielfache des Eigengewichtes zurückgeführt werden, prägt sich ganz besonders die Unentbehrlichkeit der Mechanik für die Flugtechnik aus. Umgekehrt aber kann man auch sagen, daß die Mechanik selbst durch diese flugtechnische Anwendung eine Bereicherung erfahren hat; die Reißnersche Arbeit ist geradezu eine Fundgrube für Aufgaben aus der technischen Mechanik, und zweifelsohne wird der weitere Ausbau noch eine ganze Reihe von neuen, leichteren und schwereren mechanischen Problemen bringen. Aber auch für den Bau der Flugzeuge gewinnt man durch Eingehen auf die Mechanik der wirksamen Kräfte neue wertvolle Gesichtspunkte. Die konstruktive Ausgestaltung der Hauptteile, die Berechnungen der Verspannungsorgane, der evtl. so wünschenswerte Ersatz der leidigen Spanndrähte samt den vielbesprochenen Ösen, das alles wird in rationeller Weise erst möglich auf Grund einer genauen Untersuchung nach den Regeln der Mechanik [14]).

Es bleiben noch die Beziehungen der Luftfahrt zu der Dynamik starrer Körper zu besprechen, von denen einige schon in den vorhergehenden Erörterungen gestreift worden sind. Noch andere finden wir z. B. beim Durchblättern der zahlreichen Broschüren und Patentschriften, die sich mit dem Schwingenflugzeug befassen. Sehen wir dabei zunächst von dem aerodynamischen Problem ab, dann bleibt noch die Art des Antriebes der Flügel übrig, die meistens in mehr oder weniger vollkommener Weise dem Vogel nachgeahmt werden soll. Hier hat die Kinematik ein Wort zu reden, und gewiß bietet sich für sie in der Untersuchung des Schlagflügelmechanismus ein an sich lohnendes Anwendungsgebiet; es lassen sich da die schönsten Geschwindigkeits- und Beschleunigungspläne zeichnen, die manche interessanten und oft überraschenden Aufschlüsse bieten werden. Für den Erfinder eines solchen Luftfahrzeuges müßten sie aber, wenn er sie nur aufzustellen und zu

---

[13]) Reißner, Über die Sicherheit im Flugzeug. Referat in der Hauptversammlung der W. G. F. in Frankfurt 1912.

[14]) In dem soeben erschienenen Buch von Prof. Baumann: „Mechan. Grundlagen des Flugzeugbaues" (Sammlung Luftfahrzeugbau und Führung, Bd. 10 u. 11) haben wir einen weiteren sehr wertvollen Beitrag zu diesen Erörterungen.

deuten verstünde, in den allermeisten Fällen von abschreckender Wirkung sein, besonders dann, wenn er auch die Gesetze der Dynamik kennt, oder doch wenigstens „dynamisches Gefühl" für Massenwirkungen besitzt.

Wenn auf diesem Gebiete die theoretische Mechanik mehr dem Geiste gleicht, „der stets verneint", so würde ihre Kenntnis schon aus diesem Grunde vielfachen Nutzen stiften. Viel Geld und Mühe könnte bei richtiger dynamischer Wertung von kinematisch interessanten, aber sonst meist unausführbaren Erfindungsgedanken gespart werden.

In diesem Falle sehen wir allerdings auch, daß Modellversuche sogut wie nichts aussagen können über den Wert einer Konstruktion. Es ist ja nicht ausgeschlossen (und auch schon wiederholt gelungen), kleine Modelle von Schwingenflugzeugen zum Fliegen zu bringen; hier aber ist eben eine Übertragbarkeit des Modellversuches schon aus dynamischen Gründen ausgeschlossen, weil es nicht möglich ist, an der großen Ausführung das Eigengewicht bei gleicher genügender Festigkeit (auch in dynamischer Beziehung) entsprechend niedrig zu halten. Abgesehen davon sind aber auch die aerodynamischen Fragen bei der Schwingen- und Schlagflügelbewegung noch lange nicht genügend geklärt, der experimentellen wie der theoretischen Forschung steht hier noch ein weites, vielleicht nicht undankbares Feld offen.

Endlich möchte noch einer Reihe von Fragen gedacht werden, die für die Luftfahrt gleich wichtig wie für die Theorie interessant sind: ich meine die Fragen der Stabilität der Luftfahrzeuge. Es ist bekannt, wie gerade auf diesem Gebiete viele und gründliche theoretische Untersuchungen eingesetzt haben. Es handelt sich da um ein Kapitel der Luftfahrt, das einerseits in die theoretische Aerodynamik, andererseits in die Statik und Dynamik starrer Körper eingreift, bei dem daher eine theoretische Behandlung ganz besonders naheliegt und verhältnismäßig sicher durchführbar ist.

Die Untersuchungsmethoden sind bekannt. Entweder man berechnet die kleinen Schwingungen, die sich nach einer Störung des Gleichgewichtes einstellen, und untersucht ihren zeitlichen Verlauf. Dynamische Stabilität ist dann vorhanden, wenn die Schwingungsausschläge mit der Zeit abnehmen, wobei auch mit Rücksicht auf etwaige periodische Störungen (Böen) besonders die Geschwindigkeit des Abklingens zu beachten ist.

Oder man begnügt sich mit der Betrachtung der statischen Stabilität, wobei die Drehmomente berechnet werden, die bei einer Störung des Gleichgewichtes (Verdrehung des Fahrzeuges um endliche Winkel) auftreten. Stabil ist das Fahrzeug dann, wenn die entstehenden Drehmomente die ursprüngliche Gleichgewichtslage wiederherzustellen bestrebt sind. Die (viel zahlreicheren) Untersuchungen der dynamischen Stabilität führen durchweg auf recht verwickelte Systeme von Differentialgleichungen zweiter Ordnung. Für die erst wenig untersuchten statischen Stabilitätsverhältnisse können mit Vorteil auch zeichnerische Verfahren benutzt werden [15]). Beide Untersuchungsmethoden haben schon wichtige

---

[15]) Wieselsberger, „Statische Längsstabilität von Flugzeugen". Mitt. über Forschungsarbeiten 1912. Übrigens lassen sich verschiedene Aufgaben der dynamischen Stabilität recht gut auf zeichnerischem Wege lösen. Vgl. die gründliche Arbeit von Bothézat: „La stabilité des aéroplanes", Thèse, Paris 1911.

praktische Erfolge gezeitigt. So ist es mit ihrer Hilfe möglich, die Stabilitätsverhältnisse ausgeführter Flugzeuge nachzuprüfen, wenn es dazu auch sehr um-
ständlicher Messungen bedarf; es lassen sich auch günstige allgemeine Anordnungen
und Größenverhältnisse der Steuer- und Dämpfungsflächen vorherbestimmen
sowie auch die notwendigen Bedingungen festlegen, die für eine praktisch zu-
reichende Längs- und Seitenstabilität erfüllt sein müssen.

Bei Luftschiffen ist auch schon durch Modellversuche die Wirkung von Stabili-
tätsflächen erfolgreich untersucht worden[16]). Eine offene Frage ist es aber, ob und
wieweit die Übertragung von Stabilitätsversuchen an Flugzeugmodellen zulässig
ist. Eine solche Möglichkeit wäre von größtem Wert für die Untersuchung neuer
Flugzeuge, deren Stabilitätseigenschaften ohne Lebensgefahr am Modell abgeändert
bzw. verbessert werden könnten. Diese Frage ist schon vielfach erörtert worden.
Zunächst ist wohl klar, daß, wenn das Model statisch stabil ist, auch das Original
statische Stabilität besitzen wird, wenn nur die Kräfte und die gegenseitigen Ab-
stände ihrer Richtungslinien bei Modell und Original im gleichen Verhältnis stehen.
Es braucht dies nicht ohne weiteres der Fall zu sein, da es von vornherein nicht aus-
gemacht ist, ob Reibungs- und Zähigkeitskräfte im gleichen Verhältnis wie die
Luftdrücke wachsen, wenn man vom Modell zum Original übergeht. Immerhin
wird wohl bei gleicher Massenverteilung und Vergleichbarkeit auch der Gewichte
(evtl. künstliche Beschwerung des Modells ohne Änderung seiner geometrischen
Form) die statische Stabilität eines Flugzeuges aus den Modellversuchen genügend
hervorgehen. Bei dem Vergleich der wesentlich wichtigeren dynamischen Stabilität begegnet man aber sofort einer Schwierigkeit: was kann denn eigentlich verglichen werden? Die Schwingungsfrequenz muß notwendigerweise verschieden sein,
ebenso muß aber auch eine etwa periodisch einsetzende Störung für Modell und
Original verschiedene Frequenz haben. In welchem Maßstab die Schwingungszeiten
zu wählen sind, um als „ähnlich" verglichen werden zu können, das hängt wieder
durchaus von den Ähnlichkeitsgesetzen ab. Diese sind aber für Flugzeug-
modelle prinzipiell wenigstens von recht verwickelter Art. Weil diese Fragen
in letzter Zeit häufig Gegenstand weitgehender Diskussionen gewesen sind, so sei
ein kurzes Eingehen auf die wichtigsten Gesichtspunkte gestattet. Man hat es
hier nicht wie bei Luftschiffmodellen nur mit Trägheits- und Zähigkeitswirkungen,
sondern, ähnlich wie bei den Schiffsmodellen, auch noch mit Schwerewirkungen
zu tun. In solchen Fällen gilt überhaupt kein Ähnlichkeitsgesetz, wenn
Versuche in der gleichen Flüssigkeit (Luft) gemacht werden sollen; man
müßte denn schon für den Modellversuch eine andere Flüssigkeit wählen,
durch deren Zähigkeit im Vergleich zur Luft der Maßstab des Modells
schon bestimmt wird. Praktisch käme hierfür wohl nur Wasser in Betracht. Seine
sogenannte „kinematische" Zähigkeit (bezogen auf gleiche Dichte) ist bei mittleren
Temperaturen 14 mal kleiner als bei der Luft. Damit ist zugleich ein bestimmter
Modellmaßstab (1 : $\sqrt[3]{14^2}$ = 1 : 5,8) festgelegt, das Modell müßte dann in Wasser

---

[16]) Mitteilungen aus der Göttinger Versuchsanstalt 1910, S. 161 (Zeitschr. f. Flugtechnik
u. Motorluftschiffahrt Nr. 4. Fuhrmann: Verhalten von Ballonkörpern bei Schrägstellen).

ca. 2½ mal so schnelle Schwingungen ausführen wie das Original in der Luft; ebenso müßte vergleichsweise die Schwingungsamplitude 2½ mal schneller abklingen.

Abgesehen von den unbequem großen Modelldimensionen, die sich hierbei ergeben, ist es aber noch gar nicht gesagt, ob ein solches Verhältnis der Schwingungsfrequenzen zwischen Modell und Original erreichbar ist, solange allein geometrische Ähnlichkeit besteht. Tatsächlich besteht eine große Schwierigkeit darin, daß die Trägheitsmomente von Flugzeug und Modell, die ja mit der fünften Potenz der linearen Abmessungen wachsen, nicht in die allgemeinen Ähnlichkeitsbetrachtungen sich einfügen lassen. Gerade sie sind es aber, die für die dynamische Stabilität eine entscheidende Rolle spielen. Man müßte schon versuchen, durch veränderte Massenverteilung beim Modell unter Beibehaltung der geometrischen Ähnlichkeit die Trägheitsmomente entsprechend zu beeinflussen. Es würde dies freilich ein äußerst umständliches Verfahren darstellen, das zudem bei nicht allseitig symmetrischen Körpern doch nur für eine Achsenrichtung (also etwa für die Längsstabilität) ähnliche Verhältnisse schaffen könnte.

Diesen prinzipiellen Schwierigkeiten gegenüber treten nun glücklicherweise bei den Stabilitätsbetrachtungen der Flugzeuge die Zähigkeitseinflüsse in der Praxis stark zurück neben den Gewichts- und Trägheitswirkungen, so daß wir hier mit ähnlichen Verhältnissen wie bei den Schiffsschleppversuchen rechnen können. Wir dürfen dann nämlich mit guter Annäherung das Froudesche Gesetz der Ähnlichkeit (Gesetz der korrespondierenden Geschwindigkeiten) anwenden (Geschwindigkeiten proportional den Quadratwurzeln aus den Längen, Kräfte und Gewichte proportional den dritten Potenzen der Längen).

Wenn man, wie es Lanchester[17]) unternommen hat, auf die zeitliche und quantitativ genaue Untersuchung des Schwingungsvorganges verzichtet und als Kriterium für die Stabilität einen einzigen dimensionslosen Ausdruck aufstellt, so erhält man auch beim Modellversuch denselben Zahlenwert wie beim Original. Es sei jedoch bemerkt, daß das Lanchestersche Stabilitätskriterium doch nur einen ziemlich mangelhaften, wenn auch gewiß originellen Versuch darstellt, die mathematischen Schwierigkeiten der Stabilitätsfrage auf elementarem Wege zu umgehen, und man kann aus ihm nur wenige allgemeine Schlüsse ziehen, weil seine Voraussetzungen zu speziell gefaßt sind.

Die Frage nach selbststabilen Flugzeugen, die nach dem Gesagten durch Modellversuche allein wohl kaum ihre endgültige Lösung finden wird, hat aber auch keine so große Bedeutung, als man vielleicht annehmen könnte; das Einhalten der richtigen stabilen Lage im normalen Fluge ist ja auch ohne besondere Schwierigkeiten möglich. Viel wichtiger ist es, die Gefahrquellen rechtzeitig zu erkennen, die bei Abweichungen von diesem Normalzustande aus irgendwelchen Ursachen mit unsern bisherigen Apparaten auftreten können, und ihnen entsprechend zu begegnen. Solche Gefahren treten besonders für die Längsstabilität auf, wenn die Geschwindigkeit und die Neigung des Apparates relativ zur Luft die zulässigen

---

[17]) Lanchester, Aerodonetics, Deutsch von C. u. A. Runge. 1911.

Grenzen nach der einen oder anderen Richtung hin überschreitet. Die tiefere Erkenntnis der Natur dieser Gefahren verdanken wir wiederum der Mechanik. Beim Gleitflug zum Beispiel, der hier ja besonders in Betracht kommt, gestalten sich nach der Theorie die Beziehungen zwischen Gleitwinkel β, Lufteinfallswinkel α und Geschwindigkeit V etwa nach der (schematischen) Kurve Fig. 8. In dieser Kurve stellen die Abszissen horizontale, die Ordinaten vertikale Projektionen von geradlinigen Gleitbahnen dar. Sie beginnen sämtlich im Ursprunge 0 und werden unter verschiedenen Gleitwinkeln β, aber stets (bis an die Kurvenpunkte) in der gleichen Zeit (1 sec) durchflogen. Es stellen demnach die Fahrstrahlen nach der Kurve direkt die Geschwindigkeiten des Gleitfluges dar [18]).

Wir sehen, was wir hier zu vermeiden haben:

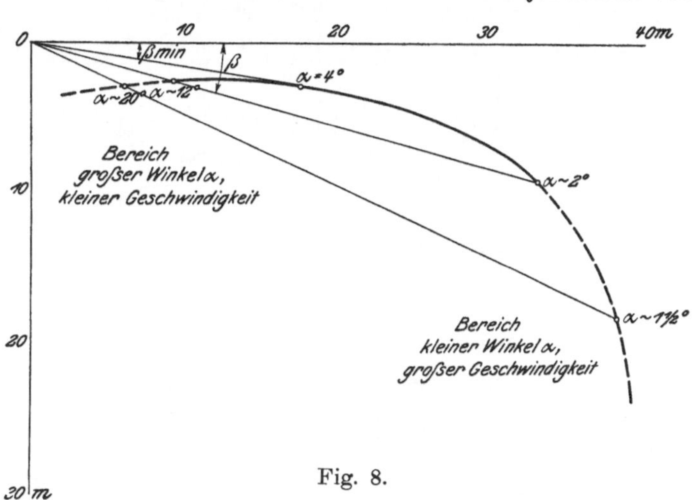

Fig. 8.

das Bereich großer Gleitwinkel und der sehr raschen Geschwindigkeiten, die schließlich zum Kopfsturz mit $\beta = 90^0$ führen würden. Sie treten schon auf bei verhältnismäßig geringer Verkleinerung des Anstellwinkels α (z. B. von 5 auf 2^0), wie sie durch unrichtige Handhabung des Höhensteuers (besonders bei an sich schnellen Apparaten mit kleinem normalen Winkel α) leicht entstehen kann. Umgekehrt liegt bei zu großen Winkeln α die Gefahr zu geringer Geschwindigkeit vor, wobei dann die Steuer unwirksam werden und ein Abgleiten des Flugzeuges nach hinten oder seitlich eintreten kann.

Von der Richtigkeit dieser theoretisch gewonnenen Anschauungen konnte man sich durch die Versuche mit „fliegenden Laboratorien" überzeugen, die verschiedentlich in Frankreich und auch bei uns ausgeführt wurden [19]). Es handelt sich bei diesen um die gleichzeitige Messung und graphische Registrierung von Flugzeugdaten. In der Fig. 9 sind eine Reihe zusammenhängender Messungen von Toussaint und Lepère mitgeteilt. Aus den Diagrammen ist der Zusammenhang der Flugzeugdaten (Neigungswinkel der Längsachse zur Hori-

---

[18]) Für flache Gleitbahnwinkel β läßt sich sehr leicht eine Beziehung zwischen α, β und V aufstellen, wobei man noch die sekundären Widerstände des Flugzeugs etwa durch eine äquivalente Widerstandsfläche berücksichtigen muß. Es ergibt sich auf diese Weise schließlich eine Gleichung 4. Grades für die Koordinaten x und y der Kurve Fig. 8. Eine Erweiterung derselben für das Bereich steiler Gleitbahnen und kleiner Winkel ist möglich, aber mit umständlichen Rechnungen verknüpft.

[19]) Versuche von Dr. Hopf (I. Jahrbuch der W. G. F., Seite 123). Außerdem Toussaint u. Lepère: L'enrégistrement de la vitesse relative des aéroplanes (Technique aéronautique 1912, II. S. 129ff.).

zontalen, Einfallswinkel und Geschwindigkeit) einwandfrei und leicht zu ermitteln [20]).

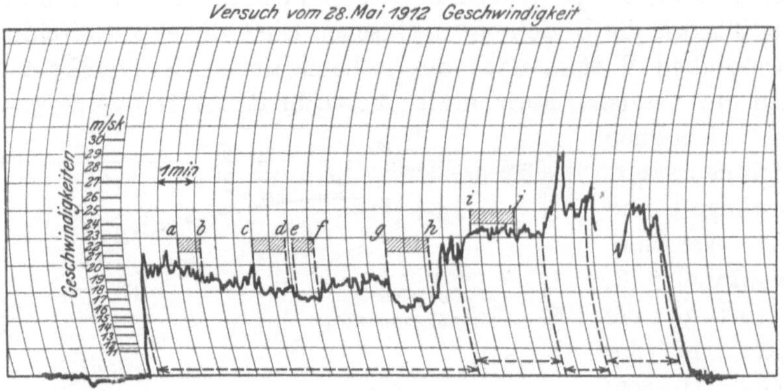

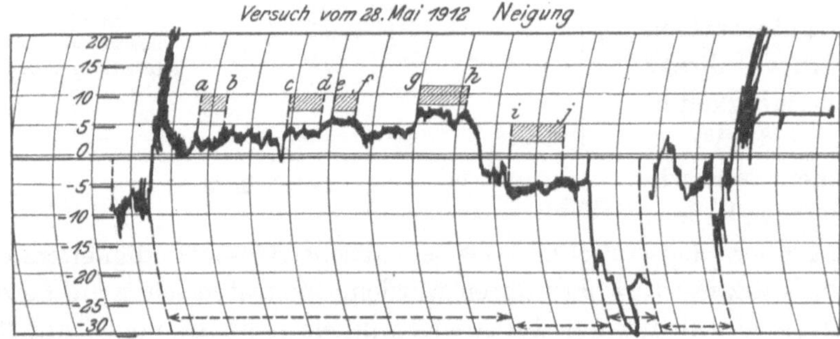

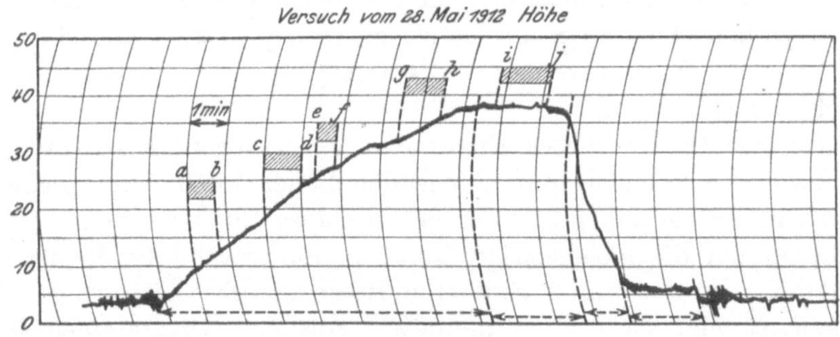

Fig. 9.

---

[20]) Aus der barometrischen Höhenkurve kann nämlich die Steiggeschwindigkeit entnommen, aus dieser und der aufgezeichneten resultierenden Geschwindigkeit deren
Neigungswinkel zur Horizontalen berechnet werden; mit der Klinometerangabe und bekannten Flugzeugabmessungen wird schließlich daraus der Einfallswinkel der Tragflächen
berechnet.

So findet sich z. B. an der Stelle a b (Fig. 9) beim Aufstieg

Steiggeschwindigkeit 0,77 m/sec, Resultierende Relativgeschwindigkeit $V = 19,6$ m/sec,
Einfallswinkel $\alpha = 4^0\,10'$.

An der Stelle ij (Horizontalflug).

So wie es beim Gleitflug besprochen wurde, hat der Pilot aber auch beim Fluge mit Motor dafür zu sorgen, daß die Geschwindigkeit seines Flugzeuges relativ zur umgebenden Luft zwischen einer oberen und unteren Grenze bleibt [21]). Dazu ist auch der Einfallswinkel α der Tragflächen zwischen zwei Grenzen zu halten. Diese Sorge könnte dem Piloten abgenommen werden durch automatisch den Winkel α (das Höhensteuer) einstellende Apparate, Stabilisatoren. Es sind zu diesem Zweck schon viele Erfindungen gemacht worden, sehr zahlreich wurden Pendel- oder Kreiselapparate in Vorschlag gebracht. Besonders die — vielen Erfindern wohl etwas mystische und darum auch oft falsch verstandene und falsch angewendete — gyrostatische Wirkung eines Kreisels dachte man sich als das Heilmittel, das mit einem Schlage die ganzen Stabilisationsschwierigkeiten beheben würde. Auch an dieser Stelle sollte also die Mechanik aushelfen, freilich gleich mit einem ihrer schwierigeren Kapitel; man muß denn auch schon ein gutes Stück Theorie kennen, um es dabei richtig anzufangen und brauchbare Stabilisatoren zu bauen. Gewiß kann eine kräftige stabilisierende Wirkung durch geschickte Anordnung (Kreisel als Auslösung für ein mechanisches oder hydraulisches Relais) wohl erreicht werden, wenn es sich um schon eingetretene unerwünschte Neigungsänderungen der Flugzeugachse handelt. Der Kreisel reagiert aber nicht, wenn durch eintretende Böen oder dgl. das Flugzeug bloß seine Relativgeschwindigkeit gegen die Luft plötzlich ändert und auch dann schon eine Korrektur des Höhensteuerwinkels nötig wird.

In solchem Fall helfen eigentlich nur automatische Apparate, die auf Änderung der Geschwindigkeit und der Beschleunigung reagieren [22]). Zurzeit gibt es solche wohl noch kaum in einer für Flugzeuge gut brauchbaren Form, wenn man nicht den französischen Stabilisator von Doutre hierher rechnen will, der tatsächlich einen solchen Apparat in etwas primitiver Ausführung, wenigstens in der ursprünglichen

---

Steiggeschwindigkeit 0, Resultierende Relativgeschwindigkeit $V = 23$ m/sec, Einfallswinkel $\alpha = 1^0 55'$.

Beim Gleitflug (aus einem andern Versuch mit dem gleichen Apparat):

Steiggeschwindigkeit — 3,8 m/sec, Resultierende Relativgeschwindigkeit $V = 24$ m/sec, Einfallswinkel $\alpha = 1^0 55'$.

Man sieht. wie beim Horizontal- und Gleitflug α und V im wesentlichen gleich bleiben (ungeänderte Stellung des Höhensteuers).

[21]) Auch diese Verhältnisse lassen sich durch Überlegungen aus der Mechanik sehr anschaulich überblicken. Man kann dazu für den Propulsionsapparat (Motor + Propeller) einerseits, für das Flugzeug andererseits gewisse charakteristische Leistungskurven in Abhängigkeit von der (relativen) Fluggeschwindigkeit aufstellen. Ihre Diskussion (besonders das gegenseitige Verhältnis der Kurven) bietet wertvolle Aufschlüsse für die Vorausberechnung des Propulsionsapparates zu einem bestimmten Flugzeug. Sie ermöglichen auch eine Kontrolle für die richtige Handhabung des Höhensteuers bei verschiedenen Betriebsbedingungen, äußeren Zufällen und dgl.

[22]) Geschwindigkeitsregler oder Beschleunigungsmesser allein sind nicht ausreichend. Vgl. hierzu die interessanten Ausführungen von Prof. von Parseval in seinem Vortrag: „Über die Stabilität von Äeroplanen" in der Versammlung von Vertretern der Flugwissenschaft in Göttingen 1911. Einer weiteren Verbesserung des Doutre'schen Apparates durch Hinzufügen eines „Winkelstabilisators" (der auf Änderung des Neigungswinkels reagiert) wird in einem längeren Aufsatz von Dorand, Technique aéronautique 1912, I, S. 109, das Wort geredet.

Form, darstellt (Fig. 10). Bei ihm wird eine Widerstandsplatte P [23]) im relativen
Luftstrom des Flugzeuges durch Federn im Gleichgewicht erhalten; sie bildet
gewissermaßen den Geschwindigkeitsmesser (Anemometer) und überträgt ihre
axiale Bewegung bei Änderung der relativen Luftgeschwindigkeit durch ein pneu-
matisches Relais auf die Steuerung zur richtigen Einstellung des Höhensteuers.
Für besondere Fälle relativer Beschleunigung, plötzliche kurze Windstöße von vorne,

Fig. 10. Stabilisator von Doutre.

die eine falsche Wirkung des Anemometers zur Folge hätten, wird dieses ausgeschaltet,
und es tritt ein Beschleunigungsmesser in Tätigkeit, zwei horizontal beweg-
liche, durch Federn im Gleichgewicht erhaltene Massen, welche durch Verkleinern
des Einfallswinkels α (Tieferstellen des Höhensteuers) ein gefährliches Aufbäumen
des Apparates verhindern [24]). Nach französischen Angaben soll der Apparat recht
gut und sehr prompt gewirkt haben. Wünschenswert wäre es jedenfalls, wenn auch
deutsche Erfinder ihr Interesse theoretisch und praktisch der Ausgestaltung solcher
„Flugregulatoren" zuwenden möchten.

Mit diesem direkt aus der Theorie in die Praxis umgesetzten Beispiel aus der
Mechanik mögen diese Ausführungen beschlossen werden. Man wird vielleicht aus
ihnen ersehen haben, daß es wohl keinen Teil der Luftfahrttechnik gibt, der nicht
irgendwie mit der Mechanik in Verbindung steht, daß aber auch viele und interessante mechanische Probleme durch Beispiele aus der Luftfahrt illustriert werden
können.

Wenn trotzdem heute noch viele Erfindungen und Konstruktionen auch ohne
bewußte Anwendung der Mechanik erfolgreich in die Welt gesetzt werden, so ist
dies nur ein Zeichen dafür, daß eben unbewußt mechanisch richtig gearbeitet
wurde. Diese Tatsache, die sich in dem sogenannten „praktischen Gefühl" des
guten Technikers ausdrückt, zeigt, wieviel mechanischer Sinn in gesund und logisch
denkenden Menschen vorhanden ist.

[23]) In Fig. 10 ist die Widerstandsplatte entfernt zu denken. Die Figur ist dem Aufsatz: „Le stabilisateur Doutre" entnommen (La technique aéronautique 1911, II, S. 167).

[24]) Bei der abgeänderten, neuen Form des Stabilisators von Doutre ist die Be-
harrungsmasse vertikal beweglich, reagiert also direkt auf Änderung der Vertikalbeschleunigung
(plötzliche Fallböen, Luftlöcher).

Wie dieser praktische Sinn durch theoretische Schulung ergänzt und so ausgebaut werden kann, daß er auch weitere, nicht unmittelbar zu fassende Folgerungen abzuleiten und auszugestalten vermag, sollte an einigen Beispielen zu zeigen versucht werden.

Aufgabe des Unterrichts in der angewandten Mechanik ist es aber, den Boden für eine solche Vereinigung von Theorie und Praxis in günstigster Weise vorzubereiten, so daß dann der junge Ingenieur in die Lage versetzt ist, in voller Erkenntnis der mechanischen Gesetze, das Vorhandene zu verbessern und Neues zu schaffen.

Diskussion.

Professor Dr. Fr. Ahlborn-Hamburg.

M. H. Die Aufgabe unserer Gesellschaft ist zweifellos, ihrem Namen entsprechend, die Förderung der Flugtechnik mit allen Mitteln der Wissenschaft. Dennoch möchte ich nicht empfehlen, das Wort „Wissenschaftliche" G. f. F. noch besonders zu betonen, da es — auch nach der Meinung des Herrn Vortragenden — keine unwissenschaftliche wahre Technik gibt. In dem ersten, aerodynamischen Teile des Vortrages kann durch die Fülle des theoretischen Stoffes leicht der Eindruck hervorgerufen werden, daß die endgültige Beantwortung der Widerstandsfrage von der hydrodynamischen Theorie zu erwarten sei. Allein Herr Dr. Pröll hat selbst auf die entscheidende Rolle hingewiesen, die hierbei der experimentellen Forschung zufällt. Die hydrodynamische Theorie kann ihrem Wesen nach keine erschöpfende mathematische Darstellung der Widerstandserscheinungen geben, da sie sich nicht auf die natürlichen Medien — Wasser und Luft —, sondern auf die sog. „vollkommene Flüssigkeit" bezieht, die infolge ihrer absoluten Elastizität und Reibungslosigkeit der Bewegung keines wie immer gestalteten Körpers irgendeinen Widerstand entgegensetzt. So bewundernswürdig daher auch der mathematische Mechanismus der Theorie ist: ein für die Flugtechnik brauchbares oder gar maßgebendes Resultat hat sie nicht aufzuweisen. Im besonderen sind die von Herrn Professor Prandtl und Dr. Fuhrmann angegebenen Ballonformen nicht als ein Ergebnis der theoretischen Forschung zu betrachten, da die Wahl der Quellen und Senken willkürlich ist und somit zu sehr verschiedenen Formen des inneren Stromsystems führen kann. Hier sind sechs beliebige Formen so ausgewählt, daß sie den bereits im Schiffbau erprobten Linien ähnlich sind, und nur durch die experimentelle Bestimmung des Widerstandes war es möglich, zu sagen, welche von diesen Formen der Modelle die relativ bessere war. Dies Ergebnis wäre allerdings auch ohne das theoretische Verfahren zu erlangen gewesen, das nur angewendet wurde, um die manometrisch bestimmte Druckverteilung mit der theoretischen vergleichen zu können. Ein wesentlich klarerer Einblick in die Beziehungen zwischen Form und Widerstand ist dadurch doch kaum erzielt worden.

Wie es nach der Kuttaschen Theorie möglich ist, daß ein prinzipiell widerstandsfreies Medium dennoch einen (seitlichen) Widerstand leistet, könnte paradox erscheinen. Das Ergebnis wird dadurch erreicht, daß ein Teil des Kraftfeldes am hinteren Rande der Flächen (Blumenthal-Bourowsky) der Einwirkung auf den Widerstandskörper entzogen wird. Die Theorie erhebt nicht den Anspruch, durch die nur zweidimensionale Lösung unter Nichtberücksichtigung der von der Zähigkeit des Mediums herrührenden Wirbelbildungen — das Widerstandsproblem für Wasser und Luft lösen zu können. Eindringlich möchte ich die Flugtechnik vor der Annahme warnen, daß die neuerdings veröffentlichten Joukowskyschen Profile für Tragflächen geeignet seien. Nur die experimentelle Feststellung der natürlichen Widerstandsvorgänge kann uns zu praktischen Ergebnissen und zur vollen Erkenntnis und Beherrschung des Widerstandsmechanismus führen. Darum begrüße ich es mit großer Freude, daß in Göttingen die Errichtung eines hydro-aerodynamischen Forschungsinstituts in Aussicht genommen ist. Und mit gleicher Befriedigung kann ich hinzufügen, daß endlich auch mir — in Hamburg — nach vierjährigem Hoffen und Harren die Möglichkeit zur Wiederaufnahme meiner Arbeiten gegeben werden wird. In den dortigen Technischen Staatslehranstalten soll ein besonderes Laboratorium für die von mir verfolgten wissenschaftlichen und technischen Zwecke eingerichtet werden, und ich hoffe und wünsche, daß es mir vergönnt sein möge, Ihnen im Anschluß an die Versammlung unserer Gesellschaft im Jahre 1915 nicht nur das neue Laboratorium in Betrieb vorführen zu können, sondern Ihnen auch einen Überblick über die Ergebnisse zu bieten, die bis dahin zur Klarlegung der Widerstandsfragen durch die Analyse der natürlichen Strömungen erzielt worden sind.

Dipl.-Ing. **H. G. Bader**-Dresden.

Zur Theorie der Modelle, die Herr Dr. Pröll eingehend behandelte, möchte ich bemerken, daß meines Erachtens sich vollkommene mechanische Ähnlichkeit verwirklichen läßt. Hierzu ist vollkommene geometrische Ähnlichkeit unbedingt erforderlich, aber nicht hinreichend. Denn die Mechanik bedarf dreier inkommensurabler Dimensionen, die im technischen Maßsystem vertreten erscheinen in der Längeneinheit des Meters, der Zeiteinheit der Sekunde und der Krafteinheit des Kilogramms. Mechanische Ähnlichkeit ist somit definiert als Proportionalität der Zeiten und Kräfte mit bestimmten Potenzen der Längen. Danach ergeben sich also unendlich viel Möglichkeiten mechanischer Ähnlichkeiten. Für eine vorliegende Aufgabe sind jedoch die gesuchten Exponenten durch unumgängliche Erwägungen bestimmt. So muß im gegebenen Fall des freifliegenden Modells, da die Erdbeschleunigung unveränderlich ist, jede Beschleunigung für Modell und Original dieselbe sein. Daraus ergibt sich, daß „ähnliche Zeiten" (Schwingungsdauer, Halbwertszeit) sich wie die Wurzeln aus den linearen Abmessungen verhalten oder, was dasselbe bedeutet, daß die Geschwindigkeiten ebenfalls diesen proportional sind.

In betreff der dritten physikalischen Dimension erinnern wir uns, daß alle Kräfte, die am Flugzeug angreifen, proportional dem spezifischen Gewicht der Luft, dem Quadrat der Geschwindigkeit und den Flächen sind. Die zweite Potenz der Geschwindigkeit ist der Länge proportional; wenn wir also im Medium von gleicher Dichte mit Modell und Original arbeiten, ergibt sich Proportionalität der Kräfte mit der dritten Potenz der Längen. Doch selbst geringen Abweichungen vom v-Quadrat-Gesetz der Potentialströmung infolge Reibung und Zähigkeit vermag diese mechanische Ähnlichkeit standzuhalten, wenn wir nur das Modell im gekühlten Raum (Luft von größerer Dichte) untersuchen. Die Forderung gleichen Gewichts pro Flächeneinheit und damit gleicher Beanspruchung des Konstruktionsmaterials ließen sich unter Beibehaltung der angegebenen dynamischen Ähnlichkeit allerdings nur unter der Bedingung erfüllen, daß das Modell in einem im umgekehrten Verhältnis der Längen dichteren Medium fliegt. Aber nichts hindert das dynamische Verhalten des fliegenden Modells und das elastische des ruhenden bei dynamischer Belastung an zwei verschiedenen Exemplaren zu beobachten, die den gestellten Forderungen — jedes in seiner Weise — gerecht werden.

Baumeister **Gustav Lilienthal**-Berlin.

Ich habe durch Versuche an einem Rundlauf, die in einer der nächsten Nummern der „Zeitschrift für Flugtechnik und Motorluftschiffahrt" veröffentlicht werden sollen, die Wirbelbildung unter einer vogelflügelartigen Fläche untersucht, indem ich durch angebrachte kleine Fähnchen die Strömungsrichtung an den einzelnen Stellen beobachtete. Ich habe dabei die Entstehung eines großen ovalen Wirbels nachweisen können, welcher nicht nach rückwärts abwandert, sondern dessen Wirbelluft quer gegen die Bewegungsrichtung abfließt und auf diese Weise eine Tragwirkung auf die schräg gegen diese Strömung stehende Wurzel und Spitze der Fläche ausübt, während in der Mitte der Wirbelströmung ein nach vorn, also entgegen der Bewegungsrichtung gerichteter Druck ausgeübt wird.

Ich möchte bei dieser Gelegenheit die Hoffnung zum Ausdruck bringen, daß es mir gelingen wird, diese Versuche mit besseren Hilfsmitteln weiter zu verfolgen. Es sollen insbesondere Versuche im freien Wind an einem flachen Seestrand unternommen werden, durch die ich die Existenz einer Kraft nachzuweisen hoffe, die geeignete, dem Vogelflügel ähnliche Körper gegen den Wind in Bewegung setzt.

Professor Dr. **Prandtl**-Göttingen.

Ich möchte zunächst Herrn Professor Ahlborn erwidern, daß es Herrn Dr. Pröll, so wie ich den Vortrag aufgefaßt habe, sicher fern gelegen hat, die Ergebnisse der Theorie über die der experimentellen Forschung stellen zu wollen. Wenn er auf die experimentellen Arbeiten nicht näher eingegangen ist, so lag das lediglich daran, daß er sich gemäß dem gewählten Thema die Aufgabe gestellt hatte, eben über die theoretischen Leistungen zu sprechen. Im einzelnen möchte ich Herrn Professor Ahlborn noch erwidern, daß die hydrodynamische Theorie durch die neueren Fortschritte auch allmählich gelernt hat, das Problem des Flüssigkeitswiderstandes anzugreifen, das ihr früher verschlossen erschien, und daß hier bereits einzelne sehr schöne Resultate vorliegen.

Zu den Ausführungen des Herrn Baumeisters Lilienthal möchte ich bemerken, daß man Resultate aus Rundlaufversuchen mit großer Vorsicht beurteilen muß, da die aerodynamischen Verhältnisse bei dieser Kreisbewegung stärker, als man zunächst vermuten möchte, von denen bei der geradlinigen Bewegung verschieden sind. Die Versuche im freien Wind halte ich dagegen für sehr wichtig und möchte es lebhaft begrüßen, wenn es Herrn Lilienthal gelingt, solche Versuche in größerem Maßstabe durchzuführen.

Professor Dr. v. Kármán-Aachen

meint, daß das theoretische Verständnis der Widerstandsvorgänge auch dann von großer Wichtigkeit sei, wenn man auch bei praktischer Berechnung auf empirische Formeln angewiesen ist. Er führt ein praktisches Beispiel an, bei welchem durch die Periodizität der Flüssigkeitswiderstandes infolge abwechselnder Wirbelablösung gefährliche Resonanzerscheinungen entstehen können.

Professor M. Weber-Hannover:

Es scheint mir, daß in dem Meinungsstreit der Herren Pröll, Ahlborn und Prandtl ein wichtiger Punkt außer acht gelassen ist, der der Theorie wieder zu ihrem Rechte verhilft. Ich meine folgendes: Die Flugwissenschaft ist zunächst eine Naturwissenschaft; als solche hat sie die einzige Aufgabe, die Wahrheit zu suchen, d. h. die Erscheinungen der Außenwelt zu erforschen. Zu dieser Ergründung der Wahrheit steht der Naturwissenschaft als einzige Helferin die Erfahrung zur Seite, die entweder durch die Beobachtung der Natur oder durch künstlich angestellte Versuche gewonnen wird. Handelt es sich darum, die Vorgänge in der Natur, z. B. unsere aerodynamischen Strömungserscheinungen, zu erforschen, so entscheidet die Erfahrung allein, die Theorie muß gänzlich zurücktreten. In dieser Auffassung sind sich alle Vertreter wahrer Naturerkenntnis stets einig gewesen, und schon Aristoteles bekennt sich zu ihr in seinem Werke „Über die Erzeugung der Tiere", indem er dort sagt: „Man muß der Beobachtung mehr Glauben schenken als der Theorie, und der Theorie überhaupt nur dann, wenn sie zu gleichem Ergebnis führt wie die Erscheinung selbst". Der Königsweg des Naturforschers ist die empirisch-induktive Methode.

Anders liegt es jedoch, wenn nicht nur die Naturerkenntnis allein, sondern auch der Anwendungszweck, z. B. für die Technik, dabei in Betracht kommt. Solange die aerodynamischen Vorgänge noch nicht vollständig erforscht sind — und wir sind gegenwärtig noch sehr weit davon entfernt —, solange ist der schaffende Ingenieur berechtigt, ja verpflichtet, außer der Erfahrung auch die Theorie als Helferin heranzuziehen, um sein Werk nach dem jeweiligen Stand der Wissenschaft möglichst vollkommen entwerfen und gestalten zu können. Sofern die Naturwissenschaft dem Ingenieur das Qualitative und Quantitative der Vorgänge nicht in ausreichendem Maße liefern kann, benutzt er in der rationell-deduktiven Methode ein zweites wichtiges, wenn auch dem ersteren nicht gleichwertiges Hilfsmittel. Von diesem Standpunkte aus wird niemand zweifeln, daß die Theorie vom konstruierenden Ingenieur heranzuziehen ist, sofern sie ihm Ergebnisse liefert, die dem jeweiligen Verwendungszweck zugute kommen, und bei deren Beiseiteschiebung er zurzeit nur etwas Unvollkommenes schaffen würde. Ich denke dabei unter anderem an die Theorie der Modelle und ihren erprobten Wert für den Wasser- und Luftschiffbau. So habe ich auch die Ausführungen des Herrn Pröll verstanden, wenn er es auch nicht ausdrücklich ausgesprochen hat. Die Technik wird die Theorie als Dienerin so lange in Anspruch nehmen müssen, als die Erfahrung auf die besonderen Fragen der Technik nicht ausreichend Antwort zu geben vermag. Mit dem Fortschritt in der Erkenntnis der Wirklichkeit wird auch für den Ingenieur die

Theorie — in dem oben geschilderten Sinne verstanden — zurücktreten müssen, und die Erfahrung allein beherrscht alsdann allein das Reich der Natur.

Dr.-Ing. **Pröll**-Danzig (Schlußwort):

Wenn ich die Ausführungen des Herrn Professors Dr. Ahlborn richtig verstanden habe, so befürchtet er als Folge meines Vortrages eine zu stark einseitige Betonung der Theorie gegenüber dem Experiment in der Aerodynamik und vielleicht sogar in der Flugtechnik selbst. — Das liegt aber der Tendenz meines Vortrages vollkommen fern, wie es ja auch die Herren Prandtl und Weber schon in dankenswerter Weise hervorgehoben haben. In einem so eminent praktischen Fache wie die Flugtechnik wird das Experiment immer die erste Rolle spielen müssen; daneben ist es aber nur zu begrüßen, wenn auch die Theorie mitkommen kann, und nicht wenig vermag sie dann auch selbst zum Fortschritt beizutragen.

Den sehr interessanten Bemerkungen des Herrn Bader gegenüber möchte ich allerdings betonen, daß eine vollkommene mechanische Ähnlichkeit bei Flugzeugmodellen kaum erreicht werden kann, weil die Berücksichtigung bzw. Ausschaltung der Zähigkeitseinflüsse meines Erachtens sich doch wohl nicht so einfach erreichen läßt, wie Herr Bader annimmt.

Ich möchte aber nicht verfehlen, auch ihm wie auch den Herren Lilienthal und v. Kármán für die interessanten Beiträge zum Thema meines Vortrages besonders zu danken; denn für den Fortschritt auf wissenschaftlichem Gebiete muß jeder einwandfreie Beitrag willkommen sein, sei er nun der Praxis, dem Versuch entnommen oder eine Frucht theoretischer Arbeit im besten Sinne. Nicht im Gegensatz von Theorie und Praxis und der absoluten Vorherrschaft eines der beiden, sondern in ihrem gedeihlichen Zusammenwirken ist für die Zukunft auch in der Luftfahrt das Heil zu finden.

Der heutige Stand der Flugmaschinen-Konstruktionen.

Von

Prof. Dr.-Ing. **Bendemann**-Adlershof.

Wenn man auf die letzten großen Flugveranstaltungen in Deutschland zurückblickt, besonders auf den Prinz-Heinrich-Flug am Oberrhein und die soeben beendete Frühjahrsflugwoche in Johannisthal, so ist ein großer Fortschritt der Leistungen gegen das Vorjahr nicht zu verkennen. Vor allem zeigt sich das in der verminderten Abhängigkeit von Wind und Wetter. Auch an recht böigen Tagen sahen wir oft nicht nur vereinzelte, sondern scharenweise Flugmaschinen am Himmel; und das erste eigentliche Flugmaschinen-Wettrennen in Johannisthal wurde am 27. Mai abgelassen, trotzdem Gewitterwolken am Himmel standen und recht unangenehme Böen über das Feld strichen. Der Erfolg hat bewiesen, daß man das wagen durfte.

Mag an diesem Fortschritt auch das gesteigerte Können der Flieger einen wesentlichen Anteil haben, das größere Selbstvertrauen und die sicherere Beherrschung der Maschinen, so wird doch auch den technischen Fortschritten vieles davon zuzuschreiben sein.

Gegenüber der Mannigfaltigkeit der Bestrebungen und Versuche ist es freilich sehr schwer, klare Richtlinien der Entwicklung aufzudecken und die Neuerungen richtig zu beurteilen. Ich bitte darin nicht mehr zu erwarten, als was ich zugesagt habe, als ich mich vor kurzem zur Übernahme dieses Referates, in Anerkennung seiner Wichtigkeit, aber ohne Verkennung seiner Schwierigkeit, bereit finden ließ. Ich muß mich darauf beschränken, die Hauptpunkte der Entwicklung in möglichst systematischer Folge an Beispielen vorzuführen. Eine eindringlichere Behandlung der zahlreichen Einzelfragen würde ohnehin den Rahmen eines Vortrages weit überschreiten.

Die folgende Einteilung ist vielleicht zweckmäßig:

    A. Allgemeine Bauform.
    B. Aerodynamische Ausbildung.
    C. Mechanischer Aufbau.

Als ein durchgehender Zug im Flugmaschinenbau erscheint mir der häufige Widerstreit verschiedenartiger technischer Anforderungen:

Gute Flugeigenschaften, also Stabilität und dynamische Ökonomie wollen sich mit einer günstigen Anordnung der Fliegersitze für Schutz und Ausblick noch nicht recht befriedigend vertragen. Das dringende Bedürfnis, die Maschinen rasch zum Transport zerlegen zu können, also die Packbarkeit, widerstreitet den Grundforderungen an zuverlässige Baufestigkeit. So sieht man vielfach schwankend Kompromisse, wobei oft das Neue nur darin besteht, daß bewährte Einzelheiten verschiedener Herkunft auf neue Art kombiniert werden.

A.

Im allgemeinen Aufbau ist man sich darüber klar, daß es für die Stabilität gut ist, die Lasten nahe am Schwerpunkt zu vereinigen und diesen nicht weit unter den Druckpunkt der Flügel zu legen.

Bild 1 und 2. Eindecker von Grade.

Hängt man die Fliegersitze wegen freien Ausblicks ganz unter die Tragflächen, so ergibt sich eine reichlich tiefe Schwerpunktslage, was aber die Führung nur wenig erschwert, besonders wenn man den Motor über den Flügeln beläßt. Dabei läßt sich aber eine geschlossene Karosserie zum Schutze der Flieger nicht geschickt anbringen. Das ist ein Hauptnachteil der Maschinen mit unten hängenden Sitzen, wenigstens für Landflugzeuge. Immerhin haben sich einige solche Konstruktionen recht gut bewährt, sie sind für Sportzwecke als leichte Maschinen sehr geeignet und in der ihnen von Grade gegebenen Form recht verbreitet (Bild 1 und 2); aber zu großen Erfolgen haben sie es in Deutschland so wenig wie im Auslande gebracht. Bei den meisten Maschinen sieht man die Sitze in der Längsrichtung nach vorn oder nach hinten, entgegengesetzt zum Motor, aus dem Schwerpunkt soweit herausgerückt, daß ein genügender Überblick erzielt wird (Bild 3, 4, 11, 22 u. a.). Mir scheint, daß man manchmal damit unnötig weit geht. Übrigens hilft man dem guten Ausblick vielfach noch durch ein kleines Opfer anderer Art nach, nämlich durch freigelassene Schlitze zwischen Rumpf und Flügeln, also eine kleine Verschlechterung der aerodynamischen Ökonomie.

Bild 3. Doppeldecker von Euler.

Bild 4. Doppeldecker von Otto.

Die Frage, ob Ein- oder Zweidecker vorzuziehen, erscheint verhältnismäßig unbedeutend. Wegen des vorteilhafteren Aufbaues, also höherer Baufestigkeit bei gleichem Gewicht und gleicher Tragkraft, wäre dem Doppeldecker wohl der Vorzug zu geben, wenn es gelänge, ihn an Stabilität und leichter Führbarkeit den sogenannten Tauben gleich zu machen, die in dieser Hinsicht noch immer an der Spitze stehen. Dreidecker sind immer nur ganz vereinzelt gebaut worden; daß sie besondere Vorteile gezeigt hätten, ist nicht bekannt geworden.

Ob das Triebwerk, Motor und Propeller, vorn an der Spitze des Flugzeuges oder hinter den Tragflächen seinen besten Platz hat, möchte ich noch nicht für endgültig entschieden halten. Beides hat bekanntlich sein Für und Wider. Auch beim Automobil hat es lange gedauert, bis der richtige Platz für den Motor und damit die heute so selbstverständlich scheinende Grundform gefunden war. Eine ganz befriedigende Lösung scheint es beim Flugzeug nicht zu geben. So schwankt man wenigstens beim Doppeldecker vielfach noch vom einem zum andern. Beim Eindecker scheint es, als solle die Anordnung des Motors vorn obsiegen. Die wenigen abweichenden Konstruktionen konnten sich bisher nicht durchringen. Ob das technisch ganz berechtigt ist, möchte ich noch nicht für entschieden halten. Wenigstens gibt es eine Lösung, die man für vollkommener halten kann, wenn bei ihr noch die Frage der Stabilität endgültig geklärt wird: die sogenannte Entenform, die keinen nach hinten ausgestreckten Schwanz hat, sondern die Leitflächen und Steuer an dem vorausgestreckten Kopf trägt (Bild 5). Hier arbeitet der Propeller ganz hinten wie beim Schiff an der aerodynamisch günstigsten Stelle. Sein Luftstrahl trifft nicht auf Hindernisse und seine Triebkraft wird voll ausgenutzt. Zugleich ergibt sich eine für den Ausblick günstige Stellung der Sitze und manche anderen Vorteile, besonders beim Abfliegen und Landen, vom Wasser sowohl wie vom Erdboden. Nach den Ergebnissen der weiterhin erwähnten Reißner-Gehlenschen Arbeit lassen sich bei dieser Form sogar besonders gute Stabilitätsverhältnisse erzielen. In der Tat haben wir die von Reißner darnach ausgeführte Maschine vorzüglich fliegen gesehen. Es ist sehr zu bedauern, daß ihre Entwicklung durch Unglückfälle einstweilen lahm gelegt worden ist, die nichts mit ihrer Konstruktion zu tun

Bild 5. Ente von Reissner.

haben. Wir dürfen wohl der Hoffnung auf baldige Fortsetzung dieser Arbeiten Ausdruck geben.

In ähnlichem Sinne mag auch die eigenartige Lösung von Dorner erwähnt werden, wo Motor und Sitze unter der Tragdecke liegen und die durch Kettentrieb ins Langsame übersetzte Schraube oben hinter der Tragdecke innerhalb des Verbindungsgerüstes läuft, das hinten die Steuer usw. trägt. Der Motor liegt ganz vorn und arbeitet durch eine zwischen den Sitzen hindurchgehende Kardanwelle auf den Kettentrieb. Diese, in mancher Hinsicht recht vorteilhafte Anordnung ist wegen der weitläufigen Kraftübertragung anscheinend doch nicht lebensfähig. Allerdings haben auch hier manche Ursachen von nicht technischer Natur dazu beigetragen, daß sie sich trotz einiger schöner Erfolge nicht hat durchringen können.

Das Streben nach dynamischer Ökonomie, also mit möglichst schwachem Motor auszukommen, aus dem solche Konstruktionen hauptsächlich entstanden sind, ist gegenüber den praktischen Forderungen überhaupt immer weiter zurückgetreten. Auch bei dem Zweischraubenantrieb nach Wright werden die ökonomischen Vorteile gegenüber den mechanischen Nachteilen nicht mehr gewürdigt, obwohl diese Nachteile nicht allzu groß erscheinen. Die Kettenübertragung läßt sich als durchaus zuverlässiger Maschinenteil ausbilden. Die Gefahr einseitigen Kettenbruches läßt sich ausschalten durch Anwendung einer gemeinsamen Kette für beide Schrauben, wie es von Savary in Frankreich und ähnlich von der deutschen Wright-Gesellschaft mit Erfolg ausgeführt worden ist. Ein Kettenbruch setzt dann beide Schrauben zugleich still und kommt in seiner Wirkung dem Aussetzen des Motors gleich. Übrigens ist, wie Abramowitsch praktisch und Gehlen theoretisch nachgewiesen haben, die Stabilitätsstörung durch plötzliches einseitiges Wirken nur einer Schraube bei weitem nicht so erheblich, wie man es gefühlsmäßig einschätzen möchte. Der Flieger ist durchaus imstande, die Wirkung zu parieren und die Maschine sicher zu landen. Einstweilen ist aber der Zug nach mechanischer Einfachheit so stark, daß selbst die deutsche Wrightgesellschaft neuerdings zum Bau von Doppeldeckern mit einfachem, direkt gekuppelten Propeller an der Spitze des geschlossenen Rumpfes übergegangen ist. Von der ursprünglichen Wrightmaschine ist nur noch die Verwindung der Tragzelle und die patentierte Kupplung des Seitensteuers mit der Verwindung übrig geblieben. Mitbestimmend mag dabei allerdings auch das Bedürfnis nach einer guten geschlossenen Karosserie zum Schutze der Flieger gewesen sein, die sich auf der ursprünglichen Wrightmaschine kaum anbringen ließ.

Bei Wasserflugmaschinen hat man verschiedentlich wieder zum Kettenantrieb gegriffen, um den Motor tief in das Boot legen zu können, das zugleich die Flieger aufnimmt und als Schwimmer dient. Der Seetüchtigkeit wegen darf ja der Schwerpunkt nicht zu hoch über dem Wasser liegen. Bei einem französischen Riesenwasserflugzeug ist man neuerdings bis auf 200 PS gegangen, die durch eine Kette auf eine vierflügelige Schraube übertragen werden. Das dürfte sich als Übertreibung erweisen. Die Grundform des Flugbootes scheint aber doch Berechtigung zu haben und im Zusammenhange damit dürfte die Kettenübertragung einige Bedeutung behalten.

Daß man auch bei Landflugzeugen allmählich wieder auf die Übersetzung der Propeller ins Langsame zurückgreifen wird, um die Motorkraft besser auszunutzen, erscheint mir zweifellos. Nur wird man dabei den ins Motorgehäuse eingebauten Rädertrieb bevorzugen, um die Schwierigkeiten zu vermindern, welche die einwandfreie Lagerung einer weitläufigeren Kraftübertragung im Flugzeug mit sich bringt. Wieviel sich dadurch gewinnen läßt, das hat der große französische Militär-Flugzeug-Wettbewerb von 1911 gezeigt, an den ich immer wieder erinnern möchte. Da haben 3 Maschinen mit nur 70-pferdigen, wassergekühlten Motoren die Bedingungen erfüllt, die sonst nur mit 100- bzw. 140-pferdigen Gnome-Motoren bestanden wurden (300 kg Nutzlast außer Betriebsstoff für 4 Stunden; dabei großes Steigvermögen usw.; also erheblich höhere Ansprüche als unsere Militärbedingungen). Und jene 3 Maschinen von 70 PS arbeiteten sämtlich durch Übersetzung auf den Propeller. Das ist sicher kein Zufall. Die schnellaufenden Propeller arbeiten durchweg mit zu großem Schlupf und schlechtem Wirkungsgrad. Man wird sich den Vorteil der Übersetzung auf die Dauer nicht entgehen lassen können.

B.

Hinsichtlich der aerodynamischen Ausbildung haben wir aus der letzten Zeit verhältnismäßig wenig Neues festzustellen.

Was die Stabilitäts- bzw. Steuerungseigenschaften angeht, so sind nach dem überwiegenden Urteil unserer Flieger die „Tauben" bei weitem am bequemsten zu fliegen. Für die Schonung der Nervenkraft ist das von größter

Bedeutung. Deshalb haben fast alle größeren Werke nach und nach den Bau von Tauben aufgenommen (Bild 6—10). Man hat vielfach versucht, die Vorteile der Zanoniaform also die aufgebogenen Flügelenden mit negativem Anstellwinkel, nach dem Etrichschen Vorbild, auch auf Doppeldecker zu übertragen (Bild 11). Aber das Mittel hat nicht voll die gleiche Wirkung ergeben. Man greift deshalb, und um das Opfer an Tragfähigkeit zu vermeiden, bei Doppeldeckern heute mit Vorliebe zu einem anderen Mittel, von dem man sich gute Stabilisierung verspricht: die Pfeilform in Verbindung mit leicht V-förmiger Stellung der unteren oder auch beider Tragdecken (Bild 12—13). Die hierzu führende einfache Überlegung braucht nicht wiederholt zu werden. Ich verweise aber auf die unter Reißners Einfluß entstandene, bzw. auf seinen ausgezeichneten Vorarbeiten beruhende Arbeit von Gehlen über die Stabilität der Flugzeuge, worin die bezüglichen Fragen mit großer Klarheit behandelt sind. Sie enthält eine Reihe wertvoller Fingerzeige. Wie viel man allein schon durch die V-Form bei hochliegendem Schwerpunkt erreichen kann, hat Fokker bewiesen (Bild 14). Die Fokkersche Maschine besitzt bekanntlich überhaupt keine Quersteuerung, Verwindung oder dgl., sondern wird allein mit dem Seitensteuer durch sehr kühne Kurven geführt. Einige Konstrukteure fügen zu der V- und Pfeilform noch die Staffelung der Tragflächen: die obere wird gegen die untere nach vorn verschoben. Das soll einen flachen Gleitflug begünstigen, weil die obere Fläche dann nicht mehr im Windschatten der unteren liegt. Diese Vorstellung dürfte sich aber wohl als ein Irrtum erweisen; in Frankreich sind übrigens die ursprünglichen Vertreter der Staffelung (Goupy, M. Farman, Sommer) ganz davon zurückgekommen, weil die Maschinen infolge starker Verlegungen des Druckpunktes recht gefährlich waren. Ein endgültiges Urteil läßt sich über diese Entwicklungstendenz aber nicht abgeben. Daß gelegentlich überhaupt noch sehr abweichende Meinungen befolgt werden, zeigt Bild 15: die obere Tragdecke eines sehr sorgfältig gebauten Doppeldeckers ist mit Absicht an den Seiten nach unten gezogen, also umgekehrt V-förmig.

Mit der Profilierung der Flügel hält man sich meist an die verschiedenen bewährten Formen. Sehr wesentliche Unterschiede in der Tragkraft scheinen nicht zu bestehen. Über die Vor- und Nachteile hört man noch sehr widersprechende Meinungen, besonders bezüglich der Stabilitätseigenschaften und Wanderung des Druckpunktes bei verändertem Anstellwinkel. Die wissenschaftliche Klärung steht hier, wie in vielen anderen Punkten, noch aus. Während bei den meisten Maschinen das Flügelprofil noch über die ganze Spannweite gleich und mit konstantem Anstellwinkel belassen wird, sind einzelne Konstrukteure jetzt dazu übergegangen, die Winkelstellung nach der Mitte hin steiler, nach den Flügelenden zu flacher zu machen. Man kann vermuten, daß dadurch die Bildung der tragenden Luftwelle günstig beeinflußt wird, da ihre Wirbelstärke ja nach den Enden zu irgendwie abnehmen muß. Man kann auch annehmen, daß dieses Mittel die Stabilität begünstigt, da es eine teilweise V-Form der Flügel schon bei gradliniger Vorderkante ergibt. Diese Form ist besonders bei dem Doppeldecker von Freytag planmäßig verwendet, dessen Konstruktion von Professor Baumann herrührt. Diese Maschine zeigt in der aerodynamischen Ausbildung überhaupt eine Reihe bemerkenswerter Neuerungen (Bild 16—17).

Eindecker nach Taubenform.

Bild 6. Etrich.

Bild 7. Albatros.

Bild 8. Jeannin.
Rumpler-Tauben siehe Bild 32—34.

Bild 9. Euler.

Bild 10. Kondor.

Bild 11. Doppeltaube der Deutschen Flugzeug-Werke.

Bild 12. Doppeldecker der Deutschen Flugzeug-Werke.

Bild 13. Doppeldecker von Albatros.

Bild 14. Eindecker von Fokker.

Das Flügelprofil ist abweichend von allen anderen Konstruktionen nicht durch eine Rippenkonstruktion fest vorgeschrieben, sondern die Wölbung bildet sich unter der Wirkung des Luftdruckes von selbst. Der Flügelrahmen besteht nur aus 2 kräftigen Stahlrohr-Querholmen mit wenigen geraden Längsstäben, die also breite Felder ganz freilassen, welche nur durch das darüber gespannte Flügeltuch bedeckt werden. Die obere Tuchdecke ist vollkommen geschlossen; in der Unterdecke sind im ersten Drittel jedes Feldes kreisrunde Löcher von gewisser Größe angeordnet, während am hinteren Ende ein schmaler, durchgehender Schlitz von bestimmter Breite vorhanden ist. Durch die runden Öffnungen tritt die Luft mit dem dort herrschenden Überdruck in das Innere ein und bläht die obere Decke zu einem gewölbten Profil auf. Dieser Druck soll nach den hinteren Schlitzen

Bild 15. Doppeldecker der Gothaer Waggon-Fabrik.

hin, durch welche Luft austritt, mit gewisser Gesetzmäßigkeit abnehmen. Dadurch ergibt sich eine bestimmte Belastung der Ober- und Unterdecke, die also beide tragen. Ferner wird die Wölbungsform von der außen herrschenden Druckverteilung beeinflußt werden, und sie soll sich dadurch von selbst der jeweiligen Strömung anpassen und plötzlichen Drucksprüngen und Ungleichmäßigkeiten der Druckverteilung entgegenarbeiten, so daß also Wirbelbildungen hinter der Tragfläche hintangehalten werden. Auch kann sich die Profilierung einer Tragdecke seitlich verschieden ausbilden und sie kann an der oberen und der unteren Tragdecke des Doppeldeckers verschieden werden. Diese Bauart soll in der Tat einen besonders guten Auftrieb ergeben haben. Das Flügeltuch ist der ungewöhnlich hohen Beanspruchungen wegen durch eingenähte Stahldrähte verstärkt, die also gewissermaßen die Rippen ersetzen.

Auch die Quersteuerung ist bei dieser Konstruktion eigenartig. Sie erfolgt durch drehbare Hilfsflügel mit vertikaler Drehachse an den Enden der oberen Tragdecke. Der Vorteil soll neben sehr kräftiger Wirkung darin bestehen, daß keine Rückwirkung entsteht, die mit dem Seitensteuer pariert werden müßte.

Auf die eigenartige Vorrichtung zur Erzielung einer selbsttätigen Längsstabilität bei der Baumann-Freytagschen Maschine möchte ich noch nicht näher eingehen, weil sie wohl ihre Probe noch nicht endgültig bestanden hat. Die ganze Tragzelle ist wie ein Höhensteuer drehbar um eine wagerechte Querachse

am Rumpf gelagert und mit dem eigentlichen Höhensteuer am Schwanz, das besonders groß und ebenfalls tragend ausgebildet ist, durch ein doppeltes Seil zu
entgegengesetztem Drehsinn gekuppelt. Durch geeignete Wahl der Hebelarme,
an denen dieses Seil beiderseits angreift, läßt sich ein Gleichgewicht zwischen
beiden herstellen, bei dem die Gewichtsmomente der drehbaren Teile, also die
Richtung der Schwere, eine Rolle spielt. Dadurch soll sich erreichen lassen, daß
die Maschine stets von selbst der wagerechten Fluglage zustrebt.

Bild 16 und 17. Doppeldecker von Baumann-Freytag.

Von diesem eigenartigen Versuche abgesehen, hat sich an den Formen der
Höhen- und Seitensteuer wenig geändert. Man setzt die Steuer gern
glatt anschließend hinter die festen Leitflächen; dabei sucht man Gelenke, besonders beim Höhensteuer, überhaupt zu vermeiden, indem man sie nach dem Vorbild der Etrichschen Bambuskonstruktion durch Biegung des elastischen Flossen
ersetzt.

Daß das Seitensteuer seinen Platz besser über als unter den Führungsflossen des Schwanzes hat, weil es dann ähnlich der V-Stellung der Flügel aufrichtend wirkt, wird in Deutschland bei allen guten Konstruktionen beachtet (Bild 18). Der Einfluß ist allerdings nicht erheblich. Beim Seitensteuer legt man zum Teil Wert auf Entlastung der Flügel von den Steuerrücken, legt also, wie beim Schiff, einen Teil der Fläche vor den Drehpunkt. Das vordere Höhensteuer ist fast ganz

Bild 18. Doppeldecker der A. E. G.

Bild 19. Doppeldecker der Aviatik A.-G.

verschwunden. Selbst in Frankreich hat Farman es jetzt so verkleinert, daß es nur noch als „Indicateur" dem Auge des Führers dient, der einmal daran gewöhnt, es wohl ungern ganz entbehrt. Die eigentliche Wirkung ist in das hintere Steuer gelegt; man baut dieses trotzdem jetzt überall eindeckig, ebenso wie die feste Führungsflosse. Die plumpe Schwanzzelle der früheren Zeit sieht man nicht mehr. Sogar bei älteren Doppeldeckern, wo das Zellengerüst noch vorhanden ist, läßt man doch

die untere Fläche unbespannt (Bild 19). Die wagerechte Leitflosse wird von
manchen durch selbstsperrende Stellvorrichtung einstellbar gemacht (s. das seitliche Handrad in Bild 20), um sie dem jeweiligen Belastungszustand der
Maschine anpassen zu können.

Die Quersteuerung wird nach wie vor bei den Eindeckern vorwiegend
durch Verwindung, bei den Doppeldeckern mehr durch Klappflügel bewirkt, die man
jedoch meist nicht mehr, wie in der ersten Zeit, auf der Seite, die gebremst werden
soll, nach unten, sondern nach oben zieht. Man erreicht dadurch bekanntlich,
daß sich die Maschine von selbst richtig in die Kurve legt. Vereinzelt findet man
zur Quersteuerung bei Doppeldeckern besondere, nicht tragende Hilfsflügel auf
mittlerer Höhe zwischen den Tragdecken angeordnet, wie wir es zuerst von dem
Doppeldecker von Curtis kennen.

Bild 20. Eindecker der Deutschen Flugzeug-Werke.

Zur Verminderung des Stirnwiderstandes hat man die aerodynamische
Ausbildung vielfach wesentlich verbessert. Das schlanke, fischförmige Boot wird
meist vierkantig ausgeführt, z. B. in der bekannten Schneiderschen Konstruktion
der L. V. G.-Eindecker (Bild 21). Die Kanten dabei möglichst abzurunden,
wie es bei Bild 7, 11, 12, 13 u. a. zu sehen ist, ist sicher eine Verbesserung. Vielfach baut man aber auch ganz ovale und sogar kreisrunde Bootsformen, die dann
bei gerader Mittellinie zum vollständigen, torpedoförmigen Rotationskörper werden
(Torpedo-Eindecker, Bild 22 und 23). So weit zu gehen, dürfte beim Flugzeug
nicht berechtigt sein, da man es ja doch mit unsymmetrischen Strömungen zu tun hat,
und da sich die Flügel dann nicht organisch anfügen lassen. Rumpler u. a.
haben nach einzelnen Versuchen die reine Torpedoform wieder aufgegeben. Richtiger
erscheinen ovale Fischformen, mit dem größten Durchmesser senkrecht, wenn die
Sitze hintereinander liegen sollen, oder auch querliegend, wenn man 2 Sitze nebeneinander haben will, wie bei dem schönen neuen Eindecker von Hirth (Albatros-
Werke, Bild 24). Hier ist eine besonders glatte Linienführung mit sehr schönen
Formen erreicht; auch auf die Übergänge vom Rumpf zu den Flügeln ist große Sorgfalt verwendet: besondere Hohlkehlenstücke bedecken die sonst beim Flügel-
ansatz an den Rumpf noch überall vorkommenden unorganischen Ecken. Auch
bei den neueren Doppeldeckern hat man zur Verminderung der toten Widerstände
viel erreicht durch Beschränkung der Anzahl der Streben und Spanndrähte, durch
fischförmige Querschnittausbildung der Streben und durch glatten Aufbau des
Ganzen, besonders auch des Fahrgestells (vgl. Bild 25, 18, 13, 12 u. a.).

Schnelle Eindecker.

Bild 21. Luft-Verkehrs-Gesellschaft.

Bild 22. Kühlstein-Torpedo.

Bild 23. Rumpler.

Wichtig ist in dieser Hinsicht auch die Kühleranordnung. Quer gegen die Luft stehende Automobilkühler sieht man kaum noch. Meist liegen die Kühler in besonderer Ausbildung flach an die Seitenwände des Rumpfes angeschmiegt (Bild 25 u. a.). Manchmal sind sie aber auch in der Stirnfläche des Rumpfes angebracht (Bild 26); die Propellerwelle ragt durch das Kühlrohrsystem hervor. Einige Konstrukteure setzen sie unter den Bug des Rumpfes (Bild 27, auch 16); schließlich, bei dem Hirthschen Eindecker (Bild 24), liegt der Kühler oben, dicht über dem Motor. Diese Anordnung hat insofern einen entschiedenen Vorteil, als Motor und Kühler dadurch zu einem Ganzen vereinigt, und die Verbindungsleitungen möglichst kurz und einfach werden.

Bild 24. Hirth-Albatros.

Unter der aerodynamischen Ausbildung sind logischerweise auch die Schwimmer der Wasserflugzeuge zu behandeln, die man ja auch als Tragdecken betrachten kann, und deren wissenschaftliche Behandlung unter dem Kapitel Hydrodynamik zu erfolgen hätte. Hydrodynamik und Aerodynamik würden wir ja garnicht getrennt benennen, wenn wir ein gemeinsames Wort dafür besäßen. Vielleicht ist es nicht überflüssig, nebenbei eine gemeinsames Wort dafür vorzuschlagen, das zugleich den Vorteil vollkommener Allgemeinverständlichkeit besitzt: „Strömungslehre" dürfte die Sache vollkommen treffen, denn überall handelt es sich ja um die Erscheinungen und Wirkungen von Strömungen.

Die strömungstechnische Ausbildung der Schwimmer wird von den verschiedenen Konstrukteuren noch sehr verschieden behandelt. Schmale, lange Kästen mit ebenen Seiten- und Grundflächen, vorn nach oben und hinten nach unten zu einer wagerechten Kante ausgezogen, haben sich gut bewährt (vgl. Bild 28 und 29). Nach in Frankreich gemachten Erfahrungen soll aber bei bewegtem Wasser eine etwas kielförmige Ausbildung der unteren Fläche vorn wichtig sein.

Mit einem einzelnen, mittschiffs angeordneten Schwimmer wird die erforderliche Geschwindigkeit zum Aufstieg natürlich leichter zu erreichen sein als bei 2 seitlich angeordneten (Bild 30). Wegen besserer Stabilität beim Schwimmen würde man wiederum der letzten Anordnung den Vorzug geben. Die manchmal ange-

Bild 25—27, Kühleranordnungen (vgl. auch 24).

Bild 25. Doppeldecker der Luft-Verkehrs-Gesellschaft.

Bild 26. Albatros.

wendete Stufe in der unteren Fläche des Schwimmers entsteht nicht aus strömungs-
technischen Gründen, sondern aus der Notwendigkeit, den statischen Auftriebs-
mittelpunkt des eingetauchten Schwimmers und den dynamischen Auftriebpunkt
des sich aus dem Wasser abhebenden Schwimmers, beide unter den Schwerpunkt,
aslo in gleiche Längsstellung zum Flugzeug zu bringen. Den Schwimmer zugleich
als Boot auszubilden, das die Insassen und auch noch den Motor aufnimmt, wird
für die Schwimmstabilität im Seegang vielleicht unentbehrlich sein. Andererseits

Bild 27. Jeannin.

erscheint es mißlich, die Flieger so tief auf die Oberfläche des Wassers zu setzen. Wohl deshalb hat man in Deutschland meist noch den hochliegenden Rumpf, selbst bei eigens für Wasser konstruierten Flugzeugen, beibehalten so bei den Maschinen von K o b e r , Bild 29 und 30 (Friedrichshafen).   Vereinzelt sind auch bei uns schon Flugboote gebaut worden, aber noch nicht erfolgreich hervorgetreten.

Schwimmerformen und -Anordnungen.

Bild 28. Aviatik.

Bild 29 und 30. Flugzeugbau Friedrichshafen.

C.

In der **konstruktiven Ausbildung** der Maschine sehen wir überall eine
Fülle wichtiger Verbesserungen.   Um hier den Leistungen der Konstrukteure gerecht
zu werden, müßte man über jede einzelne Bauart oder jedes der Hauptglieder
einen besonderen Vortrag halten. Wir können nur einige Punkte herausgreifen,
die von allgemeinerer Bedeutung zu sein scheinen.

Statt des anfangs vorherrschenden Viereckverbandes bevorzugt man im
konstruktiven Aufbau immer mehr den Dreiecksverband, der bei gleicher Festigkeit
Gewichtsersparnisse erlaubt. So bildet man einen runden, torpedoförmigen Rumpf
durch ein dreikantiges Innengerüst, über das dann kreisförmige bzw. ovale Profil-
ringe gesetzt werden, die außen mit Furnieren oder mit Tuch bekleidet werden,
das nur durch längsgespannte Drähte abgesteift wird. Eine andere Herstellungs-
art ist in Bild 31 gut zu erkennen. Schön, aber wohl recht teuer ist die Herstellung
ganz aus Furnierhölzern, wobei die Festigkeit ganz in der Außenhaut liegt (Bild 24).

Auch die offenen Rümpfe oder „Brücken" bei den Doppeldeckern mit hinten
liegendem Motor gehen aus der Vierecksform allmählich in die Dreiecksform über;
da man keine doppeldeckige Kastenzelle, sondern nur noch eindeckige Leitflächen
und Höhensteuer am Schwanz anwendet, so zieht man die von den Tragdecken
kommenden Längsholme paarweise dreieckförmig zusammen. An der entstehenden
wagerechten Kante setzt das Höhensteuer an. Vor dieser liegt die feste Leitfläche.

Als ein durchgehender Zug erscheint weiter die zunehmende Verdrängung des Holzes als Konstruktionsmaterial durch den Stahl in Form von gezogenen, günstig profilierten Rohren. Das Aluminium verschwindet dagegen immer mehr.

Bei den Stahlkonstruktionen sieht man viel Schweißarbeit. Vorsichtige Konstrukteure suchen diese aber tunlichst zu vermeiden So findet man bei der in konstruktiver Hinsicht vorzüglich durchgebildeten Stahltaube von Jeannin, Bild 27, am ganzen Fahrgestell gar keine Schweißstelle.

Bild 31. Kondor.

Der allgemeine Zug nach möglichster Vereinheitlichung der Konstruktionsteile innerhalb der einzelnen Werke ist hier ebenfalls zu erwähnen Daß man z. B. bei den Eindeckern und Doppeldeckern mancher Firmen ganz den gleichen Rumpf mit gleichem Fahrgestell usw. verwendet, ist natürlich ein großer fabrikatorischer Vorteil (vgl. z. B. Bild 11, 12 und 20).

An der Verbesserung der Fahrgestelle ist viel gearbeitet worden. Im allgemeinen sucht man sie möglichst niedrig und dafür umso kräftiger zu bauen, mit wenigen aber starken Streben und möglichst ohne Drahtverspannung. Man kann mehrere Ausgangspunkte unterscheiden: Vielfach wird noch die breite Farmansche Grundform als vorbildlich beibehalten — mit 4 tragenden Rädern, je einem Paar an beiden Seiten, jedes Paar für sich in Gummigehängen beweglich, ohne durchgehende Achse, ohne oder mit Kufen beiderseits zwischen den Rädern (Bild 11, 12, 16). In mancher Hinsicht ist andererseits die gedrungene Nieuport-Schneidersche Bauart (Bild 21) vorbildlich geworden mit einer stark abgesteiften Mittelkufe und einem an diese durch Blattfederachse angefügten Räderpaar. Diese hoch beanspruchte Federachse hat sich allerdings nicht bewährt und man greift deshalb auch bei den neueren und schwereren Maschinen der gleichen Herkunft jetzt zu direkter Absteifung der Radlagerpunkte, in welchen die querdurchlaufende Radachse in Gummizügen elastisch aufgehängt wird (Bild 25). Die Bauart in Bild 27 ist offenbar von diesem Vorbild beeinflußt. Vielfach verzichtet man aber ganz auf die Kufe und legt alle Festigkeit in die Radlagerpunkte (Bild 26). Damit kommt man auf die im Grunde natürlichste, aber lange als minderwertig vernachlässigte Lösung zurück, die bei leichten Maschinen (Santos Dumont) schon immer mit Erfolg angewandt wurde (vgl. Bild 1). Zugunsten dieser Richtung wird auch das Blériotsche Vorbild mit 2 Rädern an schwenkbarer, gefederter Dreiecksaufhängung mehr und mehr verlassen. Bezeichnend ist z. B. die Entwicklung des Fahrgestelles

Entwickelung des Fahrgestells.

Bild 32—34. Tauben von Rumpler.

Bild 35. Albatros (1912).

bei den Tauben von Rumpler (Bild 32—34). Die lange allein benutzte Dreiecksaufhängung ist gegen eine Verstrebung vertauscht, bei der zuerst nur 2 schräg
von hinten kommende Streben beiderseits verwendet wurden (Bild 33), und nur ein
Zugorgan schräg nach vorn zum Kopf des Rumpfes ging. Man hat aber bald dieses
Zugorgan durch eine dritte Strebe ersetzt (Bild 34), da man offenbar doch immer
auch mit unregelmäßigen, mehr von oben bzw. vorn gerichteten Landungsstößen
zu rechnen hat. Bei anderen, sonst ähnlichen Konstruktionen sieht man wiederum
den Radlagerpunkt zu einer Art Kufenstück erweitert (Bild 35), das im Notfall
als solches in Wirkung treten kann. Bei allen diesen Konstruktionen wird die
erforderliche, allseitige Beweglichkeit und Federung des Rades durch die bekannten,
von Farman zuerst benutzten Gummiringzüge gegeben, die überhaupt in mannigfachster Anwendungsweise fast bei allen Maschinen zu finden sind. Eine Ausnahme
macht gerade hier die Jeanninsche Stahltaube (Bild 27), bei der die Federung der Räder in einem auf Druck beanspruchten Schraubenfederpaar liegt.

Die Konstruktionseinzelheiten der Flügel haben sich im allgemeinen wenig geändert. Die neue, auch in konstruktiver Hinsicht eigenartige Bauart von Baumann wurde schon besprochen. Sonst sind die bekannten Holzrippenkonstruktionen vorherrschend. Vereinzelt sucht man auch die Rippen aus Stahl herzustellen. Die Rippenkonstruktion wird meist auf Ober- und Unterseite bespannt.
Dem früher so vielfach gemachten Fehler, auf der Oberseite Unregelmäßigkeiten
zuzulassen, begegnet man nirgends mehr. Manche Vorteile scheint die Reißnersche Flügelbauart zu bieten (Bild 36). Der Flügel besteht aus dünnem, wellenförmig zusammengesetzten Aluminiumblech. Statt der Holme sind durch aufgenietete Stahlbänder an der Verdeckkante und in einer hinteren Querebene steife Gitterträger gebildet, deren Diagonalen aus den Blechwellen bestehen. Der Flügel soll

bei der Belastungsprobe eine ausgezeichnete Bruchfestigkeit gezeigt haben und gute Flugeigenschaften besitzen.

Im Propellerbau ist nach wie vor das Holz als Konstruktionsmaterial vorherrschend geblieben. Auch in aerodynamischer Hinsicht hat sich an der Schraubenkonstruktion wenig geändert. Daß die Dauerhaftigkeit der Holzschraube recht beschränkt ist, und daß sie unter Witterungseinflüssen ihre Form leicht verändert, macht sich vielfach stärker fühlbar, seitdem man auf etwas längere Lebensdauer der Maschinen rechnen darf. Deshalb treten verschiedentlich Wünsche nach Schrauben aus Stahl oder dgl. hervor, denen der Propellerbau zu entsprechen suchen wird. Für das Wasserflugzeug erscheint das besonders wichtig. Schon jetzt verwendet man hier Blechbeschläge auf den Holzflügeln.

Bild 36. Flügel der Reißner-Ente im Belastungsversuch (vgl. Bild 5).

An den Verbindungsorganen, welche die Tragdecke unter- oder die Flügel mit dem Fahrgestell und dem Rumpf verspannen, sind viele vortreffliche neue Einzelheiten entwickelt worden, um das Nachspannen zu erleichtern und größte Sicherheit gegen Brüche zu erzielen.

Ein wesentlicher Gesichtspunkt dabei ist auch das immer dringender werdende Bedürfnis, die Maschine leicht zerlegen und zum Verladen auf Eisenbahn- oder Straßenfahrzeuge bereit machen zu können. Verschiedene unserer ersten Fabriken haben deshalb die Spanndrähte bzw. Kabel mit leicht zu öffnenden Karabinerhaken versehen, die auf geschickte Weise gegen unbeabsichtigtes Öffnen gesichert werden.

Das Zusammenlegen geschieht in der Regel durch Abnehmen der Flügel oder Tragdecke vom Rumpf. Bei verschiedenen neueren Doppeldeckern (Bild 13, 25) werden die oberen von den unteren Tragdeckenteilen nicht vollständig getrennt, sondern nach Entfernung einiger Spanndrähte durch Umlegen der vertikalen Streben aufeinander geklappt. Durch Lösen einiger Bolzen und Karabinerhaken geht das sehr einfach und schnell von statten. Dann gehen sie mit dem Rumpf zusammen auf einen Wagen. Verschiedentlich sind besondere Transportwagen, in der Regel als Anhänger an Automobile, konstruiert worden, um die zusammengelegten Flugzeuge auf der Straße zu bewegen.

Die A. E. G. ist mit der Packbarkeit noch einen wesentlichen Schritt weiter gegangen. Die Flügel des Doppeldeckers (Bild 18) werden überhaupt nicht abge-

Bild 37 und 38. A. E. G.-Doppeldecker (vgl. Bild 18).

nommen, sondern nach Lösung der Verbindungsbolzen im vorderen Holm, nahe am Rumpf, werden sie um einen in dem hinteren Holmen geschaffenen, besonders verstärkten Drehpunkt nach hinten geschwenkt, so daß ihr Zusammenhang vollständig gewahrt bleibt, während sie eng an den Rumpf gelegt innerhalb des zulässigen Laderaumes für Eisenbahnfahrzeuge verschwinden (Bild 37 und 38). Der Gedanke, in dieser Weise nach dem Vorbilde von Käfern die Flügel einzulegen, liegt ja nicht fern. Bei einer französischen Flugmaschine, die auf Pariser Ausstellungen Aufsehen erregt hat, geschieht das Zusammenlegen sogar vom Sitze aus und die Stellvorrichtung soll gleichzeitig während des Fliegens an Stelle einer Verwindung dienen. Der Mechanismus arbeitet auch sehr schön, wenn die Maschine am Boden steht. Daß sie auch in der Luft gesehen worden wäre, habe ich noch nicht authentisch erfahren können.

Diskussion.

Baumeister **Gustav Lilienthal**-Berlin.

Zunächst ein Hinweis auf die Fähigkeit des Fregattvogels, seinen breiten schwalbenähnlichen Schwanz dachförmig zusammenzulegen und denselben aus einer horizontalen Dämpfungsfläche zu einem Seitensteuer umzubilden.

Auch ist der Fregattvogel imstande, seine Flügelspitze mehr oder weniger zu verbreitern, um sich dadurch eine vergrößerte Tragewirkung an der einen oder anderen Seite zu bilden. Bei Niederschlägen im Ruderflug wird zu gleichem Zweck die Spitze verbreitert. Andere Eigentümlichkeiten, von welchen Flugmaschinenkonstrukteure Nutzen ziehen könnten, waren wegen Kürze der Sprechzeit nicht möglich anzuführen.

Professor **Baumann**-Stuttgart.

Ich möchte mir die Frage erlauben, ob bei dem Gothaer Doppeldecker wirklich die obere Tragfläche in umgekehrter V-Form ausgeführt ist, oder ob es sich nicht um eine Pfeilform handelt und nur die perspektivische Ansicht der Maschine den Eindruck einer umgekehrten V-Form erweckt?

Im allgemeinen möchte ich darauf hinweisen, daß m. E. unsere heutigen Maschinen, speziell die Doppeldecker, vielfach aber auch die Eindecker, Formen aufweisen, die meinem Empfinden nach zu geometrisch sind. Sie stellen in dieser Form m. E. mehr eine konstruktive Idee als eine perfekte konstruktive Lösung dar. Ich möchte das an einem Beispiel näher erläutern, bemerke aber, daß ähnliche Betrachtungen bei sehr vielen Maschinen angestellt werden könnten. Der Grundgedanke der neuerdings beliebten Pfeilform ist in der Hauptsache der, daß die zurückliegenden Vorderkanten eine seitliche Stabilität geben, ähnlich wie z. B. V-Form. Bei strenger und einseitiger Durchführung des Gedankens kommt man so zu Maschinen der bekannten Art mit einer Vorderkante der Tragfläche, die aus einer gebrochenen geraden Linie besteht, deren Knick in Maschinenmitte liegt. Diese Form erscheint geometrisch und primitiv. Ein weiteres Eindringen in die Wirkung einer solchen Fläche zeigt, daß die aufrichtenden Momente, die sich für diese Form ergeben, in erster Linie durch die äußeren Enden der Tragfläche bedingt sind, während die Wirkung der zurückliegenden Vorderkante um so unbedeutender ist, je näher die Kante bei der Maschinenmitte liegt. Es spricht somit nichts dagegen, in der Mitte der Maschine auf Pfeilform zu verzichten, womit man an Stelle des eckigen Grundrisses zu einem Grundriß entsprechend der Zamonia kommt. Führt man den Gedanken konsequent durch, so wird man auch die übrigen Ecken abrunden und kommt so zu einer Form, die sich der Taubenform nähert.

Professor Dr. **Bendemann**-Adlershof.

Daß der Gothaer Doppeldecker nicht nur scheinbar auf dem Bilde, sondern tatsächlich und absichtlich die umgekehrte V-Form am oberen Tragdeck hat, weiß ich zuverlässig von dem Konstrukteur selbst, der mich darauf aufmerksam machte, daß es auf Wunsch des Fliegers Büchner so ausgeführt werden sollte; dieser hat die Erfahrung gemacht, daß dadurch besonders gute Stabilität erzielt wird.

Welche Anforderungen müssen an die Gesundheit der Führer von Luftfahrzeugen gestellt werden?

Vortrag, gehalten vor der Hauptversammlung am 5. Juni 1913.

von

Dr. E. Koschel, Stabsarzt im Regiment Königin Augusta, Berlin.

Euere Exzellenzen, meine Herren!

Bei allen Fahrzeugen, gleichviel, ob auf der Erde, auf dem Wasser oder in der Luft, dessen Führung in der Hand eines Einzelnen liegt, hängt das Heil der Mitfahrenden unbedingt davon ab, daß der Führer nicht durch irgendwelche Gesundheitsstörungen die Fähigkeit verliert oder auch nur in der Fähigkeit beeinträchtigt wird, seine verantwortungsvolle Aufgabe durchzuführen.

Die Gefahr ist nicht bei allen Fahrzeugen gleich groß. Auf der Lokomotive kann immerhin der Heizer den erkrankten Lokomotivführer wenigstens notdürftig ersetzen, er kann den Zug zum Stehen bringen; auf den elektrischen Schnellbahnen ist dem Zugführer ein Begleitmann beigegeben, der ihn ablösen kann; in der Führergondel des Luftschiffes kann nötigenfalls einer der übrigen Mannschaften eingreifen. Wir können uns aber darauf nur wenig verlassen, besonders, wenn wir berücksichtigen, daß in vielen Fällen der erkrankte Führer durch seine Krankheit, mag es ein Schlaganfall, ein Krampfanfall, eine Herzschwäche, ein Angstzustand oder gar eine plötzlich ausbrechende Geisteskrankheit sein, allein für seine Person wenigstens einen Menschen beschäftigen wird.

Bei weitem am größten ist die Gefahr im Kraftwagen und im Flugzeug, weil der Führer überhaupt nicht ersetzt werden kann, und bereits kleine Fehler des Führers bei schnellfahrenden Kraftwagen in den meisten Fällen, beim Flugzeug immer zur Katastrophe führen müssen.

Im Freiballon hat der Führer zwar Mitfahrer bei sich, sie besitzen aber selten selbst die volle Fähigkeit zu führen, und wenn sie auch vielleicht schon etwas davon verstehen, so werden diese mäßigen Fähigkeiten durch die große nervöse Erregung, plötzlich die ganze Verantwortung tragen zu müssen, noch beeinträchtigt, und in der Erregung machen sie die schlimmsten Fehler. Mir sind allerdings auch drei oder vier Fälle gegenwärtig, wo der Ballon durch Herausfallen des Führers führerlos wurde und dennoch glücklich landete; jedoch dürfen wir uns auf diesen glücklichen Zufall nicht verlassen.

Das einzige Mittel, die Gefahr der Erkrankuug des Führers, soweit es überhaupt menschenmöglich ist, auszuschließen, bleibt die sorgfältigste ärztliche Untersuchung der Führeraspiranten und die Stellung der größten Anforderungen.

10*

Die Eisenbahnverwaltung hat die Untersuchung auf gesundheitliche Tauglichkeit vor der Einstellung als Beamter und Hilfsbeamter längst eingeführt und die Anforderungen in den Vorschriften für die Feststellung der körperlichen Tauglichkeit begrenzt.

Für die Kraftwagenführer besteht die Vorschrift der ärztlichen Untersuchung. Ich habe hier den ärztlichen Fragebogen in der Hand; er ist, wie Sie sehen, reichlich knapp und reicht, wenigstens ohne nähere Ausführungsbestimmungen, meiner Ansicht nach nicht aus, die gesundheitliche Eignung genügend sicher festzustellen, aus Gründen, die ich gleich erörtern werde.

Noch vor wenigen Jahren war für die Führer von Luftfahrzeugen eine Untersuchung nicht vorgeschrieben. Die Vereine ernannten ihre Aspiranten zu Führern und vertrauten ihnen Mitfahrer an, ohne die Gewißheit zu haben, daß ihre Führer neben ihren führertechnischen Kenntnissen, die allerdings geprüft wurden, auch die gesundheitliche Tauglichkeit besitzen.

Erst die Anregung einer Reihe von Ärzten, die der Privatdozent Dr. Halben zusammenrief, nachdem Stabsarzt Dr. Flemming bereits früher auf die Notwendigkeit aufmerksam gemacht hatte, veranlaßte den Deutschen Luftschiffertag in Breslau, die ärztliche Untersuchung der Aspiranten vorzuschreiben.

Diese Untersuchungen werden in den verschiedenen Vereinen verschieden gehandhabt, da es keinen für alle Vereine verbindlichen Fragebogen gibt, und vor allem — und das halte ich für das Wesentlichste — da es nicht feststeht, welche Anforderungen gestellt werden müssen.

Vor einigen Monaten erhielt ich vom Deutschen Luftfahrerverband die Aufforderung, an der Aufstellung eines Fragebogens mitzuwirken und auch zu dem für Kraftwagenführer vorgeschriebenen Stellung zu nehmen.

Bereits seit Beginn meiner Luftschifferlaufbahn, der jetzt 12 Jahre zurückliegt, haben mich die ärztlichen Fragen naturgemäß besonders interessiert, und ich habe Gelegenheit gehabt, an etwa 90 Mitfahrern und mir selbst Beobachtungen zu machen.

Bei der Untersuchung müssen zunächst diejenigen Veranlagungen, Krankheitshinweise und Krankheitszustände Berücksichtigung finden, die schon unter gewöhnlichen Verhältnissen auf der Erde zu Funktionsstörungen Veranlassung geben können, ferner ist zu untersuchen, ob solche Erscheinungen, die auf der Erde unter gewöhnlichen Verhältnissen nur unwesentliche Funktionsstörungen machen, unter den erhöhten Anforderungen bei Luftfahrten zu wesentlichen Störungen führen können. Schließlich ist zu untersuchen, ob geringe Abweichungen, die auf der Erde überhaupt keine Funktionsstörungen hervorrufen, bei den erhöhten Anforderungen bei Luftfahrten störend wirken können.

Wesentliche Fingerzeige, auf welche Punkte die Untersuchung besonders Wert legen muß, ergibt die Vorgeschichte.

Daher sind folgende Fragen unbedingt notwendig:

Ob in der Verwandtschaft jemand — und, zutreffenden Falles, wer — an:

a) Geisteskrankheit, Epilepsie oder anderen Nervenkrankheiten, Trunksucht oder Selbstmordneigung,

b) an Tuberkulose litt.

Werden diese Fragen bejaht, so sind bei der Untersuchung des Nervensystems und der Lungen ganz besonders hohe Anforderungen zu stellen und auch nach selbst überstandenen Krankheiten auf diesen Gebieten ganz besonders eindringlich zu forschen.

Wir Militärärzte wissen es von den Freiwilligenuntersuchungen, wie gern die jungen Leute ihre überstandenen Krankheiten und alles, was ihrer Meinung nach ungünstig wirken könnte, verschweigen, in dem brennenden Wunsche, ja nicht zurückgewiesen zu werden. Das gleiche gilt von denjenigen, die sich um das Führerzeugnis bewerben. Man muß den zu Untersuchenden nicht nur fragen, ob er einmal krank war, sondern muß seinem Gedächtnis etwas nachhelfen, da er leicht etwas vergißt oder für unwesentlich hält, was von der größten Bedeutung sein kann.

Ich möchte außerdem die Fragen, die der bahnärztliche Fragebogen enthält, empfehlen:

a) Haben Sie Militärdienst geleistet?

b) Welchen?

c) Wenn nicht, weshalb nicht?

d) Wenn als Invalide entlassen, weshalb?

e) In welchen militärischen Verhältnissen stehen Sie zurzeit?

Es ist natürlich durchaus nicht notwendig, daß der Führer Soldat war; aber der untersuchende Arzt kann aus den Angaben wichtige Fingerzeige für die Untersuchung gewinnen.

Bezüglich der überstandenen Krankheiten empfehle ich sogar, noch weiterzugehen und noch mehr Einzelheiten zu fragen. Ich weiß, daß manche Fragen überflüssig erscheinen werden, aber je mehr gefragt wird, detso intensiver wird das Gedächtnis des zu Untersuchenden unterstützt.

a) Welche Krankheiten haben Sie durchgemacht?

b) Haben Sie Gelenkrheumatismus, Bluthusten, Blutbrechen, Herzbeschwerden durchgemacht?

c) Haben Sie jemals an einer Nerven- oder Geisteskrankheit gelitten, insbesondere haben Sie an Ohnmachtsanfällen, vorübergehenden, wenn auch noch so leichten Bewußtseinsstörungen (Absences), an Krampfanfällen, Lähmungen, Schwindelanfällen, Blutandrang nach dem Kopf, Angstzuständen, innerer Unruhe gelitten?

d) Hatten Sie eine wesentliche Verletzung, insbesondere des Kopfes, oder einen Knochenbruch, Verrenkung, Verstauchung? Haben Sie einen Unfall erlitten? Haben Sie eine Operation durchgemacht?

e) Hatten Sie ein Ohrleiden oder Augenleiden?

Ich habe meinen besonderen Grund, diese ganz ins einzelne gehende Fragestellung zu empfehlen, da ich selbst einmal bei einer Untersuchung bei einem Aspiranten beinahe ein Leiden übersehen hätte, das die unglückseligsten Folgen hätte zeitigen können, wenn er Führer geworden wäre.

Ich fragte ihn, ob er an irgendwelchen nervösen Störungen gelitten hätte, und glaubte besonders sorgfältig zu sein, als ich ihn speziell nach Krämpfen, Lähmungen, Angstzuständen, Zwangsvorstellungen fragte. Alles wurde verneint.

Ich untersuchte die Pupillen, die Funktionen der Hirnnerven, die Reflexe, die Fähigkeit mit geschlossenen Augen sicher zu stehen, den Puls. Alles war regelrecht. Nur eine gewisse Verlegenheit und dabei der Eifer, alles als äußerst günstig darzustellen, machte mich stutzig. Ich stellte Nachforschungen an und hörte von einem Vereinsfreunde die erstaunte Frage: „Haben Sie nicht gesehen, daß dem Manne ein Stück Schädel fehlt?" Ich bestellte ihn nochmals zur Untersuchung und fand unter der wohlgeordneten Frisur, daß ein dreiviertelhandtellergroßes Stück des Schädelknochens lose aufsaß und mit dem Gehirn pulsierte. Der Untersuchte war einmal, angeblich infolge falscher Diagnose, am Schädel operiert worden. Ich erfuhr dann, wieder auf Umwegen, daß dieser Herr sogar im Ballon eine, wenn auch kurze, Bewußtseinsstörung durchgemacht hatte, die zweifellos als eine vom Druck auf die Hirnrinde ausgehende epileptische Störung aufzufassen war. Ich betone, daß ich nach Bewußtseinsstörungen ihn zufällig nicht gefragt hatte. Der Bewerber ließ sich dann dieses Knochenstück operativ entfernen, aber ich habe trotzdem — jeder Nervenarzt und Chirurg wird mir Recht geben — ihn für untauglich erklärt, weil die Hirnrinde so lange schon gedrückt war, daß mir eine völlige Erholung nicht sicher schien. Er hatte mir die ganze Sache nicht mitgeteilt, weil er sie für „unwesentlich" hielt. Ich werde mich hüten, das anzuzweifeln. Der lebhafte Wunsch, etwas zu besitzen, mag ja das Urteil verwirren.

Diese Erfahrung hat mich aber auch zu der Ansicht des bekannten Nerven- und Bahnarztes Dr. Placzek bekehrt, zu empfehlen, daß von den zu Untersuchenden die eigene Unterschrift unter die Angaben der Vorgeschichte gefordert wird, wie es beispielsweise bei allen Versicherungsgesellschaften Brauch ist. Wir Gerichtsärzte wissen, wie sehr der Eid das Gedächtnis des Zeugen unterstützt, und ich bin überzeugt, daß dies auch durch die Unterschrift erreicht wird.

Wir lernen ferner aus diesem Beispiel, daß der Führer verpflichtet werden muß, derartige Fälle zur Sprache zu bringen. Die Rücksicht auf seinen Freund war unangebrachte Kameradschaft, und die Kameradschaft den vielen gegenüber, die später als Mitfahrer mit dem Kranken gefahren und vielleicht durch ihn verunglückt wären, war an erste Stelle zu setzen.

In den Abschnitt „Ärztlicher Befund und Gutachten" ist zunächst die in den meisten Fragebogen übliche Frage aufzunehmen:

Ist der Bewerber dem Arzte bekannt?

Hat er ihn bereits behandelt und woran?

Und ich rate hinzuzusetzen:

Hat er mit ihm bereits eine Luftfahrt unternommen?

Es ist erklärlich, daß diese Tatsachen die Untersuchung erleichtern.

Macht der Bewerber den Eindruck eines gesunden und kräftigen Menschen?

Es ist notwendig, daß der Führer kräftig ist, da die Arbeit, die man in jedem Luftfahrzeug, mag es Flugzeug, Luftschiff oder Freiballon sein, schon unter gewöhnlichen Verhältnissen zu leisten hat, groß ist, bei Zwischenfällen aber, z. B. beim schnellen Abheben von Ballastsäcken und dergleichen, sich noch erheblich steigert.

Finden sich an den Gliedmaßen Mängel oder Gebrechen?

Sind Knochenaufreibungen oder -verbildungen vorhanden?

Hemmen sie die Brauchbarkeit des betreffenden Gliedes?

Es ist notwendig, daß der Führer im Besitz seiner sämtlichen Gliedmaßen ist, und daß alle großen Gelenke frei beweglich sind. Der Führer muß in der Lage sein, gegebenenfalls eine Strickleiter erklettern zu können oder beim Freiballon sich in den Korbring schwingen zu können, um vielleicht eine Leine klar zu machen. Er muß nach einer Baumlandung hinunterklettern können, um Hilfe zu holen usw.

Ich weiß, daß wir einen verdienstvollen Führer haben, dem ein Arm fehlt; aber ich halte es für falsch, solche Fehler nicht zu beanstanden.

Nach überstandenen Verletzungen an den Gliedmaßen muß so weit Heilung eingetreten sein, daß keine besonderen Vorsichtsmaßregeln mehr nötig sind. Vorsicht auf der einen Seite kann zur Unvorsichtigkeit auf der anderen Seite führen. Bei meinen Erhebungen erhielt ich eine Auskunft, daß ein Fahrer im Freiballon, um sein eben verstaucht gewesenes Knie zu schonen, einen so hohen Klimmzug machte, daß er mit den Beinen außerhalb des Korbs lag und bei der Schleiffahrt sich nun noch das andere Knie verstauchte. Wenn ein Fußgelenk versteift ist, ist die Kniebeuge, das lose Stehen bei der Landung unmöglich, der Flugzeugführer ist in der Bedienung des Seitensteuers behindert.

Wenn ein Freiballonführer glaubt, zur Schonung einer alten Kniequetschung fingerdicke, bis zu den Hüften reichende Filzstiefel anziehen zu müssen, um sich bei der Landung nicht zu stoßen, oder, wie ich es erlebt habe, einen Schwimmgürtel umbindet, um eine früher gequetschte Rippe zu schützen, so halte ich ihn solange dieser Zustand besteht, nicht für brauchbar zum Führer, weil dieser sich unter Umständen schneller und ausgiebiger bewegen muß, als es eine solche Verpackung zuläßt.

Ist die Stimme kräftig?

Besteht Stottern erheblichen Grades?

Es muß verlangt werden, daß die Stimme kräftig ist und die Sprache gut verständlich ist. Der Führer in jeder Art von Luftfahrzeugen (das Flugzeug ausgenommen) hat oft schnell Anordnungen zu geben, die sofort und leicht verstanden werden müssen.

Wie ist der Bau des Brustkorbes?

Sind die Lungen gesund?

Der Bau des Brustkorbes gibt uns einen Fingerzeig, ob wir bei großer Flachheit auf Lungentuberkulose fahnden müssen, bei zu starker Wölbung und faßförmiger Erweiterung auf Lungenblähung. Tuberkulose schließt die Tauglichkeit zum Führer aus, schon wegen der Gefahr der Lungenblutung, die oftmals bereits als Frühzeichen eintritt, ebenso Lungenerweiterung höheren Grades, da bei größeren Höhen durch die ungenügende Ausatmungsfähigkeit der schädliche Raum zu groß wird.

Ist das Herz gesund?

Besteht eine Erkrankung der Blutgefäße?

Von den Herzfehlern haben wir die Herzmuskelschwäche und die Klappenfehler besonders zu berücksichtigen. Die Gefahr für das Herz ist zunächst die körperliche Anstrengung überhaupt. Ich habe bereits vorhin auf die große körperliche Arbeit hingewiesen, die der Führer oft leisten muß, besonders im Freiballon. In der ersten halben Stunde ist das Gepäck im Korb richtig zu verstauen, dann kommt das Ordnen des Ballasts. Man kann vorher sagen und anordnen, was man will, es stimmt so gut wie nie. Es hängen drei bis fünf Säcke a 18 kg an je einer Korbleine — ich denke an Fahrten mit Wasserstoffgas —; man will die Säcke teilweise hineinheben. Häufig sind die Säcke von verschiedenen Mannschaften gleichzeitig angehängt. Man hakt den Haken, der die Sackleine vereinigt, aus einem der Ringe aus, um den Sack hineinzuheben, aber es geht nicht, die Leinen eines anderen Sackes klemmen. Nun muß der darüberliegende erst entfernt werden, dabei soll man noch den ersten Sack mit einer Hand festhalten. Ich bin ziemlich kräftig, aber oft mußte ich einen Mitfahrer helfen lassen, um den Sack nicht fallen zu lassen. Es gibt Situationen, in denen sich diese Arbeit häuft, wo man kurz hintereinander vier fünf, sechs Säcke frei machen muß.

Es ist gleichgültig, ob Herzmuskelschwäche oder Klappenfehler vorliegt, diese Arbeit ist zu schwer, sie strengt schon das gesunde Herz an.

Das gleiche wie für das Herz gilt für die Blutgefäße. Eine nur einigermaßen vorgeschrittene Arteriosklerose hält diesen Anstrengungen nicht stand. Bei der mangelnden Elastizität der Aderwandungen ist die Gefahr des Platzens und damit des Schlaganfalls gegeben. Die Arteriosklerose hat aber auch noch eine andere Bedeutung. Durch die Verdickung der Aderwandung wird das Gefäßlumen kleiner und die Blutversorgung des Gehirns eine ungenügende. Wenn nun mit zunehmender Höhe der Sauerstoffgehalt der Luft abnimmt, wird die Ernährung des Gehirns schon frühzeitig unzureichend, und es stellen sich Funktionsstörungen, Unsicherheit in den Bewegungen, Schwindel, Vergeßlichkeit, Störungen des Gedankenablaufs ein.

Der Einfluß der größeren Höhen auf Kreislauf und Atmung ist wiederholt ausführlich bearbeitet worden von Schroetter, Zuntz, Flemming und anderen. In der Flemmingschen Arbeit sind auch meine Beobachtungen verwertet, namentlich über Blutdruck, die wir bei gemeinsamen Hochfahrten angestellt haben.

Wenn wir aber die Anforderungen untersuchen, die an die Gesundheit des Führers gestellt werden müssen, so dürfen wir nicht die Fahrten in sehr große Höhen zugrunde legen, denn diese braucht er ja nicht auszuführen, sondern Fahrten bis zu 3—5000 m. Im übrigen kann ich nur sagen, die beabsichtigten und vorbereiteten Fahrten in sehr große Höhen über 8000 m sind bei weitem nicht so gefährlich wie das unbeabsichtigte Erreichen mittlerer Höhen von 3—5000 m. Ich habe immer den Standpunkt vertreten, daß eine richtig angelegte Hochfahrt mit zweckmäßig dosierter Sauerstoffatmung überhaupt keine Gefahr bietet, vorausgesetzt, daß die Apparate funktionieren. Der Blutdruck steigt nur bei den ersten 2—3000 m, und zwar unerheblich, er bleibt dann in gleicher Höhe. Die Pulszahl, die vor Beginn der Sauerstoffatmung steigt, fällt dann wieder fast bis zur Normalzahl. Ich habe im Jahre 1911 bei unzweckmäßiger Sauerstoffatmung — ich atmete immer nur, wenn mir schlecht wurde —, bereits bei 5000 m 140 Pulsschläge gezählt, bei 6000 fast 160, ich habe dagegen 1912 bei frühzeitig (3500 m) angefangener Sauerstoffatmung und einer Dosierung von 5—6 l in der Minute stundenlang Höhen von mehr als 7500 m und bei einer anderen Fahrt längere Zeit über 9000 m ohne die allergeringsten Beschwerden ausgehalten; die Pulszahl stieg nie über 100, und diese Zahl darf uns nicht wundern, wenn man berücksichtigt, daß wir doch in wenigen Stunden allmählich 60 Sack Ballast zu je 18 kg, die noch dazu teilweise recht unbequem hingen, auf den Korbrand gehoben und ausgeschüttet haben. Ich darf hier noch hinzufügen, daß die Sauerstoffmenge, wie ich aus Besprechungen mit anderen Hochfahrern entnommen habe, im allgemeinen zu hoch angenommen wird. Bei einer Dosis von 5—6 l in der Minute hatten Dr. Bröckelmann und ich bei mehrstündigem Aufenthalt über 7500 m schon sicher sehr reichlich Sauerstoff, denn die Zahl unserer Atemzüge, die sich bei 3000 m ohne Sauerstoff schon auf 26 bis 28 gesteigert hatte, sank bei dieser Gabe auf 11 bis 12 Atemzüge in der Minute, so daß wir also bereits Sauerstoffüberfluß hatten.

Wenn wir nun auch von den Führern nicht verlangen dürfen, daß sie solche besonders großen Höhen ertragen können, so müssen wir aber unbedingt verlangen, daß sie Höhen von 3 bis 4000 m noch ohne Beeinträchtigung ihrer Leistungsfähigkeit auch ohne Sauerstoff vertragen, da man in diese Höhen bei jeder Fahrt, namentich bei sonnigem Wetter nach Nachtfahrten und unter Umständen bei aufsteigenden Luftströmungen kommen kann. Ich denke noch daran, wie ich im vorigen Jahre in der Gewitternacht im Mai im Handumdrehen von 1000 m auf 4600 m hochgerissen wurde, und wie gleich darauf der beregnete Ballon hinuntersauste. Mein Mitfahrer saß seekrank und höhenkrank — der Korb pendelte nach beiden Seiten um je 30° — am Korbboden und war allerdings nur vorübergehend unfähig, irgend etwas zu tun. Wenn bei solchen Fällen der Führer unter Höhenkrankheit leidet, so kann er leicht in der Führung Fehler machen.

Bei meinen Nachforschungen habe ich von mehreren Stellen gehört, daß bereits bei 2000 m schwerere Erscheinungen von Höhenkrankheiten eintraten, Erbrechen, Atemnot, bläuliche Verfärbung, in einem anderen Falle trat bereits bei 1000 m Atemnot und Unruhigwerden ein. Ein Mitfahrer hatte eigenartige nervöse Störungen, er wiederholte alles, was gesagt wurde, mehrfach und schrieb auch eine Notiz dreimal hintereinander gleichlautend in sein Notizbuch. Ein mir bekannter Führer sagte seinem Mitfahrer, „wenn ich über 1400 m gehe, bekomme ich Herzbeschwerden" — recht beruhigend für den Mitfahrer. Einen anderen älteren Führer kenne ich, der nie über 2400 m geht, dann immer Ventil zieht „wegen des Herzens".

Ich stehe daher auf dem Standpunkt: Von den Führern muß verlangt werden, daß sie weder eine nachweisbare Herzmuskelschwäche, noch einen, wenn auch noch so gut kompensierten Herzklappenfehler haben, noch eine nennenswerte nervöse Herzstörung (denn, wo nervöse Herzstörungen sind, da finden sich auch andere nervöse Erscheinungen), sie dürfen ferner nicht an einem höherem Grad Arteriosklerose — Blutdruck über 160 mm — leiden, der schon auf der Erde Beschwerden macht.

Am sichersten wäre es, eine Pflichthöhenfahrt auf mindestens 3500 m zu verlangen.

Ich habe bei diesen Herz- und Gefäßkrankheiten noch gar nicht den Einfluß betont, den das Nervensystem, d. h. die im Luftfahrzeug unausbleiblichen nervösen Erregungen ausüben können.

Professor Eichhorst, Zürich, erzählt in einem Vortrag über diesen nervösen Einfluß bei recht gut kompensierten Herzklappenfehlern folgende Beispiele:

Ein junger Mensch in der Züricher Klinik wird von seinen Mitkranken geneckt, er ärgert sich, fällt bewußtlos um und ist nach zehn Minuten tot.

Ein junger Mann mit dem gleichen Leiden spielt Karten, er wird bemogelt, ärgert sich, fällt bewußtlos um — Tod nach einer Viertelstunde.

Ein junges Mädchen im Krankenhaus bekommt Besuch von der Mutter, nach wenigen Minuten fällt sie um und ist tot.

Ich selbst habe einen ähnlichen Fall in der Charité erlebt.

Ich glaube, daß die nervösen Erregungen, denen man oft genug im Luftfahrzeug ausgesetzt ist, z. B. das plötzliche Erkennen einer Gefahr usw., mindestens ebenso stark gefährdet sind, wie der genannter Ärger oder die Freude.

Ich füge noch hinzu, daß diese Erregungen geeignet sind, den Blutdruck zu steigern und die Arteriosklerotiker in Gefahr zu bringen.

Die nächsten Nummern des Eisenbahnerfragebogens beschäftigen sich mit den Bauchorganen.

Ich glaube, daß man die Anforderungen zweckmäßig zusammenfaßt in folgendem: Alle Leiden der Bauchorgane, die wesentliche Beschwerden, Schmerzen oder Unbequemlichkeiten machen, machen untauglich zum Führer, weil sie die Aufmerksamkeit ablenken.

Unterleibsbrüche, die durch ein Bruchband nicht zurückgehalten werden können, müssen als Ausschließungsgrund für die Tauglichkeit gelten, da die notwendige freie Bewegung gehindert wird. Bei denjenigen Brüchen, die durch Bruchband zurückgehalten werden können, möchte ich nicht so weit gehen; ich halte sie nicht für hindernd, ebenso, wie wir ja auch darin kein Hindernis für die Felddienstfähigkeit der Offiziere und Unteroffiziere sehen.

Ehe ich nun zum Nervensystem übergehe, will ich noch kurz auf das Hörorgan eingehen — die Augen wird Herr Dr. Halben behandeln.

Wir wissen, daß es im Gehörorgan ein Apparat für das Gleichgewichtsgefühl gibt, der Statolith. Allerdings haben wir noch eine Reihe von anderen Hilfsmitteln, um uns über die Lage im Raume zu orientieren, und jeder Flieger und schon der Radfahrer weiß, wie ihm da der Muskelsinn und das Druckgefühl zu Hilfe kommt. Am reinsten kommt der Statolith in Wirksamkeit, wenn wir uns nach einem Kopfsprung im Wasser orientieren, wo oben ist, obwohl wir auch da im Sehen nach dem helleren Lichtschein und im Gefühl des mehr oder minder großen Blutandrangs nach dem Kopf Hilfsmittel besitzen. Immerhin muß verlangt werden, daß dieser Gleichgewichtssinn in Ordnung ist. Daher werden wir chronische Erkrankungen des mittleren und inneren Ohres als Ausschließungsgrund betrachten müssen, wenigstens beim Flugzeugführer. Auch hartnäckige Tubenkatarrhe machen beim schnellen Druckwechsel erhebliche Beschwerden, mitunter peinigendes Stechen; doch möchte ich nicht so weit gehen, darin ein Hindernis für die Tauglichkeit des Führers zu sehen, obwohl ich bei meinen Nachforschungen festgestellt habe, daß in einem Falle die Fahrt wegen dieser Beschwerden hat unterbrochen werden müssen. Starke Schwerhörigkeit macht meiner Ansicht nach untauglich.

Ich komme nun zu dem, meiner Ansicht nach wichtigsten Gebiete, dem Nervensystem.

Auf dem XIV. internationalen Kongreß für Hygiene und Demographie hat Dr. Placzek in einem Vortrag über die Gefahren nervenkranker Bahnbediensteter für den Eisenbahnbetrieb in verdienstvoller Weise gerade auf die Notwendigkeit absoluter geistiger und nervöser Gesundheit hingewiesen, er hat die Schwierigkeiten der Feststellung dieses Grades der Gesundheit betont und in rigoroser Weise gefordert, daß alle Anwärter, bei denen aus vorhandenen Warnungssignalen auch nur entfernt an die Möglichkeit eines Ausbruchs einer Nerven- oder Geisteskrankheit gedacht werden kann, von der Anstellung zurückgewiesen werden müssen. Mindestens die gleiche Bedeutung wie für die Eisenbahner hat aber die nervöse und geistige Intaktheit auch für den Luftfahrer.

Es erscheint mir zweckmäßig, diejenigen organischen Nervenkrankheiten, die nur auf die Gebrauchsfähigkeit des Bewegungs- und Gefühlapparates Einfluß haben, zu trennen von denen, die den Verstand und das Gemüt berühren.

Bei der ersten Klasse macht die Untersuchung keine Schwierigkeiten. Wir haben eine ganze Reihe von Hilfsmitteln, wir können die Bewegungsfähigkeit prüfen, untersuchen, ob Lähmungen vorhanden sind, schlaffe oder steife, oder Muskelverkümmrungen, wir prüfen die verschiedenen Qualitäten des Gefühls, wir achten auf die Reflexe, auf Zuckungen, Zittern usw.

Bei der Beurteilung müssen wir von dem Grundsatz ausgehen: Alle Nervenkrankheiten, die den Gebrauch des Körpers hindern, d. h. die Bewegungen in Umfang, Kraft und Sicherheit beeinträchtigen, machen untauglich.

Wir können nicht immer wissen, wie schnell ein Leiden fortschreitet; deshalb ist beispielsweise unter allen Umständen auch ein leichter Grad von Tabes (Rückenmarksschwindsucht) ein Ausschließungsgrund, da die Gefahr des Eintretens von Unsicherheit der Bewegungen und des oberflächlichen und tiefen Gefühls, von Augenstörungen besteht, und schließlich, weil, wo Tabes ist, auch Gehirnerweichung (Paralyse) sich entwickeln kann.

Das große Gebiet der Geisteskrankheiten kann ich in diesem, auf eine halbe Stunde berechneten Vortrage leider nur streifen, obwohl es von der allergrößten Bedeutung ist. Wir haben die Aufgabe, uns nicht nur über den Zustand Klarheit zu verschaffen, den der Bewerber zur Zeit der Prüfung hat, sondern müssen uns nach Möglichkeit auch für die Zukunft schützen.

Alle die Geistesstörungen, die mit Gemütsverstimmungen einhergehen, fallen für uns wohl weg, da solche Individuen sich sicher nicht zu Luftfahrten entschließen werden.

Gefährlicher sind uns die Zustände mit gehobener Stimmung, die hypomanischen, die äußerlich noch kaum auffallen, bei denen aber gerade der Tatendrang besonders gesteigert ist, da bei ihnen die Hemmungen nicht ausreichen. Solche Kranke entschließen sich besonders leicht zu außergewöhnlichen Wagnissen.

Besonders gefährlich ist uns auch die beginnende Paralyse. Wir können uns vor solchen Kranken nur schützen, indem wir die genaueste Vorgeschichte aufnehmen, alle Anzeichen, die Entartungszeichen, die leisesten Andeutungen von Krankheitszeichen beachten, und bei dem geringsten Zweifel die umfangreichsten

Recherchen anstellen, und, wenn wir schließlich doch zu dem Resultat kommen, daß keine Krankheit vorliegt, schon der vorhergegangenen Zweifel wegen, eine Nachuntersuchung nach kurzer Zeit fordern.

Weil die Paralyse so gut wie immer eine Folge der Syphilis ist, und weil sie gerade in dem schleichend sich entwickelnden Anfangsstadium, in dem sie so sehr schwer zu erkennen ist, besonders gefährlich werden kann, hätte die Forderung, die Dr. Placzek für die Anstellung im Eisenbahndienst stellt, jeden Syphilitiker auszuschließen, auch für die Anstellung zum Luftfahrtzeugführer ihre Berechtigung; ich halte sie allerdings für reichlich weitgehend.

Über die Epilepsie habe ich bereits an anderer Stelle gesprochen. Leichte Fälle von Epilepsie sind in der anfallsfreien Zeit nicht zu diagnostizieren. Wir müssen uns daher auf die Vorgeschichte verlassen können und alles tun, um die Richtigkeit und Ausgiebigkeit der Vorgeschichte zu sichern, wozu ich die Unterschrift des Bewerbers vorgeschlagen habe.

Alkoholismus, deren schwere Formen wir diagnostizieren können, macht unbedingt untauglich zum Führer. Wir werden den Führern den Alkohol nicht verbieten können, weil es unzweckmäßig ist, Forderungen zu stellen, die doch nicht erfüllt werden, aber wir haben ja in der Zeit, bis ein Aspirant zum Führerexamen heran ist, die Gelegenheit, ihn kennen zu lernen, und wir müssen uns verpflichtet halten, wenn wir jemand als Alkoholisten erkannt haben, im Interesse der Allgemeinheit seine Ernennung zum Führer zu verhindern.

Es bleibt nun noch die große Masse derjenigen nervösen Störungen übrig, die der Laie als „nervös“ bezeichnet, nämlich die Störungen, die der Neuropath, der Neurastheniker, Hysteriker und der einfach Nervöse (wenn man eine solche Form gelten lassen will) bietet.

So leicht es für den Arzt ist, einen Kranken, der seine Hilfe sucht, als Neuropathen oder Neurastheniker zu erkennen, weil er ihm ja in einer endlosen Flut seine vielen Beschwerden schildert, so schwer ist es für den Vertrauensarzt, eine solche Krankheit festzustellen, wenn der Bewerber, in dem verständlichen Wunsche, nicht zurückgewiesen zu werden, nicht eine einzige Beschwerde vorbringt. Aus dem Untersuchungsbefund selbst ist nur wenig zu ersehen. Das Wesentliche ist die Funktionsprüfung des Nervensystems, und diese muß bei den Schülerfahrten im Luftfahrzeug von dem Führer selbst vorgenommen werden; am zweckmäßigsten wäre es, wenn der Arzt ihn selbst bei einer Fahrt sähe, was beim Flugzeug natürlich auf Schwierigkeiten stößt.

Zu dieser Prüfung müssen die Führer aber wissen, worauf sie zu achten haben, und müssen dann über alles an dem Verhalten des Führers Auffällige berichten, der Arzt kann dann entscheiden, ob die nervösen Anzeichen Bedeutung haben oder nicht.

Ich habe auf Grund meiner Erfahrungen in der Verbandszeitschrift eine Anfrage nach den einzelnen Beschwerden erlassen und alle diejenigen Punkte bestätigt gefunden, die ich auch bemerkt hatte.

Um den Führern Leitlinien für ihre Beobachtungen zu geben, schildere ich im folgenden die am häufigsten beobachteten Erscheinungen.

Befürchtungen vor der Fahrt.

Es kommt häufig vor, daß sich Mitfahrer zu Fahrten melden, dann aber, wenn sie aufgefordert werden, immer verhindert sind; entweder sie können dienstlich oder geschäftlich nicht abkommen, oder sie haben gerade kein Geld oder sie wünschen im Winter bei der Kälte lieber im Sommer zu fahren und im Sommer bei der Gewitterneigung lieber mal an einem schönen Wintertag oder sie haben irgend eine andere Ausrede. Das sieht nun aus wie Befürchtungen, braucht es aber nicht zu sein. Der Grund liegt darin, daß der Entschluß, sich zur Fahrt zu melden, seinerzeit nicht ruhig erwogen war. Diese Leute haben meist, angeregt durch die Erzählungen eines Luftfahrers, in einer durch Alkohol gesteigerten Entschlußfähigkeit bei irgendeiner festlichen Gelegenheit diesen Entschluß gefaßt, den sie sonst, im nüchternen Zustand aus mancherlei Erwägungen nicht gefaßt hätten.

Ich halte es auch nicht für auffällig, daß Neulinge vor der Fahrt eine gewisse Unruhe zeigen und alles mögliche fragen: „Ob ich wohl seekrank werde? Ich bin übrigens nicht schwindelfrei, den Klimmzug kann ich auch nicht mehr, meinen Sie, daß es Gewitter gibt? Haben Sie schon mal eine schwere Landung gehabt? ———" Das ist dann gewöhnlich die Einleitung zu einem kleinen Examen für den Führer über seine Kenntnisse, was er machen würde, wenn mit einem Mal der Ballon platzte, ob er nicht mal die Leinen verwechseln könnte, woran er das Herrannahen des Gewitters merke usw. usw.

Ich halte dies für ganz berechtigte Fragen eines Neulings, die nicht der Angst entspringen, sondern eine kritische Prüfung sind, ehe er etwas ihm Unbekanntes unternimmt.

Für bedenklicher halte ich es, daß einer noch am Korbe seinen Entschluß wieder aufgibt, oder sogar, wie mir berichtet wurde, aus dem Korbe wieder aussteigt oder, wie es in Potsdam bei der Hansa vorgekommen ist, im letzten Augenblick seine Karte für 20 Mark verkauft. Für unbedingt krankhaft halte ich es, wenn sich diese starke Unruhe bei einem zweiten Versuch wiederholt.

Auch der Führer hat, wie mir fast alle versichern, seine Erwartungsunruhe, gewissermaßen sein Lampenfieber. Viele sind schon tagelang unruhig, oft in ganz unbestimmter Form, der Appetit ist schlechter, der Schlaf durch Träume gefährlichen Inhalts gestört. Ein bayrischer Offizier bekam jedesmal, wenn er zum Aufstieg kommandiert wurde, vorher Durchfall, ein anderer Herr, den ich lange kenne, leidet vor jeder Fahrt an dauerndem Harndrang. Einen Herrn sah ich in der Luftschifferanstalt im Unterricht plötzlich aufstehen, ans Fenster gehen, hinaussehen, wieder hinsetzen, wieder aufstehen, wieder hinaussehen, er schrieb nicht mehr mit und ging schließlich aus dem Zimmer heraus; nachher erfuhr ich, daß er für den nächsten Tag zum Ballonfahren kommandiert war. Auch ich selbst habe vor jeder Fahrt eine gewisse Unruhe, sobald ich aber erst im Zuge nach Bitterfeld sitze, ist alles mit einem Schlage weg. So gehts den meisten Führern, sie haben ihre Sicherheit und Ruhe wieder, sobald sie auf dem Aufstiegplatz sind. Nur beim Aufstieg selbst sieht man viele Führer etwas blaß werden; dies sind Menschen mit leicht erregbarem Blutgefäßsystem, wir beobachten diese Erscheinungen auch bei vielen Rednern bei Beginn ihrer Rede.

Ein sehr gewiegter Führer, der mich auf einer Höhenfahrt begleitete — es
war seine erste Höhenfahrt —, hatte auf der Erde bereits 100 Pulsschläge in der
Minute, und Dr. Elias hat vor seinem Flug mit Friedrich nach Paris festgestellt,
daß sowohl der Menager wie der Mechaniker und alle übrigen, die um den Appara=
herumstanden, erhöhte Pulszahlen hatten, rein aus Erwartungsunruhe.

Ich betone, daß diese geringen nervösen Erscheinungen keine Bedeutung
haben, es ist aber wichtig, daß die Führer bei ihren Schülern darauf achten, damit
der Arzt, der den Aspiranten nicht bei der Fahrt gesehen hat, sich ein möglichst
klares Bild machen kann.

Beschwerden beim Aufstieg.

Beim Aufstieg selbst hat der Führer außer dem Druck in den Ohren keine störenden Erscheinungen mehr. Die Neulinge aber können sich oft gar nicht entschließen,
über den Korbrand zu sehen. Viele setzen sich sofort hin, einige machen die Augen
zu. Mehrmals klagten Neulinge anfangs über Schwindel. Das ist aber nur möglich
bei den ersten 50 m, wo noch ein Vergleichen der Größen der untenstehenden
Häuser und Bäume möglich ist.

Kurz nach dem Aufstieg wurde mehrfach bei Mitfahrern Seekrankheit beobachtet. Das ist aber im allgemeinen nur möglich, beim Aufstieg bei windigem
Wetter, wenn der Ballon beim Loslassen nicht senkrecht über dem Korb gestanden
hat, oder wenn der Korb irgendwo angestoßen ist und dann auspendelt. Nur einmal sah ich bei einem Herrn, der schon dauernd von Seekrankheit gesprochen hatte,
starke Übelkeit und Erbrechen bei ruhigstem Wetter eintreten. Ich halte das für
eine Erwartungsneurose. Diesen Fahrer würde ich für unbrauchbar erklären.
Ich erinnere hier, um den großen psychischen Einfluß auf die Auflösung der Seekrankheit zu erklären, an die oft beobachtete Tatsache, das auch bei relativ ruhigem
Wetter, auf einem Schiff, sobald erst ein Passagier seekrank geworden ist, sofort
eine ganze Reihe anderer mit erkranken. Ich erinnere auch an das Hexenschaukel-
beispiel: In der sogenannten Hexenschaukel sitzt bekanntlich der Mensch, der die
Illusion des Schaukelns haben soll, still, während sich die Wände hin- und her-
bewegen oder drehen. Eine Versuchsperson erkrankte beim Anblick der drehenden
Wände sofort an Seekrankheit; beim nächsten Versuche wurden ihm die Augen
verbunden, er blieb naturgemäß gesund. Als später die Walze, um die sich die
Wände drehten, in rhythmischer Weise zu quietschen anfing, hatte die Versuchsperson die Illusion, daß sich die Wände wieder drehten und erkrankte prompt
wieder an Seekrankheit.

Eine so leichte Beeinflußbarkeit, daß ohne wirkliches Schwanken, rein durch
die Vorstellung, Seekrankheit entsteht, halte ich für eine nervöse Erscheinung,
die die Brauchbarkeit zum Führer ausschließt, wenn sie sich nach der ersten Fahrt
wiederholt.

Befürchtungen während der Fahrt.

Ich halte es nicht für krankhaft, wenn Neulinge das Gefühl haben (fast alle
haben es), der Korbboden müsse durchbrechen oder die Korbleinen abreißen,
oder beim Luftschiff die Propeller abfliegen. Denn sie können ja nicht wissen,

wie fest das alles ist. Ich halte es aber für bemerkenswert, wenn sie sich trotz Belehrung nicht beruhigen lassen. Solche Mitfahrer fahren meist nicht zum zweiten Mal.

Ein Neuling schrie unmittelbar nach dem Aufstieg: „Halten Sie doch fest, der Korb bricht durch, ich merks, der Korb bricht durch."

Im Korbe beunruhigen sich viele, wenn der Korb beim Umhergehen etwas schwankt. Die meisten Neulinge halten sich die erste halbe Stunde immer an den Korbleinen fest und, wenn man sie probeweise mal auf die andere Seite ruft, gehen sie von einer Leine zur andern. Fast allen ist es unheimlich, wenn der Korb etwas schief hängt und wenn man das Schlepptau abrollen läßt.

Bei größeren Höhen als 1000 m ist es vielen unangenehm, senkrecht hinunterzusehen, auch macht sie die Nachbarschaft der großen Wolken unruhig.

Über einen schweren Angstzustand bei einer Dame im Fesselballon berichtete mir ein Beobachter. Sie sah überhaupt nicht aus dem Korb, sondern telephonierte dauernd nach unten zu ihrer Schwester, dann wurde sie immer unruhiger, „der Korb sei viel zu eng", schließlich wollte sie sofort landen, weil — — — „ihr Hut sonst leide". Es ist bemerkenswert, wie hier die Angst eine Ausrede sucht, die echt weiblich ist. Ein Offizier, der das Fahren nachher aufgegeben hat, fing im Fesselballon immer laut an zu singen, und gestand schließlich, daß er es aus Angst tue, sowie es die kleinen Kinder tun, wenn sie durch eine dunkle Stube müssen. Ein Mitfahrer bekam jedesmal Angst, wenn der Führer an das Barometer klopfte oder nach den Leinen sah, weil er in seiner Unruhe fürchtete, der Führer könnte etwas ungünstiges entdecken.

Auch Zwangsvorstellungen sind häufig im Korbe beobachtet worden. Ein Herr (Psychopath) ließ sich festhalten, weil er fürchtete, er würde alles Gepäck über den Korbrand werfen. Ein anderer Herr bekam einen schweren Angstzustand, weil er fürchtete, er könne dem Drange nicht widerstehen, die Korbleinen durchzuschneiden.

Leichte Zwangsvorstellungen, namentlich im Sinne des Wennzwanges, hat wohl jeder einmal gehabt, z. B. „wenn ich jetzt hinausspränge", „wenn ich jetzt auf die Wolkendecke spränge und dort spazieren ginge", oder „wenn jetzt einer herausfiele" usw.

Gerade bei diesen Wennvorstellungen ist scharf zu unterscheiden, ob es nicht ganz berechtigte Überlegungen sind, die bloß von leichten Befürchtungen begleitet werden. Z. B. morgens, wenn das Ballonnetz knallt „wenn jetzt das Netz risse und die Hülle nach oben wegflöge".

Krankhaft ist natürlich die Zwangsvorstellung erst, wenn dadurch eine quälende Beunruhigung entsteht.

Befürchtungen vor der Landung.

Wenn es zur Landung geht, sind die Angstzustände bei den Mitfahrern wieder häufiger. Ein Beobachter schreibt mir folgendes: Ein Herr schrie, als der Ballon mit 3,5 m i. d. S. fiel, immer wieder: „Wir stürzen ab, wir stürzen ab! „Er ließ sich auch nicht beruhigen, daß dieses die gewöhnliche Fallgeschwindigkeit sei, legte sich auf den Korbboden, bedeckte seinen Kopf mit leeren Sandsäcken und sah seinem

Tode entgegen. Vor der Landung mußte er hochgerissen werden, er war völlig willenlos und ließ sich anbinden. Nach der Landung war er noch zwei Stunden wortlos.

Dieser Mann ist natürlich untauglich.

Ein anderer, der bereits die Führerfahrt machen sollte und nun furchtbar aufgeregt war, wollte gerade ausklinken, als der Führer sagte: „Sehen Sie nicht, daß dies ein zugedeckter Tümpel ist?" Da verlor er ganz den Kopf: „Ach Gott, Wasser, was mach ich bloß, Wasser!!" und warf gleich zwei Säcke hinaus. Er ist aus eigenem Entschluß nicht Führer geworden. Die meisten Neulinge werden beim Abstieg unruhig, wenn sie die Erde schnell entgegenkommen sehen.   „Wollen Sie nicht lieber Ballast geben? Sie müssen doch was geben!! Herrgott, das wird ja furchtbar!" Schließlich geben sie selbst, trotz Warnung, Ballast oder mindestens mehr als befohlen. Ein Mitfahrer warf mal vier Säcke hinaus und behauptete dann noch, daß er den anderen das Leben gerettet habe. Einem Mitfahrer fielen bei der Landung „aus Versehen" zwei Säcke hinaus, das nächste Mal hatte er sich „verhört" und gab zwei Säcke statt des befohlenen halben Sackes.

Solche Angstzustände machen, wenn sie sich wiederholen, untauglich.

Um das Verhalten in kritischen Augenblicken zu prüfen, ist es notwendig, den Führeraspiranten die Landung möglichst allein durchführen zu lassen und ihn dabei ebenso zu beobachten wie bei seinem Start zur Alleinfahrt. Das ist eine bessere Prüfung der Funktion des Nervensystems als die ärztliche. Die einzige Möglichkeit, wie der Arzt sich ein Urteil bilden kann über den Nervenzustand des Bewerbers, ist folgende: Die Führer berichten an der Hand eines Fragebogens über alles, was ihnen an dem Verhalten des Mitfahrers aufgefallen ist (natürlich diskret). Diese Berichte gelangen an den Vorstand des Fahrtenausschusses und werden dem Arzt, der die Untersuchung vorzunehmen hat, zugesandt. Tritt ein Aspirant während seiner Ausbildung in einen anderen Verein über, so hat der neue Verein, wenn sich sein Mitglied um das Führerzeugnis bewirbt, die Berichte von den früheren Vereinen anzufordern und dem Arzt zuzustellen.

Nur so haben wir die Sicherheit, daß uns nicht gerade das Wichtigste entgeht.

Ich weiß, daß viele meine Vorschläge für zu weitgehend halten werden, weil sie fürchten, daß sich dadurch die Zahl der Mitglieder und Ballonfahrer verringern wird. Ich meine aber, wer sich dadurch abschrecken läßt, hat nicht die rechte Passion, und nur die glühendste Passion gibt den Nerven Sicherheit.

Ich gehe mit meinen Forderungen noch weiter. Wir dürfen uns nicht damit begnügen, daß die Aspiranten zur Zeit der Führerprüfung gesund sind, sondern wir müssen Sicherheit haben, daß sie es auch bleiben. Wenn daher bei einem Führer irgendwelche verdächtigen Anzeichen bemerkt werden (was ja bei dem engen Zusammenhalten der Führer nicht schwer fallen wird), muß der Vorstand das Recht haben, eine erneute ärztliche Untersuchung zu fordern. In Fällen, in denen der Vertrauensarzt bereits bei der ersten Untersuchung Bedenken für die Zukunft hat, muß er bereits auf dem ersten Zeugnis vermerken, wann er eine Nachuntersuchung für ratsam hält.

Ich schließe hiermit meinen Vortrag in dem Wunsche, daß meine Ausführungen auf diesem wichtigen Gebiete des Luftfahrwesens Nutzen bringen mögen.

———————

Diskussion.

Stabsarzt Dr. **Flemming**-Berlin.

Im allgemeinen erscheinen mir die von Herrn Stabsarzt Koschel gestellten Anforderungen an die Tauglichkeit der Luftfahrzeugführer zu hart. Um die Tauglichkeit der Flieger insbesondere festzustellen, sind praktische Erfahrungen und experimentelle Untersuchungen im fahrenden Motorwagen notwendig, wie an Beispielen erläutert wird, bei denen die Leistungen bei der Untersuchung in der Sprechstunde und im Motorwagen nicht im Einklang standen.

Privatdozent Dr. **Halben**-Berlin.

Die interessanten Ausführungen von Herrn Flemming kann ich nur bestätigen. Sie werden den gleichen Standpunkt in meinem zum Druck gelangenden Manuskript, aus dem ich im mündlichen Vortrag der sehr knappen verfügbaren Zeit wegen reichlich die Hälfte fortlassen mußte, vertreten finden.

Die Augen der Luftfahrer.

Von

Dr. Halben-Berlin.

Die Sicherheit der Luftfahrt steigt mit der Zuverlässigkeit der Trag-, Trieb- und Steuerorgane sowie der Sinnesorgane und ihrer Unterstützungsmittel, der Instrumente, Karten und Kenntnisse.

Unter den Sinnesorganen steht, unbeschadet der hohen Bedeutung des Gleichgewichtssinnes und des Gehörs und in beschränktem Grade des Geruchs, das Auge in Wichtigkeit für die Sicherheit des Fluges obenan. Seine Aufgabe ist — abgesehen von den erst in zweiter Linie interessierenden Leistungen des „Beobachters" — das Ziel einschließlich aller Zwischenziele zu finden und festzuhalten, die Orientierung im überflogenen Gebiet zu wahren und auch nach Verlust wiederzufinden, Landungsterrain zu erspähen und zu beurteilen, Hindernisse rechtzeitig und richtig wahrzunehmen, dazu die meteorologischen Erscheinungen zu beachten, Karten zu lesen und Instrumente und den ganzen motorischen Apparat zu überwachen.

Für diese Aufgabe ist Zuverlässigkeit des Auges viel wichtiger als Höchstleistung. Genauere Prüfung wird zeigen, daß die allgemein verbreitete Anschauung, der Luftfahrer bedürfe besonders „scharfer" Augen, nicht berechtigt ist. Für viele andere Betätigungen, auch solche sportlicher Art, ist höhere Sehschärfe erforderlich. Dagegen macht in der Luftschiffahrt jede Augenstörung, die Falschmeldungen (Augenmuskellähmung z. B.) oder Ausfall erforderlicher Meldungen (z. B. Gesichtsfelddefekt, Flimmerskotom) herbeiführt, untauglich!

Normalerweise decken sich die von verschiedenen Sinnesorganen gelieferten Ergebnisse untereinander und mit der Wirklichkeit, z. B. lokalisieren wir einen Vorgang durch Gesicht, Gehör, Gefühl in gleicher und in richtiger Richtung. Besteht aber beispielsweise eine Augenmuskellähmung, so lokalisiert das gelähmte Auge seine Eindrücke in falscher Richtung und in anderer als das richtig projizierende Auge und die anderen gesunden Sinne. Jede solche Falschprojektion kann dem Luftfahrer an sich verhängnisvoll werden. Die Durchbrechung der Harmonie der verschiedenen Sinne, auf die wir unser Leben lang so fest wie auf den Boden unter den Füßen zu vertrauen gewohnt waren, bewirkt dazu ein Unbehagen, das sich bis zu Schwindel und allen Erscheinungen der Seekrankheit steigern kann. Auch die Seekrankheit beruht ja größtenteils auf diesem Wettstreit zwischen optischem und statischem Sinn. Die Luftfahrt — und nicht nur der schwankende Fesselballon — kann normalsinnige Personen in ähnliche unbehagliche Lagen bringen, z. B. in wogendem Wolkenmeer. Wallen die Wolken in wechselnder Geschwindigkeit senkrecht oder gar windschief neben dem gleichfalls, aber langsamer aufsteigenden Luftfahrer empor, so liefert das normale, an festen Boden unter den Füßen gewohnte Auge den Eindruck des Sinkens oder gar Kippens. Die horizontale Eigengeschwindigkeit des Motorfahrers kann diese Täuschung noch komplizieren. Es ist gar nicht leicht, sofort durch Überlegung die stark zwingende Kraft solcher optischen Falschmeldungen auszuschalten und wie erforderlich, sich nur auf die Richtigmeldungen des Lagegefühls und der Instrumente sowie Beobachtung der Wasserwage und der Tourenzahl, die je nach dem Winkel zum Horizont sich ändert, zu verlassen. Des durch den Kampf zwischen Gesichts- und Gleichgewichtssinn dabei ausgelösten Unbehagens wird man ebenso wie der Seefahrer erst durch Gewöhnung Herr.

Beiläufig darf ich dabei erwähnen, wie ein anderes unbehagliches Gefühl, der Höhenschwindel, eben wegen des Fehlens optischer Eindrücke von zwingender Kraft, im Luftfahrzeug ausbleibt. Es liegt das nicht, wie hier und da zu lesen ist, an der Neu- und Großartigkeit der Eindrücke und der dauernden Anspannung der Aufmerksamkeit, sondern lediglich am Fehlen der sinnlich wahrnehmbaren Verbindung zwischen uns und der Erde. Das nur verstandesmäßige Wissen von Schwerkraft und Fallmöglichkeit ohne gleichzeitige sinnliche Stütze übt keine kräftige Wirkung direkt auf das Gefühl. Erst das Gleiten des Blicks längs irgendeiner Verbindung in die ungewohnte Tiefe löst das Unbehagen des Schwindels aus. Diese Anschauung findet in der Luftfahrt auch ihre positive Bestätigung. Unter besonderen optischen Bedingungen kommt nämlich auch da Höhenschwindel vor. So wurde Latham von Schwindel gepackt, als er sehr nahe am Eiffelturm vorbeiflog. Ein Fliegeroffizier berichtete mir von wiederholtem Schwindel, wenn sein abwärts gerichteter Blick ein unter ihm befindliches Flugzeug oder Luftschiff auf halbem Wege zur Erde passieren mußte.

Auf die Bedeutung der vom Auge und den andern Sinnen ausgelösten Reflexbewegungen hat schon Zuntz[1]) hingewiesen. Diese auf Erdzweckmäßigkeit eingerichteten Bewegungen — besonders die Schreck-, Ausweich- und Lageregulationsbewegungen — dürfen auch in der Luft nur nützlich, zum mindesten nicht schädlich wirken. In den meisten Flugzeugtypen sind die Steuer- und Gleichgewichtsorgane in Berücksichtigung dieser Forderung konstruiert, und die Heeresverwaltung schafft nur solche Typen an.

Prüfen wir nun im einzelnen die notwendige Leistung des Luftfahrerauges, so begegnen wir zunächst einer ganz erheblichen Überschätzung der Bedeutung der Sehschärfe. Durch Umfrage und Untersuchung habe ich festgestellt, daß sicheres Fliegen und Landen noch mit einer Sehleistung von $^1/_7$—$^1/_{10}$ der Norm möglich ist. Das entsprach meiner Erwartung, denn für das Erkennen von Hindernissen in der Luft ist selbst erhebliches Verschwommensehen noch belanglos, und selbst für die Orientierung nach Waldgrenzen, Flußläufen, Straßen, Form und Gruppierung von Seen macht es noch wenig aus, ob wir die Konturen verschwommen sehen. Wie Sie sich leicht durch Aufprobieren der herumgereichten Brille, die den Normalsichtigen um 4 Dioptrien kurzsichtig macht und seine Sehleistung für

---

[1]) N. Zuntz, Zur Physiologie und Hygiene der Luftfahrt. Luftfahrt und Wissenschaft, Heft 3, herausgegeben von Josef Sticker. Verlag von Julius Springer, Berlin 1912.

die Ferne bei guter Beleuchtung auf etwa $^1/_{10}$ herabsetzt, überzeugen können,
bleibt das Charakteristische der Formen und Grenzen, die zur Identifizierung der
Landschaft dienen können, gut erhalten. Ja, ich reiche Ihnen eine doppelt so
starke Brille herum (+ 8 D), die die Sehleistung der Normalsichtigen für die Ferne
auf etwa $^1/_{40}$ herabsetzt. Sie werden finden, daß man selbst damit alle Hindernisse in der Luft und alle gröberen Hindernisse bei der Landung noch erkennen
kann. Sie müssen sich dabei gegenwärtig halten, daß der Inhaber einer so schlechten
Sehleistung auf Grund lebenslänglicher Gewöhnung mit ihr natürlich viel mehr
anzufangen weiß als der durch das ungewohnte Undeutlichsehen viel mehr be-
fremdete künstlich kurzsichtig gemachte Normalsichtige. Macht man sich klar,
daß schon leichter Nebel, Schneefall und bei Brillenträgern auch Regen auch die
beste Sehschärfe stark herabsetzt, und daß in der Dämmerung und bei Nacht
die zentrale Sehschärfe, eben die Stelle der Netzhaut, deren Sehschärfe bei der gewöhnlichen Untersuchung allein bestimmt wird, überhaupt völlig ausfällt, so nimmt
das ja nicht wunder.

Ich will mich nicht auf bestimmte Grenzwerte festlegen, aber jedenfalls ist
die bisher für Flieger geltende Forderung von $^2/_3$ Sehschärfe auf dem besseren,
$^1/_3$ auf dem schlechteren korrigierten Auge zu streng. Sie ist eher berechtigt für
die Kraftwagenführer, von denen sie übernommen ist. Denn diesen kann ein
Fehler in der Beurteilung einer Straßenunebenheit (Stein oder Papier, Schotter-
oder glatte Straße) viel eher verhängnisvoll werden. Wichtiger erscheint mir die Festlegung einer niedrig anzusetzenden Mindestsehleistung des unbewaffneten schlechteren Auges. Denn die Sicherheit des Fahrzeuges darf nicht aufgehoben werden bei
Verlust der Korrektionsbrille und vorübergehender Ausschaltung des besseren Auges.

Unter den verschiedenen Luftfahrern bedarf wohl der Freiballonführer am
meisten relativ hoher Sehschärfe. Denn er hat es nicht wie der Motorfahrer in
der Hand, einem charakteristischen Landschaftsmerkmal eine Strecke weit zu
folgen oder ein im schnellen Überfliegen kaum geahntes Erkennungszeichen durch
Umkreisen zu kontrollieren. Er kann auch nicht mit so geringer Beeinträchtigung
von Fahrtrichtung und -dauer zwecks Erspähung von Orientierungsmerkmalen
die durch andere Aufgaben vorgeschriebene Fahrthöhe vorübergehend verringern.
Auch die Einzelheiten des Landungsgebietes muß er schon aus größerer Höhe richtig
erkennen, da ihm ein seitliches Ausweichen im letzten Augenblick gar nicht, ein
Ausweichen nach oben oft nicht mehr rechtzeitig möglich ist (am Schleppseil).

Viel wichtiger als die bisher fast allein beachtete Sehschärfe ist ein normales
oder zum mindesten bei grober Prüfung nicht erheblich eingeengtes Gesichtsfeld,
und zwar gleichfalls für jedes Auge einzeln gemessen. Die zentrale Sehschärfe ist
die Leistung eines winzig kleinen zentralen Netzhautbezirks, der, wie erwähnt
im Dunkelsehen völlig ausfällt; das Gesichtsfeld wird durch die ganze übrige, reichlich 1000 mal größere Netzhautfläche repräsentiert. Es umfaßt den größten Teil
des ganzen vor der eigenen Front gelegenen Raumes. Jeder erhebliche Ausfall
kann zu den verhängnisvollsten Kollisionen führen.

Daneben ist am wichtigsten normale Adaptation und normales Nachtsehen.
Die Anpassungsfähigkeit des Auges an verschiedene Helligkeiten beruht auf dem
Vorhandensein zweier verschiedener Empfangsapparate in der Netzhaut, der

farbentüchtigen und scharfsichtigen Zapfen für den Tagesgebrauch, das Hellsehen, und der viel lichtempfindlicheren, aber farbenblinden und unscharfsichtigen Stäbchen für die Nacht, das Dunkelsehen, sowie auf Vorrichtungen, die dem richtigen Ineinandergreifen dieser beiden Apparate beim Wechsel von Tag und Nacht bzw. der Ausschaltung des einen und der Empfindlichkeitssteigerung des andern dienen. Maximale Dunkeladaptation steigert die Empfindlichkeit des Auges für schwaches Licht um das 4—5000fache. Die ärztliche Prüfung, insonderheit die Sehschärfenbestimmung, befaßt sich in der Regel nur mit dem Hellapparat. Abnormitäten und Erkrankungen des Dunkelapparates und der Adaptation, überhaupt alle Störungen, die man summarisch unter dem Namen „Nachtblindheit" zusammenfaßt, sind zwar zum Glück recht selten, können aber dann dem Luftfahrer natürlich verhängnisvoll werden und müssen darum unbedingten Ausschluß von der Führung eines Luftfahrzeugs veranlassen. Sie kommen angeboren und erworben vor, bei bestimmten Netzhauterkrankungen, besonders einer, die Sprößlinge aus Verwandtenehen bevorzugt, bei Leberkrankheiten, bei Skorbut, bei einer bestimmten Bindehauterkrankung, bei gewissen Starformen) und schließlich — und das ist für die Luftfahrt praktisch am wichtigsten — bei Schneeblindheit. Dieser ist ja auch der Luftfahrer bei Hochfahrten über den Wolken, bei sonnigen Winter- und Wasserfahrten ausgesetzt, wenn er sich nicht durch geeignete Schutzbrillen sichert. Die verbreitete Bevorzugung gefärbter Schutzgläser scheint mir für die Luftfahrer nicht ganz unbedenklich, wegen der Beeinträchtigung aller auf Färbungsbewertung beruhenden Urteile; besonders kommt das für die meteorologische Beobachtung in Betracht. Es scheint mir nicht ausgeschlossen, daß einmal drohende Gewitterwolken durch solche Brillen harmlos erscheinen können. Empfehlenswerter als Lichtschutz erscheinen Gläser, die bei möglichst vollkommener Absorption des ultravioletten Lichts alle sichtbaren Spektralanteile gleichmäßig dämpfen, also das graue Schottsche Neutralglas und die Zeißschen Umbralgläser. Überall in der Natur, wo Schädigungen durch Ultraviolettlicht zu befürchten sind, herrscht ja auch eine Überfülle an sichtbarem Licht. Dringend zu warnen ist vor dem viel empfohlenen, aber ganz unzuverlässigen Schutz durch Einträufelung farbiger Aesculinpräparate, dem Zeozonwasser, das alles ultraviolette Licht absorbieren soll; die kapillare Schicht, die das Auge überziehen kann, ist viel zu dünn, um nennenswert zu schützen, und wird zudem durch den Tränenstrom sehr schnell weggeschwemmt.

Gleichgültig ist einstweilen, solange nicht farbige Signale eingeführt sind, Farbenblindheit für den Luftfahrer. Wegen der Einschränkung der Auslese — es finden sich immerhin 3—4% Farbenblinde unter der männlichen Bevölkerung — und wegen der Schwierigkeit sicherer und gerechter Prüfung, die den Eisenbahn- und Schiffahrtsbehörden viel Arbeit macht, sollte die Einführung solcher Signale auch möglichst vermieden werden.

Als ungeeignet abzulehnen sind auch Einäugige (nicht wegen des Fehlens des zweiäugigen Körperlichsehens), weil ihnen bei Verlust oder vorübergehender Ausschaltung des einzigen Auges, wie sie durch Fremdkörper, Tränen, plötzliches Verschmutzen der Schutzbrille entstehen kann, das Reserveauge fehlt.

Von großer Wichtigkeit ist richtiges Funktionieren der Bewegungs- und Schutzapparate des Auges. Jede Augenmuskellähmung, die falsche Orientierung im Raum veranlaßt, ist unbedingter Ablehnungsgrund. Jede erhebliche Lidlähmung, die sicheren Schluß oder genügendes Öffnen der Augen hindert, ebenfalls. Gröbere Erkrankungen des Tränenapparates und der Bindehaut machen bis zu ihrer Heilung untauglich. Der Motorfahrer braucht im allgemeinen zu den natürlichen Schutzorganen des Auges noch eine Verstärkung durch künstliche, zum Schutz gegen Kälte, Wind, Austrocknung (Regen, Schnee), Öl-, Wasser- und Benzinspritzer. Die meisten Flieger tragen darum Schutzbrillen. Die Angaben über Nutzen und Notwendigkeit der Schutzbrillen widersprechen sich allerdings sehr, ganz besonders bei den Herren, die außerdem der Korrektion optischer Fehler bedürfen. Viele halten das Fliegen ohne Schutzbrille für unmöglich oder gefährlich, einige fliegen mit Korrektionsbrille unter der Schutzbrille und halten den Gebrauch der bloßen Korrektionsbrille wegen der an den Rändern auftretenden Luftwirbel für unerträglich und schlimmer als Fliegen mit bloßen Augen; andere benutzen große Korrektionsgläser in gewöhnlicher Hornbrille; nur sehr wenige tragen ihre Korrektionsgläser direkt in der Schutzbrillenfassung; einzelne fliegen regelmäßig — auch in schnellen Maschinen mit vorderem Motor und auch in Regen und Schnee — ganz ohne künstlichen Augenschutz. Es bestätigt das die alte Erfahrung von der hohen Anpassungsfähigkeit alles Lebenden und stellt zweifellos das — allerdings schwerlich allgemein erreichbare — Ideal dar. Denn so störungsfrei und vollkommen wie der gut abgehärtete natürliche Schutzapparat, dessen Lidschlag und Tränenstrom die Oberfläche des Sehapparates dauernd sauber hält, arbeitet sicherlich kein künstliches Mittel. Die Möglichkeit des Beschlagens, Bereifens, Verschmutzens und die Gefahr des Gläserbruchs und der Einbohrung von Glas und Fassungsbruchstücken ins Auge und in den Schädel fällt ganz fort. Über Störung durch Verschmutzen der Gläser wird viel, über direkte Gefährdung so gut wie gar nicht geklagt. Schlimmstenfalls setzen eben alle die Brille zum mindesten vorübergehend ab, und Augen, die sich nicht einmal zu kurz dauernder Wetterfestigkeit abhärten lassen, sind als minder tauglich zum Fliegen anzusehen. In der letzten Flugwoche stürzte ein Flieger durch Blindwerden seiner Zelluloidbrille; er ist überzeugt, daß bei der glatter abwischbaren Glasbrille der Sturz nicht erfolgt wäre. Garros war auf einem Hochflug bei großer Kälte durch dichtes Bereifen der Schutzbrille, gegen das kein Wischen half, außerordentlich gestört, ja gefährdet[1]). Bruch der Brillengläser bei Freiballonlandungen und Flugzeugstürzen ist häufig, Verletzungen der Lidhaut und Bindehaut scheinen öfters, ernstere Augenverletzungen äußerst selten vorgekommen zu sein. Ein französischer Flieger soll durch Schutzbrillenscherben ein Auge verloren haben. Flieger, die mehrfach nach solchem Bruch Glassplitter zwischen Lidern und Auge herauszuziehen hatten, erzählten mir, es käme „nie“ eine ernstere Verletzung dabei vor. Ich möchte doch nicht raten, auf diese Unmöglichkeit zu fest zu bauen. Gegen den Ersatz der Gläser durch Zelluloid oder Gelatine spricht das leichtere Verschrammen und Verschmieren. Vielleicht könnte da Mitführen eines größeren Satzes — ja sehr billiger — Ersatzscheiben, die ähnlich wie in einer Probierbrille leicht auszuwechseln sein müßten, helfen. Eine luftdicht abschließende Schutzbrille muß

---

[1]) Hygiene der Aeronautik und Aviatik. Hermann von S c h r o e t t e r. Wien und Leipzig (Wilhelm Braumüller) 1912.

stets von innen beschlagen, da die Gläser von außen gekühlt werden, während in dem warmen Innenraum die Luft wie in einer feuchten Kammer von den Tränen mit Wasserdampf übersättigt werden muß. Bei ventilierten Schutzbrillen ist die Luftzirkulation im Fluge so lebhaft, daß selbst bei tränenden Augen kein Beschlagen vorkommen kann. Daß Schlitzbrillen sich einbürgern, glaube ich nicht; sie engen das Gesichtsfeld ein, und der scharfe Zug durch den schmalen Schlitz ist wohl unangenehmer als der volle Frontwind. Schutzbrillen sollten das Gesichts- und Blickfeld nicht einengen, leicht mit einer Hand hinaufzuschieben und abzunehmen und an der Vorderfläche glatt abzuwischen sein. Vorteilhaft scheint mir darum eine ohne Nasenunterbrechung von links nach rechts hinüberreichende glatte Scheibe, deren Niveau am Rande von der Fassung nicht überragt wird. Glimmer ist ungeeignet, weil er leicht knickt und aufblättert.

Vielleicht wird sich auch für Flieger, die wenigstens vorübergehend mit offenen Augen fahren können, das Monokel[1]) von Vorteil zeigen, das sich seiner Handlichkeit wegen in fast allem andern Sport so besonders bewährt hat. Es gewährt fast die gleiche Korrektion der Sehschärfe wie ein Zweiglas, es ist mit einer Hand zu bedienen, bei Beschmutzung leichter auszuwechseln und zu putzen, es vereinigt gewissermaßen die Vorzüge der Gläserlosigkeit mit denen der Gläser. Das unbewaffnete Auge bleibt von allen Nachteilen der Gläser verschont, dem bewaffneten bieten sich alle Vorteile des Glases. Das freie, durch völliges oder mäßiges Zukneifen gegen Kälte, Wind und Fremdkörper ziemlich geschützte Auge braucht nur alle paar Augenblicke zur völligen Ausnutzung der durch kein Glas getrübten Sehleistung geöffnet zu werden. Besonders beim Landen dürfte es dienlich sein. Es kann momentan bei Sturzgefahr abgesetzt oder fallen gelassen werden und schützt bei Landung gegen staubführenden Wind vor Fremdkörpern[2]). Das zweiäugige Körperlichsehen wird auch bei beiderseitigem Brechfehler mäßigen Grades und einseitiger Korrektion praktisch nicht beeinträchtigt. Im Freiballon ist das Einglas jedenfalls für alle mäßigen Abweichungen von der Normalrefraktion allen anderen Korrektionsmitteln vorzuziehen. Ich habe bei 3 Landungen mit eigens konstruierter Brille stets, bei 20 Landungen mit Monokel nie Bruch erlebt. Bei meiner letzten Landung blieb mein und meines Mitfahrers Monokel heil, während wir alle drei schwere Knochenbrüche und Gehirnerschütterung erlitten. Das meine war sicher bis zum letzten Augenblick vor der Betätigung der Reißbahn im Gebrauch.

Für Beobachtung und Erspähung von Einzelheiten ist es natürlich oft erwünscht, die einfache Sehschärfe zu steigern. Die Handhabung des Fernglases ist im Flugzeug infolge der Motorvibration, bei empfindlichen Augen (Schutzbrillenträgern) auch wegen des Zugs an seinen Rändern und wegen der Umständlichkeit des Wechsels von Schutzbrille und Fernglas recht erschwert; in einigen

---

[1]) H a l b e n , Die Indikation zur Monokelverordnung. Therapeutische Monatshefte, 27, 1913.

[2]) Ich habe lange vergeblich auf Flieger gefahndet, die schon empirisch zur Bevorzugung des Einglases gekommen wären. Eben vor der Absendung des Manuskripts teilt mir ein gewöhnlich zweiäugig korrigierter Flieger allererster Klasse mit, daß er neue Maschinen stets nur mit Monokel und ohne Schutzbrille ausprobiert und sich all meinen Argumenten für das Einglas anschließt.

neueren Flugzeugkonstruktionen mit 6-Zylinder-Motor soll die Vibration gedämpft und das Fernglas gut verwertbar sein[1]). Im Freiballon stören die Drehungen des Korbes. Im Luftschiff wird es die besten Dienste leisten. Einen gewissen Ersatz, der vielleicht zu einer großen Rolle in der Luftfahrt berufen ist, kann man von den neuerdings von der Firma Zeiß konstruierten Distalgläsern erhoffen. Diese in einem einfachen Brillengestell zu tragenden leichten Gläser liefern bei kaum verengtem Gesichtsfeld 1,8fache Vergrößerung.

Erwähnenswert wäre noch die Gefahr der Blendung. Ihr kann man bei längerer Fahrt gegen die Sonne durch Vorschalten dunkler Gläser etwas vorbeugen; bei Rundenfahrten natürlich nicht. Die Hauptsache ist Vorsicht: Zukneifen der Lider und Vermeidung, den Blick der Sonne zu nähern. Hüten muß man sich auch auf Nachtfahrten vor Blick in die eigenen Lampen. Im Ballon soll ein Mann, der gar nicht ins Korbinnere, in dem Karten, Instrumente u. a. beleuchtet werden, sehen darf, den Ausguck übernehmen: ein einziger Blick ins Helle verdirbt ihm für längere Zeit die nötige Dunkeladaptation. Wird der Luftfahrer plötzlich vom Strahl eines Scheinwerfers getroffen, so ist er für einige Zeit so gut wie blind. Besonders im Flugzeug kann das zu Katastrophen führen. Der Pilot sollte deshalb daran denken, den Blick von der Lichtquelle des Scheinwerfers möglichst abgewendet zu halten. Die Bedienung von Scheinwerfern sollte vermeiden, Luftfahrzeugen, denen sie nicht feindlich ist, direkt entgegen zu leuchten. Ein gefährlicher Sturz von Stiploschek wurde durch Sonnenblendung, einer von Caspar durch Scheinwerferblendung verursacht.

Mancher unter Ihnen wartet nun gewiß schon lange auf die Erwähnung von Störungen des binokularen Sehakts, des Stereoskopischsehens und der darauf beruhenden Tiefen- und Entfernungsschätzung oder hat bereits mit Verwunderung aus Andeutungen entnommen, daß ich darauf wenig Wert zu legen scheine. In der Tat spielt bei den in der Luftfahrt in Betracht kommenden Entfernungen und bei den der schnellen Fortbewegung zu dankenden starken parallaktischen Verschiebungen das Stereoskopischsehen eine sehr viel geringere Rolle als die anderen Hilfsmittel für Tiefen- und Entfernungsschätzung. Dem widerspricht nicht, daß der Stereoskopischsehende die vorübergehende Ausschaltung eines Auges gerade im Moment der Landung als recht störend empfinden kann. Der mit jedem Auge richtig Einäugigsehende, der in richtiger einäugiger Schätzung geübt ist, braucht deshalb nicht von der Luftfahrzeugführung ausgeschlossen zu werden. Danach allein ist auch der Schieler zu bewerten, nicht, wie in der Anweisung zur Prüfung von Kraftfahrzeugführern angegeben, nach dem Grade des Schielens. Ein Schieler, der auch mit dem schlechteren Auge richtig orientiert und ausreichendes Sehvermögen hat, ist als tauglich zum Fliegen anzusehen. Während der Niederschrift erhalte ich zwei glänzende Bestätigungen dieser schon früher geäußerten Anschauung. Ein Oberleutnant, der infolge Sehnervenzerreißung durch Schädelbruch auf einem Auge völlig erblindet ist, teilt mir mit, daß er die richtige Entfernungsschätzung beim Automobilfahren und Fliegen sehr schnell wieder erlernt hat,

---

[1]) Außerdem kann man sich helfen durch Abstellen des Motors (Gleitflug) für die Dauer der Fernglasbenutzung.

und daß er bei selbständigen Flügen absolut keine Behinderung oder Beeinträchtigung seiner Sicherheit bemerkt hat, auch nicht in der Beurteilung des Landungsterrains und in der Größen- und Entfernungsschätzung beim Landen (Abfangen des Apparates aus dem Gleitflug). Auch seine Gesichtsfeldbeschränkung, die er seiner ziemlich kräftigen Nase wegen durch Fliegen mit nach der blinden Seite gedrehtem Kopf auszugleichen sich gewöhnt hat, hat ihn nie gestört. Ein anderer sehr erfahrener Ingenieur-Pilot schreibt mir, daß er nur ein brauchbares Auge hat, das zudem um 6 Dioptrien kurzsichtig ist. Das andere Auge ist seit der Knabenzeit infolge von Wundstarresten ganz untauglich und liefert große, schwache, verschwommene Bilder, die sich mit denen des andern Auges auch in ihrer Lage nicht decken, also höchstens als Doppel- oder Nebenbilder, die er allerdings psychisch auszuschalten versteht, irritieren könnten. Damit fliegt und landet er sicher, auch auf dem Wasser, wo Vergleichspunkte zur Höhenschätzung fehlen. Er fährt auch ohne Störung Freiballon, Motorrad und Automobil, während das Fehlen des Körperlichsehens ihn beispielsweise beim Tennisspielen sehr stört. Das ist sehr charakteristisch. Dieser Flieger hat auf Blériot-Eindecker mit Anzani-Motor gelernt. Wegen des starken Ölwurfs mußte er ohne jegliche Brille fliegen. Es fiel ihm ziemlich schwer, aber es ging. Einmal machte er „gehörigen Bruch" beim Landen. Das ist schließlich auch Normalsichtigen schon passiert. Er hatte dabei aber nur ein Auge mit einer Sehleistung von günstigenfalls etwa $^1/_{35}$ zur Verfügung. Er gilt allgemein für einen sehr sicheren Flieger.

Ernstere Augenverletzungen bei Luftfahrtunfällen sind bisher sehr selten beobachtet. Den einen Fall von Sehnervenzerreißung oder Durchquetschung bei Schädelbruch habe ich schon erwähnt. Der Sturz erfolgte durch Flügelbruch beim Abfangen eines steilen Gleitflugs; der Schädelbruch durch Aufprall der bei den alten Harlan-Flugzeugen zu Häupten der Flieger angeordneten großen schweren Benzinbehälter auf den Schädel. Jeder Schädelbruch kann auf verschiedene Arten zu völliger oder teilweiser Erblindung führen. Es genügen dazu, z. B. gerade bei einer Sehnervendurchquetschung durch Zersplitterung des Augenhöhlendachs mitunter schon sehr geringe Gewalten, wenn sie nur an ungünstiger Stelle und in ungünstiger Richtung treffen. Ein Grund mehr, nicht leichtsinnig den Sturzhelm fortzulassen. Zum Schutz der Augen empfiehlt sich vor schwieriger Landung Absetzen der Brillen und im Sturz Schließen der Augen.

Die Möglichkeit schwerer Augenverletzungen besteht nicht nur im Flugzeug. Sie ist ebenso bei Fahrt durch Baumkronen im Ballon und beim Landen gegeben. Bei jedem Verdacht auf perforierende Verletzung, d. h. auf Durchbohrung der Augapfelwand, ist sofort ein möglichst gut sitzender Verband über die geschlossenen Lider zu legen und der Patient schnellstens und ohne Aufenthalt beim nächsten Arzt zum schnellst erreichbaren Augenarzt zu befördern. Ohne Verband kann sich der Kranke durch Reiben und Wischen nachträglich den ganzen Inhalt des schmerzenden Auges aus der Wunde herausdrücken, und kommt er mit der Linse im Bart und der Iris auf der Backe, so kann der beste Augenarzt das Auge nicht mehr retten.

Von ernsteren, nicht auf Verletzung beruhenden Augenerkrankungen infolge Fliegens — also abgesehen von Bindehautreizungen, Fremdkörpern und dergleichen — habe ich bisher nur gerüchtweise gehört, darunter über einen Fall von dauernder Erblindung. Ohne Untersuchung muß ich den Fall anzweifeln und kann mir jedenfalls kein bestimmtes Bild davon machen. Immerhin ist die Möglichkeit — beispielsweise durch wiederholte akute Sehnerven- oder Regenbogenhautentzündung, die auch sonst bei heftiger lokaler Abkühlung erhitzter Augen, z. B, durch Zug und Wind beobachtet ist — nicht von der Hand zu weisen.

Eine ärztliche Untersuchung der Freiballonführer vor Zulassung als Aspirant ist erst seit kurzem vorgeschrieben. Bestimmte Mindestanforderungen für die Augen sind nicht festgelegt. Die Luftschifführer werden neuerdings ebenso ärztlich geprüft wie die Flieger.

Die ersten 138 deutschen Flugzeugführer haben ihr Patent ohne ärztliche Prüfung erhalten. Von da an, seit Dezember 1911, ist von allen Zivilpiloten ein amtsärztliches Zeugnis nach den Anweisungen und Formularen für die Prüfung von Kraftfahrzeugführern verlangt. Diese Formulare sind reformbedürftig, mehr noch die dazu gehörigen Anweisungen und die Praxis der Prüfung. Gefragt wird in den Formularen nach Sehschärfe mit und ohne Glas, Unregelmäßigkeit des Gesichtsfeldes, Schielen, Augenmuskellähmungen, anderen Leiden des Auges und seiner Umhüllungen, Folgezuständen früherer Augenerkrankungen und erfreulicherweise nach Nachtblindheit. Ausdrücklich beantwortet ist meist nur die Frage nach der Sehschärfe. Oft ist dabei nur vermerkt: „Sehschärfe normal"; oft ist nur das Sehvermögen mit Glas angegeben, dagegen weder die unkorrigierte Sehleistung noch Art und Stärke des Glases bzw. der korrigierten Anomalie. Vielfach ist der Befund für rechtes und linkes Auge durch Klammer vereinigt, so daß nicht zu erkennen ist, ob und mit welchem Resultat jedes Auge einzeln geprüft ist. In einem Gutachten heißt es nur: „Kurzsichtig, doch kann er auch ohne Glas feine Schrift in der Nähe gut lesen." Das kann bekanntlich jeder Kurzsichtige, sofern er nicht durch gleichzeitige andere Augenkrankheiten daran gehindert ist. Bei den andern Fragen, insonderheit der wichtigen Frage nach Nachtblindheit, ist oft nur ein horizontaler Strich eingetragen, aus dem nicht zu ersehen ist, ob das Fehlen von Störungen durch Untersuchung festgestellt ist oder ob nicht geprüft ist. Gelegentlich heißt es sogar „angeblich nicht" oder auch „keine Anhaltspunkte für eine derartige Annahme". Selbstverständlich ist aber sachkundige Untersuchung erforderlich und eine bloße Befragung des Untersuchten nicht ausreichend. In zweifelhaften Fällen sollte hierfür wie für andere Fragen die Sprechstundenuntersuchung durch eine Prüfung unter natürlichen Bedingungen, also im Ballon und (statt im Flugzeug) im Automobil ergänzt werden. Bisweilen ist volle Sehschärfe ohne Glas notiert, während die den Akten beigeheftete Photographie die Augen mit Kneifer oder Monokel bewaffnet zeigt. Wenigstens die Wahrscheinlichkeit spricht da gegen volle Sehschärfe der unbewaffneten Augen.

Unter den 251 seit Einführung des Untersuchungszwanges zugelassenen Fliegern, unter denen allerdings eine große Anzahl nicht untersuchter Militärflieger ist, die, soweit sie mit Augenfehlern behaftet sind, vielleicht nicht alle sich durch Einreichung einer Photographie mit Gläsern kenntlich gemacht haben, finden sich 25, bei denen das Gutachten, und 6, bei denen die Photographie Augenfehler erkennen läßt. Nur in 5 Fällen ist Art und Grad der Refraktionsanomalie verzeichnet, darunter einmal Astigmatismus auf einem Auge, sonst Kurzsichtigkeit bis zu 6 Dioptrien. Es ist mit Wahrscheinlichkeit anzunehmen, daß es sich auch in den unbestimmten Fällen um diesen leider so verbreiteten Augenfehler handelt. Sonstige Augenfehler sind nie vermerkt; es ist nicht sicher, ob stets eine objektive Untersuchung stattgefunden hat. Nach Störungen des Muskelgleichgewichts ist weder gefragt noch anscheinend gefahndet. Gar nicht erwähnt ist das nicht so seltene Flimmerskotom, ein anfallsweises Auftreten von Flimmern vor den Augen mit hochgradiger Störung oder Aufhebung allen Sehvermögens und nach Vorläufern von grünem Star (Glaukoma inflammatorium), bei dem es eines Tages zu obendrein äußerst schmerzhaftem Anfall von Erblindung kommen kann. Jedes dieser beiden Vorkommnisse macht zum Luftfahrzeugführer untauglich, ja, muß im Flugzeug fast sicher zu schwerem Unfall führen.

Es ist zu fordern, daß die Augenuntersuchung von Spezialsachverständigen, d. h. von Augenärzten ausgeführt wird, denn von andern ist das gleiche Maß von Kenntnis und Interesse für die erforderlichen, zum Teil sehr spezialistischen Untersuchungen nicht zu erwarten. Es ist zu wünschen, daß die Untersuchung der Luftfahrer durch luftfahrende Ärzte, deren es in Deutschland mindestens 200 gibt, geschieht. Denn bei ihnen darf höheres Verständnis und Interesse für die Forderungen der Luftfahrt sowie ein lebhafteres Gefühl für die große Verantwortung vorausgesetzt werden. Es hat sich gezeigt — in einer vor ca. 2 Jahren auf Veranlassung der Führerversammlung des Berliner Vereins für Luftfahrt, unter meinem Vorsitz zusammengetretenen Versammlung luftfahrender Ärzte —, daß auch unter diesen jedem einzelnen wichtige Gesichtspunkte aus anderen Spezialgebieten zunächst fernliegen. Es ist deshalb zu wünschen, daß eine Kommission luftfahrender Ärzte, in der zum mindesten ein Augenarzt, ein Nervenarzt, ein innerer Mediziner, ein Chirurg, ein Hals-Ohren-Arzt und ein Physiologe vertreten sein muß, Grundsätze über die zu stellenden Mindestanforderungen und über den Gang der Untersuchung berät und danach ihre Anträge an den Luftfahrerverband richtet und vertritt.

Es läßt sich voraussagen, daß sich als logische Konsequenz der Notwendigkeit einer Zulassungsprüfung die Forderung von periodischen Kontrolluntersuchungen, denen sich natürlich auch die älteren bisher ungeprüften Führer unterwerfen müßten, schwerlich unterdrücken lassen wird. Andererseits ist jedes irgend überflüssige Hochschrauben der Mindestanforderungen im Interesse der Piloten, der Industrie und der gesamten Luftfahrt zu vermeiden. Hoffentlich wird diese Ankündigung den zu befürchtenden Widerstand gerade der älteren und darum einflußreichsten Führer mildern. Vielleicht wird es zweckmäßig sein, einen Unterschied zwischen der Lizenz zum Alleinfliegen und zur Passagierbeförderung einzuführen.

Es ist selbstverständlich, daß alle Korrektions- und Schutzmittel mindestens doppelt mitzuführen sind. Aus demselben Grunde sollten bei Beförderung einer größeren Personenzahl oder bei sonstwie besonders gefahr- und verantwortungsreichen Luftfahrten möglichst zwei patentierte Führer an Bord sein.

Wenn eines der wesentlichsten Ergebnisse meines Vortrags die Feststellung ist, daß Herabsetzung der zentralen Sehschärfe überraschend wenig ausmacht im Vergleich zu anderen, den Luftfahrer ernster gefährdenden Augenstörungen, so

könnten Sie doch ein falsches Bild erhalten, wenn ich nicht nochmals ausdrücklich auf die Seltenheit dieser anderen Störungen hinwiese. Die Augenkrankheit,
die schließlich durch Herabsetzung der Sehleistung die Auslese an geeigneten
Luftfahrtkandidaten am meisten einschränkt, bleibt unsere weitverbreitete Volks-
krankheit, die Kurzsichtigkeit. Sie macht nicht nur in ihren hohen Graden völlig
untauglich zum Luftfahrer, sie beeinflußt auch in niederen Graden die körperliche
Entwicklung, die Gewandtheit, die Lust an der Ferne, am Sport und an scharfer
Beobachtung und die Eignung dazu. Ihre Entstehung und Zunahme läßt sich
aber in fast allen Fällen verhüten oder in sehr geringen Grenzen halten. Es ist die
Bildung eines großen Verbandes zu ihrer rationellen Bekämpfung in Vorbereitung.
Nicht nur der Ersatz für Heer und Flotte würde durch Ausrottung der Kurzsichtigkeit quantitativ und qualitativ außerordentlich gewinnen, auch die ganze körperliche Tüchtigkeit des Volkes, seine Erwerbsfähigkeit und Lebensfreude und nicht
in letzter Linie die Tauglichkeit zur Luftfahrt. Darum möchte ich die Gelegenheit
nicht versäumen, an Sie alle, die Sie der Luftfahrt nahestehen, die Bitte zu richten,
den entstehenden Verband durch Ihr Wohlwollen und durch korporativen und
persönlichen Beitritt zu unterstützen.

Die Quellen der elektrischen Ladung eines Luftfahrzeuges.

Von

Dr. F. **Linke**-Frankfurt a. M.

M. H. In der letzten Zeit mehren sich die Fälle, wo Freiballone und Luft-schiffe durch elektrische Entzündung zerstört werden, und man gewinnt den Eindruck, als ob diese Zunahme der „elektrischen Gefahr" nicht nur durch die Vermehrung der Anzahl der Ballone begründet erscheint. Es ist natürlich, daß diese Erscheinungen zu ernsten Studien Veranlassung gegeben haben, und so sehen wir schon nach der ersten Explosion des Berliner Ballons „Humbold" 1893 eine Kommission von Luftfahrern und Physikern bei der Arbeit, die Erscheinung aufzuklären. Diese Explosion kann als typisches Beispiel für viele andere Fälle gelten. Der Ballon war mehrere Stunden in starker Sonnenstrahlung und trockener Luft gewesen und glatt gelandet; als die Hülle schon halb entleert am Boden lag, entstand durch Berührung des Ventils mit der Hand ein Funke, der die Explosion hervorrief. Bei späteren Fällen hat sogar die Berührung des Ventils mit dem Boden die Explosion hervorgerufen.

Wir haben hier den ersten und vielleicht wichtigsten Fall, die Elektrisierung des Ballonstoffes durch Reibung. Sämtliche bisher bekannten Ballon-stoffe können durch Austrocknung und Wärme in einen Zustand versetzt werden, in dem sie einerseits elektrisch isolieren und andererseits durch Reibung elektrisch erregt werden können. Diese elektrische Erregung geht gewöhnlich dadurch vor sich, daß der Stoff beim Entleeren oder Füllen heftig bewegt wird. Zweifellos ist diese Elektrizitätsquelle die wichtigste von allen, die zu behandeln ist. Ich kann mich aber jetzt mit dem Hinweis begnügen, da Herr Privatdozent Dr. Dieckmann hierauf gleich ausführlich zu sprechen kommen wird. —

Eine weitere wichtige Elektrizitätsquelle des Luftfahrzeuges ist die Atmosphäre selbst. Es ist bekannt, daß auch bei normalem Wetter sich in der Luft freie positive Elektrizität befindet, die hauptsächlich an Dunst- und Staubteilchen haftet. Infolgedessen bekommt die Erdoberfläche selbst eine ne-gativ-elektrische Ladung. Der zwischen der positiven Luft und der negativen Erde bestehende Spannungszustand wird als „elektrisches Feld" bezeichnet. Dieses Feld kann man sich so vorstellen, daß man sich parallel der Erde in gewissen Ab-ständen Flächen gelegt denkt, in welchen der Spannungszustand immer der gleiche ist, sog. Äquipotentialflächen. Wenn nun ein elektrisch leitendes Luft-fahrzeug in dieses elektrische Feld hineinkommt, so wird das elektrische Feld ge-stört, die Äquipotentialflächen nehmen ihren Verlauf um das Luftschiff herum und drängen sich an den hervorstehenden Spitzen eng zusammen. Da, wo sie am engsten nebeneinander liegen, bilden sich am stärksten influenzierte Ladungen. So entstehen also auch auf einem unelektrischen Ballon am Ventil negative, am Korb gleich hohe positive Ladungen. Nimmt man jetzt eine von diesen beiden Ladungen hinweg, was auf verschiedenen Wegen geschehen kann, so bleibt die andere übrig, und der Ballon kommt elektrisch am Erdboden zur Landung, wobei sich die Ladung natürlich mit der der Erde ausgleichen muß. Daß dabei Funken auftreten, ist wohl verständlich.

Es fragt sich nun: 1. Wie groß sind solche Ladungen? 2. Auf welche Weise kann der Ausgleich vor sich gehen? 3. Können solche Funken das Gas zum Entzünden bringen?

Die Größe der Ladung kann man abschätzen, wenn man sich überlegt, daß schon bei normalem Wetter das elektrische Feld einen Spannungsunterschied von 100 Volt für jedes Meter Höhendifferenz verursacht, und das wären für einen 20 m hohen Ballon schon 2000 Volt. Bei Gewitter kann diese Spannung auf mehrere tausend Volt pro Meter kommen, so daß Potentialunterschiede von 50 000 Volt zwischen Ventil und Korbboden eines Ballons wohl im Bereich der Möglichkeiten liegen. Ein Luftschiff, das sich in einer schrägen Lage befindet, kann dabei leicht auf einige hunderttausend Volt kommen.

Auf die zweite Frage nach der Möglichkeit des Ausgleichs kennen wir verschiedene Antworten. Bei sehr hohen Ladungen geht ein Ausgleich am leichtesten vor sich, und zwar an allen kleinen Ecken, Spitzen und Fädchen der Metallteile und der Bespannung. Auch durch intensive Bestrahlung des Stoffes mit dem ultravioletten Licht der Sonne kann die obere Ladung ausgeglichen werden. Ferner wird beim Ballastgeben, soweit es sich um Wasser oder feuchten Sand handelt, der Ausgleich eintreten.

Schwerer ist die Frage zu beantworten, ob die auftretenden Funken eine Explosion des Gases herbeiführen können. Explosives Gas befindet sich zwar genügend in der Nähe. Aber es pflegt nach oben zu entweichen, weil es viel leichter ist als die Luft. Und da diese Funken an der tiefsten Stelle des Luftschiffs auftreten, müßte man schon annehmen, daß ein zufälliger Luftwirbel ein mit der Gasmenge noch zusammenhängendes Gasteilchen mit nach unten reißt.

Ich fasse also mein Urteil dahin zusammen, daß eine Explosion eines Ballones infolge des elektrischen Feldes der Erde theoretisch nicht ausgeschlossen ist, daß aber nur bei einer Verkettung von unglücklichen Zufälligkeiten eine Katastrophe eintreten kann. —

Eine dritte Elektrizitätsquelle ist die Tätigkeit der Motoren. Dadurch, daß die Auspuffgase des Motors, angefüllt mit kleinen festen Partikelchen, unter hohem Druck die Auspuffrohre durcheilen, wird der Motor, wenn er isoliert ist — und das ist in der Luft der Fall —, sehr stark elektrisch. Dies hat zuerst Herr Dr. Dieckmann experimentell gezeigt, ich habe das nachgemacht und an einem kleinen Fahrradmotor schon nach einer Minute Spannungen von mehreren tausend Volt festgestellt. Der Ladeprozeß ist jedoch sehr unregelmäßig und liefert bald positive, bald negative Werte. Ob die Ladung der Auspuffgase zu Explosionen führen kann, die Frage möchte ich hier zur Diskussion stellen. Bisher sind noch keine Unfälle dadurch herbeigeführt worden.

Ähnlich wie die Elektrisierung durch Auspuffgase beruhen 2 andere Elektrizitätsquellen auf der Reibung eines verunreinigten und schnellströmenden Gases an festen Körpern. Das ist einerseits die bekannte Selbstentzündung geöffneter Wasserstoffstahlflaschen, aus denen das Gas unter hohem Druck entweicht. Dabei werden Verunreinigungen in der Stahlflasche mit fortgerissen, die an den Wandungen der Ausströmungsöffnung Reibungselektrizität hervorrufen.

Ich habe ferner Versuche angestellt, ob mit Staubteilen erfüllte Luft, die mit 20 bis 30 m p. Sek. Geschwindigkeit am Flügel eines Flugzeugs vorüberstreicht, auf diesem Ladungen hervorrufen kann; ich habe jedoch nichts gefunden. Hingegen erwies sich — nebenbei bemerkt — der Flügel an und für sich als ziemlich leicht elektrisch erregbar, wenn die Luft trocken ist oder er durch Sonnenstrahlung erwärmt wird. —

Auf eine andere Elektrizitätsquelle hat der kürzlich und leider viel zu früh verstorbene Professor H. Ebert aufmerksam gemacht, nämlich auf die Elektrisierung durch Ballastgeben. Wenn nämlich der Ballast aus trockenem Sande besteht, wird durch Reibung des Ballastes am Korbe Reibungselektrizität hervorgerufen, derart, daß der Ballon positiv elektrisch wird. Der Effekt tritt jedoch nur ein, wenn der Sand ganz trocken ist, und erreicht höchstens nur einige tausend Volt, kann also zu Bedenken keinen Anlaß geben.

Neuerdings ist noch eine andere Elektrizitätsquelle aufgetreten, das ist die Funkentelegraphie. Hierbei dient der Körper eines Luftschiffes als Gegengewicht gegen die in elektrische Schwingung zu versetzende Antenne. Es besteht die Möglichkeit, daß bei den hohen Spannungen sich innerhalb des Gerippes eines starren Ballones Funken bilden. Endgültigen Aufschluß kann man nur durch das Experiment bekommen, und es sind tatsächlich an einem in der Halle isoliert aufgehängten Luftschiff Untersuchungen angestellt worden, deren Ergebnisse noch nicht veröffentlicht sind. Aus der Tatsache jedoch, daß die Luftschiffgesellschaften ihre funkentelegraphischen Versuche fortsetzen, wird man wohl schließen können, daß die angestellten Versuche die Ungefährlichkeit der Funkentelegraphie dargetan haben.

Aus dieser Zusammenstellung ersieht man, wie zahlreich und verschiedenartig die „elektrische Gefahr" in der Luftschiffahrt auftritt. Es ist hohe Zeit, daß alle beteiligten und interessierten Behörden und Fachleute durch gründliche Untersuchungen die vorliegenden Verhältnisse klären, um die Gefahren dann zu beseitigen — oder zu vermeiden.

Über elektrische Eigenschaften von Ballonstoffen.

Von

Dr. Dieckmann-München.

Man kann bei der Beurteilung der zahlreichen Katastrophen, von denen die Luftschiffahrt betroffen wird, keinen besseren Standpunkt einnehmen, als daß man in diesen Unfällen Kinderkrankheiten erblickt; Einflüsse, die nur deshalb eine so starke und verderbliche Wirkung haben, weil der betroffene Organismus noch nicht gefestigt und entsprechend entwickelt ist.

Eines der Leiden, an denen der Statistik nach ein recht erheblicher Teil des Ballon- und Luftschiffmaterials im Einzelfalle jäh und unerwartet zugrunde geht, bilden die Brände. Wenn man eine Zusammenstellung der Fälle betrachtet, in denen ein Ballon oder Luftschiff beim Füllen, Landen, Entleeren oder sonst in Flammen aufgegangen ist, erhält man erst eine Vorstellung von dem enormen Betrag, der auf diese Weise in den letzten Jahren zugrunde gegangenen Werte.

Was nun diese Statistik weiter lehrt, ist, daß nur eine ganze Minderzahl dieser Brände durch Fahrlässigkeit mit offenem Feuer, durch Hochspannungsleitungen usw. verursacht sind, also durch Unfälle im eigentlichen Sinne. Die meisten Brände sind vielmehr während des regulären Betriebes, beim Nachfüllen, Entleeren usw. ohne unmittelbar erkennbare äußere Ursache ausgebrochen wie eine Krankheit. In allen diesen letzteren Fällen nimmt man — und mit Recht — als Zündungsursache den elektrischen Funken an.

Ob im einzelnen Falle dieser Funken den Ausgleich von Elektrizitätsmengen vorstellt, die durch Stoffreibung, Austritt von Gas, atmosphärisch elektrische Vorgänge oder sonst eine Ursache getrennt waren, ist für den Erfolg gleichgültig. Wichtig für uns sei die Feststellung, daß die jetzigen Ballons und Luftschiffe, unterstützt durch die brennbare Eigenschaft des Auftriebsgases, eine verhängnisvolle Disposition haben, durch elektrische Entladung zerstört zu werden.

An Bestrebungen, dieser Disposition entgegenzuarbeiten, hat es schon früher nicht gefehlt. Ich erwähne von den mannigfaltigen älteren Beiträgen in dieser Richtung nur die wertvollen Arbeiten von Siegsfeld und von Börnstein und die zahlreichen Untersuchungen, die das Zustandekommen der Ladungen durch die verschiedensten Ursachen betreffen.

Ich darf mich im folgenden darauf beschränken, Ihnen kurz die Auffassung des Problems vorzutragen, wie es sich in letzter Zeit, auf älteren Arbeiten fußend, in der Versuchsabteilung des Luftschiffbau Zeppelin in erfreulicher Einmütigkeit mit wohl allen anderen Untersuchungsstellen herausgebildet hat. Nach dieser Auffassung liegt die Hauptursache der Disposition für Brände in den elektrischen Eigenschaften der Ballonstoffe. Das Problem, die Möglichkeit, die Brände einzuschränken, ist sonach ein reines Materialproblem.

Wenn man von den elektrischen Eigenschaften der Ballonstoffe hört, denkt man zunächst an ihre im allgemeinen hohe Oberflächenelektrisierbarkeit. In der Tat ist diese Eigenschaft bei allen gummierten und mit getrocknetem Firnis überzogenen Ballonstoffen außerordentlich ausgeprägt. Gummi gegen Baumwolle, Seide oder Aluminium gerieben wird stark negativ elektrisiert.

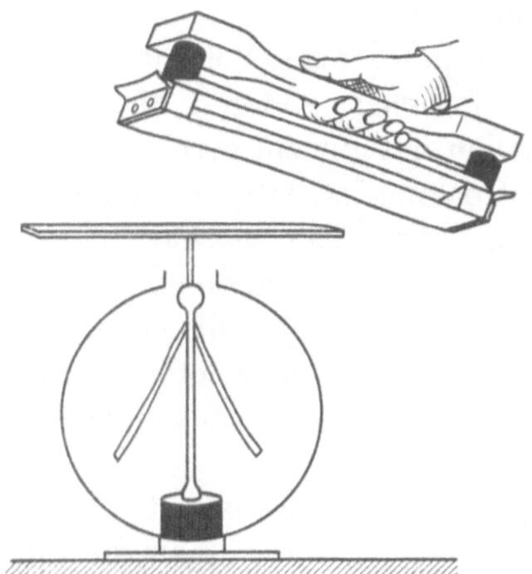

Fig. 1.

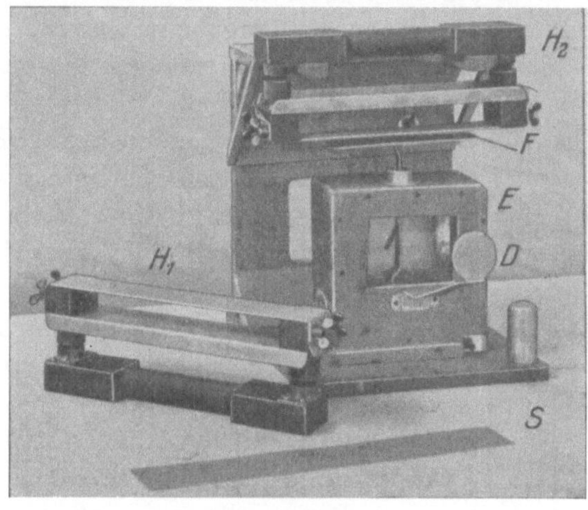

Fig. 2.

Man kann sich von dieser enormen Elektrisierbarkeit der zur Dichtung verwendeten Materialien auch bei feuchtem Wetter eine treffende Vorstellung machen, wenn man die zu untersuchenden Stoffproben in statisch gut isolierende Halter einspannt (Abb. 1), reibt und einem Elektrometer nähert. Reibt man beispielsweise Gummistoff gegen Aluminium, so erfolgt eine kräftige positive Aufladung des Aluminiums, eine negative des Gummis. Bei Annäherung mit der Hand kann man einen schwach knisternden Funken aus der Stoffprobe ziehen. In einer Anordnung nach Fig. 2 läßt sich der Betrag der Oberflächenelektrisierbarkeit zahlenmäßig feststellen.

Nach einer Schablone S, vorn auf dem Bilde sichtbar (Fig. 2), können aus verschiedenen Stoffen gleichgroße Stücke geschnitten und in einen der Halter H_1, H_2 eingespannt werden. Die Handhabe dieser Stoffhalter ist durch geriefelte Hartgummisäulen, die mit Messingkappen gegen Staub und Feuchtigkeit geschützt sind, von der eigentlichen Einspannungsvorrichtung isoliert.

Als Elektrometer E dient ein einfaches Aluminiumblattelektrometer mit einem Meßbereich von 400 bis 450 Volt. Der Influenzplatte f kann auf einem verstellbaren Träger der geriebene Stoff im Halter H_1 gegenübergestellt werden. Das Vorzeichen der Ladung wird durch eine geriebene Siegellackstange oder dergleichen ermittelt.

Wenn f die Größe der Influenzplatte in cm², a den Abstand des Stoffes von der Platte in cm und c die Kapazität des Elektroskops in cm bedeutet, so berechnet sich die auf dem cm² vorhandene Oberflächenladung η zu

$$\eta = \frac{c}{300\,(f + 4\,\pi\,a\,c)} \cdot V \text{ stat. Einh.,}$$

wenn das Elektrometer auf V Volt Spannung ausschlug.

Die durch Reibung erzielbaren spezifischen Oberflächenladungen sind verhältnismäßig sehr groß, sie liegen der Größenordnung nach zwischen 0,1 und 10,0 stat. Einheiten pro cm². Gummierter Ballonstoff elektrisiert sich auch schon bei bloßer mechanischer Beanspruchung beim Falten, Dehnen usw.

Beachtung verdient auch der von Baron Soden gewonnene Befund, daß gut präparierte Goldschlägerhaut durch Reiben an sämtlichen anderen Materialien nicht nachweisbar elektrisiert werden kann. Künstlich mit Benzin gereinigte Haut oder solche, deren Präparationsschicht stark ausgetrocknet ist, läßt sich allerdings auch elektrisieren. Danach liegt die Ursache mangelnder Elektrisierbarkeit guter Goldschlägerhaut offenbar darin, daß die Haut beim Reiben stets in gewissem Grade das geriebene Material verschmiert. Die äußerste Oberflächenschicht, die beim Reiben in Berührung mit anderem Material kommt, geht sofort auf dies Material als dünner Überzug über. Auf diese Art werden etwa doch aufgetretene Ladungen sofort wieder neutralisiert.

Ein eigenartiges und zunächst überraschendes Verhalten einfach und mehrfach gummierter Gummistoffe sei an dieser Stelle noch erwähnt. Reibt man die gummierte Seite einer Baumwollgummistoffprobe und nähert sie dem Elektrometer, so zeigt dies eine erhebliche freie Oberflächenladung auf dem Stoff an. Der Stoff hat ein elektrostatisches Feld in seiner Umgebung. Berührt man dann die Probe, am besten die Baumwollseite, mit einem geerdeten Leiter und nähert darauf die Probe wieder dem Elektrometer, so zeigt dies — und darin liegt nichts Merkwürdiges — keine Ladung an. Die Probe hat kein Feld mehr.

Aber man darf deshalb nicht denken, der Stoff sei nun wieder in seinem unelektrischen Zustand. Legt man ihn jetzt ohne Reibung auf die Influenzplatte des Elektrometers, leitet dies zur Erde ab und entfernt dann die Stoffprobe, so zeigt das Elektrometer einen Ausschlag von vielen hundert Volt an.

Diese Fähigkeit, nach vorherigem Reiben trotz erfolgter scheinbarer Erdung bei Berührung mit einem Leiter wieder Elektrizitätsmengen frei zu machen, kann der Stoff durch viele Stunden behalten.

Wenn eine Probe des gleichen Stoffes nicht durch Reibung, sondern beispielsweise durch Influenz von einem elektrischen Leiter Ladung erhalten hat, zeigt sie dies Verhalten nicht. Man kann also in vielen Fällen nachträglich entscheiden, ob eine vorgegebene elektrisierte Stoffprobe ihre Ladung durch Influenz oder durch Reibung erhalten hat. Dies unterschiedliche Verhalten der Proben, das auf der Elektrophorwirkung guter Isolatoren beruht, wird aus den folgenden Skizzen ohne weiteres verständlich sein.

So beachtenswert und ernst nun diese Eigenschaft der Reibungselektrisierbarkeit der Mehrzahl unserer Ballonstoffe auch sein mag, ihre Verhinderung braucht nicht das Ziel unserer Bestrebungen zu sein. Die Möglichkeit des Auftretens elektrischer Ladungen wäre, da luftelektrische Vorgänge, Gasströmung, Motorauspuff usw. auch Elektrizitätsmengen freimachen können, keineswegs beseitigt. Die Praxis wird somit auf die Ermittelung der für die Oberflächenelektrisierbarkeit der einzelnen Stoffe charakteristischen Zahlen vorerst auch kein Gewicht zu legen brauchen.

Außerordentlich viel wichtiger und für die Luftschiffahrt betrüblicher ist eine andere Eigenschaft der meisten Ballonstoffe. Diese Eigenschaft ist das hohe elektrische Isolationsvermögen der meisten Substanzen, die dem Stoffe die Gasdichtigkeit geben. Dieses Isolationsvermögen oder — was dasselbe ist — diese geringe elektrische Leitfähigkeit gibt den Bollonstoffen die gefährliche Disposition, daß sich elektrische Ladungen ansammeln und disruptiv im Funken ausgleichen können. Um diese Disposition zu verhindern, genügt nicht mit Sicherheit eine Behandlung der Oberflächen der Ballonstoffe mit hygroskopischen Flüssigkeiten, etwa einer wässerigen Chlorkalziumlösung, wie sie Siegsfeld vorgeschlagen hat. Eine solche würde bestenfalls dem Stoff eine gewisse Oberflächenleitfähigkeit geben. Die fast ebenso wichtige Leitfähigkeit quer durch den Stoff hindurch, die verhindert, daß ein Stoff wie eine Leidener Flasche, wie ein Kondensator sich aufladen kann, würde durch eine derartige Präparation nicht erreicht werden können.

Die jetzige Ansicht, in der gegenwärtig alle Fachmänner übereinstimmen, ist also die: wenn man Ballonstoffe hätte, die auch bei großer Lufttrockenheit eine gute Oberflächen- und Querschnittsleitfähigkeit besäßen, so würden Funkenzündungen des Füllgases auf das beste vermieden werden.

Gummierte und doppelt gummierte Stoffe sind direkt Gegenbeispiele zu dieser Forderung. Goldschlägerhäute in gutem Präparationszustand besitzen eine gewisse Oberflächen- und auch Querschnittsleitfähigkeit. Doch ist diese Leitfähigkeit von dem Feuchtigkeitszustand der Proben abhängig. Es

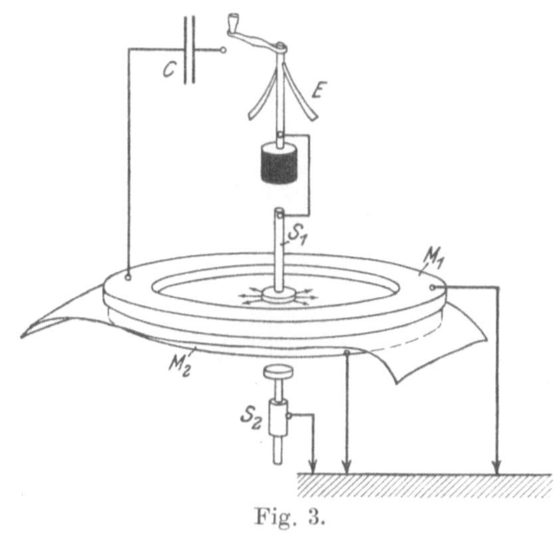

Fig. 3.

ist aber wohl keine Frage, daß die Industrie, nachdem die Forderung der Praxis so klar ausgesprochen vorliegt, geeignete Stoffe erzielen wird. Ich bin leider nicht ermächtigt, schon vorlieliegende, in dieser Hinsicht recht beachtliche Proben hier vorzuführen.

Für die Zukunft ist anzustreben, daß ein zu verarbeitender Ballonstoff nicht allein auf sein Gewicht, Reißfestigkeit und Gasdichtigkeit geprüft wird, sondern der Stoff wird auch noch auf seine elektrische Längs- und Querleitfähigkeit untersucht werden müssen und dabei bestimmte Minimalbedingungen zu erfüllen haben.

Wie eine derartige Prüfung vorgenommen werden kann, läßt sich an einem einfachen Apparat (Abb. 3), den ich gemeinsam mit Ing. Kurt Fischer angab, zeigen.

Zwischen zwei geerdete Metallringe M_1 und M_2 von bekanntem inneren Durchmesser wird die Stoffprobe eingelegt. Im Mittelpunkt der Stoffscheibe liegt von oben eine Spannung führende Metallelektrode S_1, welche mit dem empfindlichen Teil eines Blättchenelektrometers E in Verbindung steht. Parallel zu dem Elektrometer lassen sich große Kondensatoren C einschalten. Eine stets geerdete Elektrode S_2 kann von unten her an den Mittelpunkt der Stoffprobe angelegt und wieder entfernt werden. Eine auf die Kondensatoren und das Elektrometer aufgebrachte Ladung wird so entweder radial von der oberen Sonde nach dem Rand oder quer durch den Stoff über die untere Elektrode abfließen können. Ein Maß für die Widerstände ist die Zeit, die vergeht, damit die Spannung des aufgeladenen Systemes um einen gewissen Betrag zurückgeht.

Es sei nun einmal die Annahme gemacht, der eingelegte Stoff besitze ausschließlich Oberflächenleitfähigkeit. In diesem Falle wird ein Anlegen oder Entfernen der unteren Elektrode die Entladegeschwindigkeit nicht im geringsten beeinflussen.

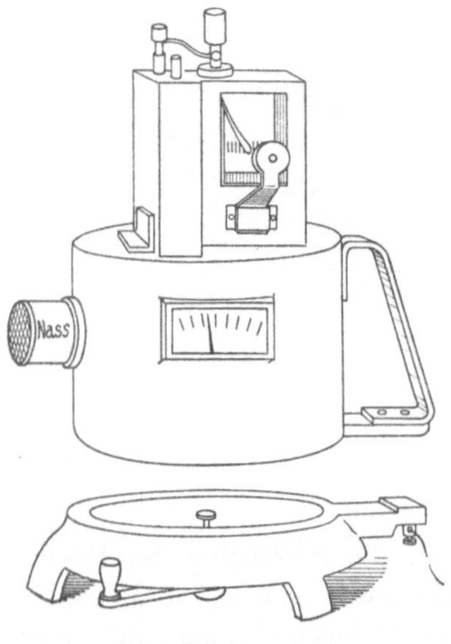

Fig. 4.

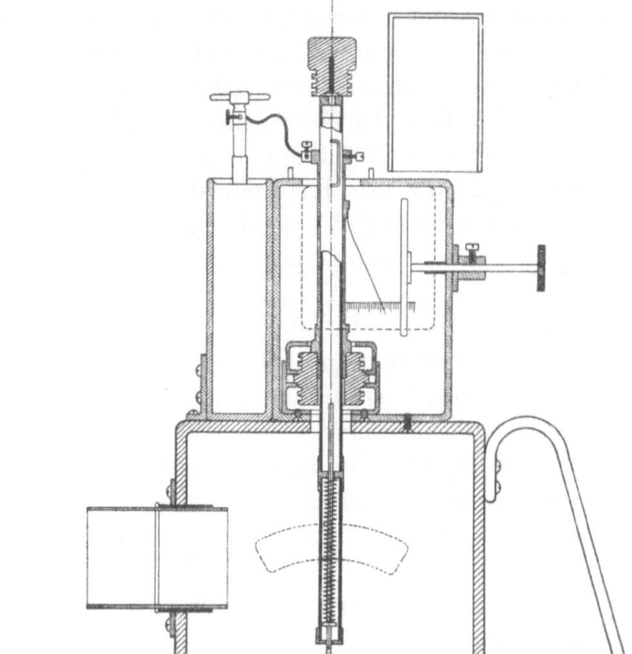

Fig. 5.

Bedeutet C den Betrag des Kondensators in Farad, V_1 und V_2 die abgelesenen Spannungswerte in Volt zu Beginn und Ende der Beobachtungsdauer von T Sekunden, so berechnet sich der Wert des spezifischen Oberflächenwiderstandes σ_0, falls die Erdungsringe etwa 10,0 cm Durchmesser haben, zu

$$\sigma_0 = \frac{T}{0,6\,C\,(\lg V_1 - \lg V_2)}\ \text{Ohm.}$$

In einem anderen Falle sei angenommen, daß der Stoff aus einem homogenen Material von einem gewissen spezifischen Leitvermögen besteht. Ist, wie stets, die Dicke des Stoffes klein gegen die Längserstreckung der Probe, so wird jetzt bei einer Berührung durch die Elektrode S_2 eine wesentlich größere Entladegeschwindigkeit zu beobachten sein. Der Wert des spezifischen Querwiderstandes σ_q ergibt sich näherungsweise als

$$\sigma_q = \frac{T \pi r^2}{C\,d\,(\lg V_1 - \lg V_2)}\ \text{Ohm,}$$

wenn r den Radius der Elektrodenplatten und d die Diche der Stoffprobe, beides in Zentimeter ausgedrückt, bedeutet.

Im allgemeinen wird ein Ballonstoff, namentlich wenn er geschichtet ist, weder der ersten noch der zweiten Annahme völlig entsprechen. Immerhin lassen sich aus den vier Beobachtungen, die sich ergeben, wenn die Stoffprobe beiderseits je einmal mit und ohne Anlegen der unteren Elektrode untersucht wird, charakteristische Zahlen für die Leitfähigkeitsverhältnisse dieses Materials gewinnen.

Die vier Messungen seien bezeichnet mit σ_1, σ_2, σ_3 und σ_4, wobei σ_1 und σ_3 ohne Gegenelektrode gewonnen sein soll. Die Werte von σ_1 und σ_3 sind dann hinreichend charakteristisch für die Oberflächenleitfähigkeit jeder Seite. Die Differenz $\sigma_1 - \sigma_2$ und $\sigma_3 - \sigma_4$ lassen einen brauchbaren Ausdruck für die Querschnittsleitfähigkeit ableiten.

Der in Fig. 4 und 5 von außen und im Querschnitt dargestellte Leitfähigkeitsprüfer für Ballonstoffe enthält in dem oberen, zu einem Topf erweiterten Metallring noch ein Hxgrometer und eine „Naß-Trocken-Kapsel". Diese in der Mitte unterteilte, außen mit Drahtgaze geschlossene Kapsel kann auf der einen Seite mit einem Trockenmittel beschickt werden. Man hat es, je nachdem, welchen Teil der Kapsel man in den Topf einführt, in der Hand, die relative Feuchtigkeit im Untersuchungsgefäß zu variieren. Dies Hilfsmittel ist nicht nur erwünscht, damit man alle Angaben auf eine bestimmte Feuchtigkeit beziehen kann, sondern auch damit man rasch erkennen kann, ob die fragliche Stoffprobe hygroskopisch leitet oder metallisch. Stoffe, die hygroskopisch leiten, sind im jeweiligen Betrag ihres Leitvermögens ungemein von der momentanen Feuchtigkeit abhängig. Falls die Aufgabe bestände, einen ganz subtilen Indikator für relative Feuchtigkeit zu konstruieren, könnte man direkt auf Leitfähigkeitskontrollen hygroskopisch leitender Stoffe zurückgehen.

Stoffe, die auch noch bei großer Trockenheit, also bei 20 bis 30 % relativer Feuchtigkeitswerte, einen spezifischen Widerstand von nicht über 10 Millionen Ohm haben, wird man mit großem Vertrauen für die Herstellung von Gaszellen, insbesondere auch der Stoffteile der Ventile und Füllansätze verwenden können. Ein derartiger Stoff würde im allgemeinen auch zuverlässiger sein als die Verwendung radioaktiver Substanzen, die von den verschiedensten Seiten zum Zwecke einer Elektrizitätszerstreuung vorgeschlagen wurde. Feuchte Goldschlägerhaut erfüllt die Bedingung bis zu einem gewissen Grade schon jetzt.

Wenn die Bemühungen für weitere Verbesserung der elektrischen Eigenschaften der Ballonstoffe Erfolg haben, so wird das kein lauter und nach außen auffälliger Erfolg sein können. Man kann diese Bestrebungen ja direkt mit prophylaktischen oder hygienischen Maßnahmen vergleichen. Nur aus der Statistik wird sich entnehmen lassen, wenn die Zahl der Luftschiff- und Ballonkatastrophen, bei denen Funkenzündung des Füllgases als Ursache anzunehmen ist, zurückgeht. Für die Überwindung dieser Kinderkrankheit der Luftschiffahrt kann man die beste Prognose stellen.

Diskussion.

Dr. **Jeserich**-Berlin.

Ich kann aus meinen Fahrten der Jahre 1884/85 vollauf die Ausführungen des Herrn Dr. Linke bestätigen. Damals konnte ich erst nach vergeblichen, vielen Versuchen im Freiballon dann elektrische Ladung nachweisen, wenn ich Ableitung durch Anwendung eines Spitzenkörpers (Morgenstern), Abwerfen von feuchtem Sand oder Auslaufenlassen von einem Wasserstrahl schaffte.

Prof. Dr. **Schmidt**-Halle für Privatdozent Dr. **Albert Wigand**-Halle.

Die Forderung einer guten elektrischen Oberflächenleitfähigkeit zur Verminderung der elektrischen Gefahren ist bei dem „metallisierten" Gummiballonstoff, wie er von einigen Firmen fabriziert wird, nicht erfüllt. Wenn dieser Stoff, wie häufig behauptet wird, die Elektrizität gut leitete, könnte man daran denken, für eine radiotelegraphische Anfangsstation im Freiballon eine metallisierte Ballonkugel ohne Anbringung der jetzt üblichen Drahtringe als Gegengewicht zu benutzen. Mit diesem Gedanken machte ich vor einem Jahre Widerstandmessungen an Proben von Metzelers metallisierten Ballonstoffen, und zwar von einem einseitig gummierten, leichten und einem diagonal doublierten, kräftigeren Stoffe. Es wurde ein rechteckiger Streifen des Stoffes von der Größe 67×270 mm mit den Breitseiten in gleichbreite Metallklemmen, die als Elektroden dienten, eingespannt. Der Widerstand in der Längsrichtung war stets mehr als 10^7 Ohm. Auch Herr O. Wiener (Leipzig) hat bei metallisiertem Stoffe sehr hohen Widerstand gefunden. Der Aluminiumbelag ist offenbar nicht genügend zusammenhängend und erhöht daher die eigene Leitfähigkeit des gummierten Baumwollstoffes nicht erheblich.

Um ferner eine mögliche Verwendbarkeit des Stoffes als Kondensatorbelegung direkt zu untersuchen, wurde die Außenbelegung einer Leidener Flasche von etwa 1000 cm Kapazität entfernt und durch umgewickelten metallisierten Ballonstoff ersetzt; als Außenkontakt dienten breite Klemmbacken und umgewickelter Draht. Die zusammen mit Herrn Lutze-Halle ausgeführten Messungen mit einem Resonanztransformator ergaben, daß bei einer Spannung von 10 Volt die Kapazität für die Flasche mit metallisiertem Ballonstoff als Außenbelegung kleiner als 10 cm war; die Leitfähigkeit des Stoffes genügte also bei dieser Spannung nicht zur Aufladung. Die Spannung wurde sodann allmählich gesteigert. Erst bei mehr als 2000 Volt setzte eine selbständige Aufladung der Ballonstoffbelegung ein. Dabei war deutlich zu bemerken, wie von den Zuleitungen auf den Stoff und auch zwischen den einzelnen Aluminiumteilchen Fünkchen übergingen, die den

Gummistoff, nach dem Geruch zu urteilen, teilweise zerstörten. Durch solche Sprüherscheinungen, die in der inkohärenten Struktur des Metallüberzuges ihre Ursache haben und schon bei gar nicht sehr hohen Spannungen auftreten können, dürfte die elektrische Gefahr bei Verwendung von metallisiertem Gummiballonstoff noch erhöht werden.

Andererseits bleibt jedoch die Tatsache bestehen, daß der metallisierte Stoff etwas im Vorteil ist, da er sich bei negativer Ladung durch die Lichtwirkung (auch des diffusen Tageslichtes) jederzeit schnell mit dem elektrischen Felde der Atmosphäre ins Gleichgewicht setzen wird.

Dr. Gerdien-Berlin.

Zu den Ausführungen des Herrn Dr. Linke möchte ich bemerken, daß das Resultat der Versuche, die er über die Aufladung von relativ gegen die Luft bewegten Leitern anstellte, nicht neu ist. Es existieren da z. B. sehr sorgfältige Untersuchungen von Herrn G. C. Simpson, die dieser auf Anregung von Herrn Prof. Wiechert im Geophysikalischen Institut vorgenommen hat; Herr Simpson hat dabei nicht eine Spur von Aufladung gefunden.

Etwas anderes ist es natürlich, wenn der an dem Leiter oder Nichtleiter vorbeistreichende Luftstrom kleine feste Körper enthält, z. B. Sand oder trockene Staubteilchen. Solche Ladungen sind den Luftelektrikern auch seit langer Zeit bekannt; z. B. hat Herr Benndorf in Sibirien sehr starke Aufladungen beobachtet. Diese Verhältnisse dürften wohl auch für die Lenkluftschiffe in Betracht kommen.

Dr. M. Seddig-Frankfurt a. M.:

Wie wir aus den beiden ausführlichen Berichten der Herren Vorredner gehört haben, treten auf Ballonhüllen aus den verschiedensten Ursachen häufig elektrische Ladungen auf, welche Spannungen bis 100 000 Volt erreichen können. Beide Redner wiesen darauf hin, welche Gefahren in solch hohen Spannungen liegen, wie dadurch eine ständige Gefahr der Entzündung des Ballongases vorhanden ist. Hierauf ist zu bemerken, daß hohe Spannungen nicht unbedingt eine unmittelbare Gefahr für das brennbare Gas und damit für den Ballon bedeuten. Man kann eine Reihe physikalischer Gründe ganz plausibler Art für diese Behauptung finden. Daß hohe Spannungen an und für sich nicht eine besondere Gefahr bedeuten, leuchtet sofort ein, wenn man bedenkt, daß elektrische Spannungen von 100 000 und noch mehr Volt erhalten werden, wenn man eine Siegellackstange oder einen Hartgummifederhalter reibt; denn von einer geriebenen Siegellackstange können Funken von $1\frac{1}{2}$—2 cm Länge erhalten werden, was einer Spannung von etwa 150 000 Volt entspricht. Aber derartige Funken sind trotz ihrer hohen Spannung ganz und gar ungefährlich. Mit den Funken von einer geriebenen Siegellackstange oder einem Hartgummifederhalter kann unmöglich — und das wird Ihnen auch schon Ihr Gefühl sagen — selbst das explosibelste Knallgasgemenge zur Entzündung gebracht werden. Es liegt das daran, daß bei den Funken, die man von einer derartigen Siegellackstange bekommt, die zur Entladung gelangende Elektrizitätsmenge eine äußerst geringe ist. Die Amperezahl des Funkens ist in diesem Falle eine ganz geringfügige und infolgedessen der Funken auch nur von sehr niedriger Temperatur; denn beim Entladen der geriebenen Hartgummi- oder Siegellackstange wird nur die Ladung von einem, ganz minimalen Teil der Oberfläche fortgenommen, während die übrigen Ladungen, die auf der Siegel- lackfläche vorhanden sind, auf diesen Flächenteilen bleiben, weil das Material ein guter Isolator ist. Wir haben hier ganz das analoge Verhalten, wie wir es bei dem sogenannten Elektrophor schon ganz genau kennen. Haben wir die Harz- oder Hartgummiplatte eines Elektrophors durch Reiben auf ihrer ganzen Ober- fläche elektrisiert, so haben wir damit eine ziemlich beträchtliche Elektrizitäts- menge erzeugt; berühren wir dann an irgendeiner Stelle diese Platte ableitend zur Erde, dann bekommen wir trotz dieser großen erzeugten Elektrizitätsmenge nur einen schwachen, kaum hörbaren Funken, weil wir, wie vorher bei den Ex- perimenten bei der Siegellackstange erwähnt, immer nur gerade die berührte Stelle der Hartgummi- oder Harzplatte entladen und nur von dieser Stelle die Ladung fortnehmen. Auf allen übrigen Stellen der Harzoberfläche bleiben die Ladungen in ursprünglicher Dichte sitzen und können von dort nur durch sukzessive Berührung einzeln heruntergeholt werden. Jedesmal gibt es dann wohl einen Funken von hoher Spannung; aber jeder einzelne dieser Funken ist äußerst schwach, kaum hörbar knisternd und von ganz geringer Intensität und damit auch von geringer Temperatur.

Ganz anders wären die Verhältnisse, wenn wir die durch Reiben elektrisierte Oberfläche mit einer Metallschicht innig bedecken (die Metallschicht muß natür- lich mittels isolierender Handhabe auf die elektrisierende Schicht gelegt werden); berühren wir dann diese Metallschicht an irgendeiner Stelle ableitend zur Erde, dann entladen wir sofort die gesamte Oberfläche der Harzplatte und bekommen einen laut knallenden, hellen und sehr intensiven Funken von hoher Temperatur. In diesem Falle gelangt durch diesen einzigen Funken die gesamte Masse der auf der Harzoberfläche angesammelten Elektrizität zur Entladung. Trotzdem wir also bei diesem zweiten Versuch in dem Funken dieselbe Spannung haben wie vorher, als wir die einzelnen Teile der Harzplatte berührten, ist jetzt die Amperezahl und damit die thermische Wirkung des Funkens eine höhere. In diesem Falle sind wir wohl imstande, mit einem solchen Funken ein Knallgasgemenge zur Entzündung zu bringen.

Noch anschaulicher wird die Wirkung der leitenden Belege auf den Charakter des Funkens, wenn wir uns an den in der Physik häufig gemachten Versuch mit der auseinandernehmbaren Leidener Flasche erinnern. Es ist dies eine Leidener Flasche von der in Figur 1 skizzierten Gestalt. Sie besteht aus einem Glasgefäß (G) und Metallbelegen (M_1 und M_2), die innen und außen sitzen. Wird eine derartige Flasche geladen, so daß z. B. Plusladung auf den innern Beleg und Minusladung auf den äußern Beleg kommt, so können wir durch die Ver- bindung des innern Beleges mit dem äußern einen ungeheuer intensiven Funken erhalten. — Machen wir jetzt den weiteren Versuch, daß wir von der geladenen Leidener Flasche mit Hilfe eines isolierenden Griffes den inneren Beleg heraus- nehmen und den äußeren Beleg abheben, so nehmen wir mit diesen Metallmassen nur minimale Mengen von Ladungen mit hinweg, entsprechend der Kapazität dieser Metallmasse. Die Hauptmasse der Ladung bleibt jedoch auf der Innen- und Außenwand des Glasgefäßes (G) sitzen, wie dies Figur 2 andeutet. Wir können diese Ladungen direkt nachweisen, indem wir die einzelnen Stellen der innern oder äußern Oberfläche ableitend berühren; jedesmal bekommen wir einen kleinen Funken. Wir entladen dann genau so, wie wir es vorher im Falle der Siegellackstange bzw. Elektrophorplatte getan haben, immer nur die gerade berührte Stelle, ohne die Ladungen auf den anderen Stellen zu stören. Daß die Ladungen, die auf den nichtberührten Stellen saßen, noch weiter vorhanden sind, kann man sofort nachweisen, wenn man diese Flasche mittels isolierter Handhabe wieder zusammensetzt, nach Art der Figur 1. Wird jetzt die Verbindung zwischen Innenbeleg und Außenbeleg hergestellt, so bekommen wir sofort wieder einen ungemein intensiven und heißen Funken, weil jetzt die Ladungen von den gesamten Oberflächen zusammengefaßt werden und gleichzeitig durch den einen Funken zur Entladung kommen.

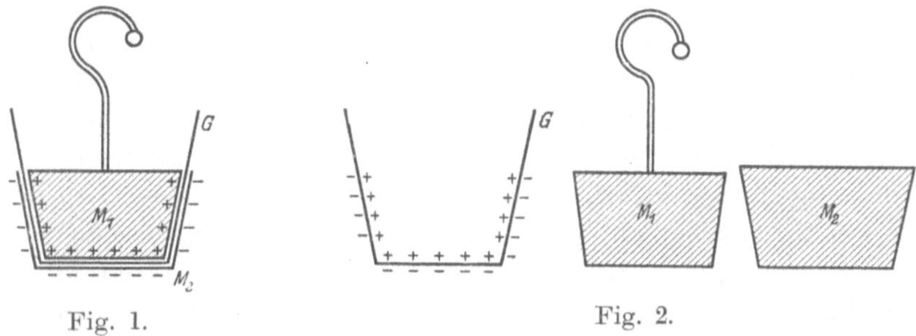

Fig. 1.   Fig. 2.

Durch diese ausführlichen Darlegungen ist wohl genügend charakterisiert, welch ungemeine Wichtigkeit größere metallische Leiterflächen für die Bildung intensiver Funken haben, und das führt mich dazu, zu behaupten, daß für gewöhnlich die metallisierten Ballons oder die sonst elektrisch leitend gemachten Hüllen unter Umständen eine größere Gefahr bedeuten als die isolierenden oder möglichst schlecht leitenden Ballonhüllen. Es kommt meiner Meinung nach gar nicht darauf an, daß man so großes Gewicht darauf legt, daß der Ballonstoff durch Reiben möglichst wenig elektrisch werde; denn es sind ja im übrigen noch so viele Quellen für die Elektrizitätserzeugung vorhanden, daß die Gefahr einer Elektrizitätserzeugung durch Reibung nur eine untergeordnete Rolle spielt. Es ist vielmehr von größerer Wichtigkeit, zu verhindern, daß die Ladungen, welche sich einmal gebildet haben, auf dem Ballonstoff sich ausbreiten. Und diese Eigenschaft, die Ausbreitung der Ladungen zu verhindern, haben gerade die Stoffe, die durch Reiben stark elektrisch werden, die isolierenden Stoffe. Im Gegensatze dazu wirken die Ballone aus metallisierten Stoffen oder Ballone, deren Hüllen auf irgendwelche Weise elektrisch leitend gemacht sind, gerade so wie die Konduktorkugel der Elektrisiermaschine. Auf ihren Oberflächen sammeln sich die an irgendwelcher Stelle erzeugten Elektrizitäten an und verteilen sich gleichmäßig auf die ganze Oberfläche, um dann, wenn irgendein Anlaß zu einer Funkenbildung gegeben ist, durch diesen einen Funken in ihrer ganzen Menge zur Entladung zu gelangen. Der Funken bekommt also eine hohe Amperezahl, d. h. eine hohe

Intensität und Temperatur und wird damit gefährlich. Beim nichtleitenden oder nur schlecht leitenden Ballon bleiben die erzeugten Ladungen an den Stellen, wo sie entstanden sind, so daß bei einer Funkenbildung immer nur die Elektrizitätsmenge zur Entladung kommt, die in der Nähe der berührten Stelle sitzt. Die übrigen elektrischen Ladungen bleiben auf ihrer Stelle sitzen oder können nur äußerst langsam nachströmen, falls eine geringe Leitfähigkeit vorhanden ist. In beiden Fällen haben die Funken vielleicht dieselbe Spannung, nur sind sie im letzteren Falle von bedeutend geringerer Intensität und damit viel weniger gefährlich. Aber nicht nur beim Motorballon haben wir mit gefährlichen elektrischen Ladungen und Konduktorwirkungen der leitenden Hüllen zu rechnen. Auch beim Freiballon ist ständig die Gefahr vorhanden, daß sukzessive erzeugte Ladungen auf ihm wie auf der Konduktorkugel der Elektrisiermaschine sich sammeln und später auf einmal und in gefährlicher Weise zur Entladung kommen. So ist z. B. schon durch das auf der Erde reibende Schleppseil für gewöhnlich eine Quelle sehr starker Elektrizitätserzeugung gegeben, die ich vor einiger Zeit in einem Vortrag darlegte und durch Versuche nachweisen konnte. Ebenso bewirkt das Reißen der Reißbahn, besonders wenn sie hart oder vor längerer Zeit geklebt ist, eine beträchtliche Elektrizitätserzeugung. Diese Gründe machen es auch plausibel, warum so häufig gerade während des Landens die verhängnisvollen Zündkatastrophen auftreten.

Nach derartigen physikalischen Überlegungen sollte man wohl zu dem Schluß kommen, daß es für gewöhnlich besser sein wird, elektrisch isolierende Stoffe zu den Ballonhüllen zu verwenden als metallisierte oder sonstwie leitend gemachte; denn jede Gefahr, die aus der entstehenden Reibungselektrizität isolierter Stoffe hervorkommen kann, ist bedeutend geringer als die ständige Gefahr der Wirkung der Ballonhülle als elektrischer Konduktor oder gar Kondensator.

Dr. **Linke**-Frankfurt.

Die „metallisierten" Ballonstoffe verhalten sich meiner Ansicht nach wie die übrigen Stoffe.

Dr. **M. Seddig**-Frankfurt a. M.:

Meine Erfahrungen betr. metallisierten Ballonstoff gehen dahin, daß auch Fabrikate im Handel sind, die eine sehr beträchtliche Leitfähigkeit aufweisen. Zu beachten ist vielleicht noch, daß solche an und für sich gut leitenden Stoffe nachher nochmals mit einem ziemlich schlecht leitenden Firnis überzogen wurden. — Bei der Bestimmung der Leitfähigkeit hat man übrigens auch in geeigneter Weise zu verfahren, vor allem die Messungen mit genügend hohen elektrischen Spannungen vorzunehmen.

Privatdozent Dr. **Dieckmann**-Gräfelfing:

Ich bin ganz unmöglich in der Lage, der Ansicht des Herrn Dr. Seddig zuzustimmen.

Normale gummierte Baumwollstoffe sind eben bei einiger Luftfeuchtigkeit keine guten Isolatoren. Aus ihnen können sehr wohl heiße Funken gezogen werden.

Wir stehen auf dem Standpunkt, daß wir mit eindeutig definierten Materialien arbeiten müssen, um bindende Schlüsse ziehen zu können. Besitzt man leitende Stoffe, so kann man wirksame Gegenmaßregeln gegen Funkenbildung in zündfähigem Gasgemisch treffen.

Auch Cellitproben wurden untersucht. Leider besitzt Cellit hohe Elektrisierbarkeit und geringes Leitvermögen. Es erscheint also als Dichtungsmaterial für Ballonhüllen sehr wenig geeignet.

Dr. Gerdien-Berlin.

Die Leitfähigkeit solcher metallisierten Stoffe hängt natürlich ganz von den Verfahren ab, nach welchen diese hergestellt sind. Es gibt heutzutage eine große Zahl verschiedener Verfahren. Z. B. ist neuerdings das Verfahren des schweizerischen Ingenieurs Schoop bekannt geworden, nach welchem sehr gut dichte und leitende Überzüge erhalten werden sollen. Eigene Erfahrungen über diesen Punkt habe ich nicht, möchte aber in Anbetracht der Wichtigkeit dieser Frage anregen, daß die nach allen diesen neuen Verfahren hergestellten Stoffe einmal gründlich untersucht werden.

Professor Dr. Wachsmuth-Frankfurt.

Nicht leitende Ballone könnten dadurch noch mehr vor Zündungsgefahr geschützt werden, daß man die unvermeidlichen Metallteile (Ventil) mit isolierender Hülle überzieht.

Privatdozent Dr. Dieckmann-Gräfelfingen.

Ich habe zahlreiche Aluminiumstoffproben untersucht. Die normalen Stoffe haben bei hoher Luftfeuchtigkeit sogar einen noch größeren Widerstand als gewöhnliche gummierte Baumwollstoffe, da die Aluminiumschicht die Feuchtigkeit nicht zum Gewebe treten läßt.

Die Ansicht trifft meines Erachtens nicht zu, daß man sich durch gutleitende Stoffe einen Gegner ins Haus ruft. Wenn man von Fällen, wie etwa Anstreifen des Ballons an einen Turm oder Schornstein, die an sich höchst gefährliche Situationen vorstellen, absieht, wird man keine Möglichkeit von Funkenübergängen auffinden können.

Ich persönlich halte es für unmöglich, in dieser allgemeinen Diskussion das fragliche Gebiet mit Vorteil zu erörtern. Hierzu dürfte in dem luftelektrischen Unterausschuß vorerst bessere Gelegenheit sein. Vielleicht darf über die dort gewonnenen Ergebnisse gelegentlich vor einer Hauptversammlung referiert werden.

Vorbericht.

Schon in der ersten Sitzung des „provisorischen Arbeitsausschusses“, der in der Gründungssitzung der Gesellschaft mit der Aufgabe betraut war, geeignete Vorschläge zu machen, welche es der Gesellschaft ermöglichten, die selbst gestellten Zwecke und Ziele zu erfüllen, schon in dieser ersten Sitzung wurde es als richtig anerkannt, für jede Sonderaufgabe kleine Ausschüsse zu bilden, die das betreffende Gebiet für sich soweit durchzuarbeiten hätten, daß der Gesellschaft als solcher schon fest umrahmte Beschlüsse zur weiteren Veranlassung vorgelegt werden könnten.

Dieser damals eingeschlagene Weg hat sich in jeder Beziehung als der richtige erwiesen. Mehr und mehr haben die einzelnen Ausschüsse sich zu Arbeitsstätten entwickelt, in den der kleine Kreis der Fachleute des betreffenden Arbeitsgebietes sich zusammenfindet, um über die vorliegenden Fragen zu beraten.

Für einen auf so großer, breiter Basis gegründeten Verein, wie ihn unsere Wissenschaftliche Gesellschaft für Flugtechnik darstellt, mußte zur Erreichung ihres Zieles: — „Zusammenschluß von Fachleuten der Luftfahrtechnik, der Luftfahrwissenschaft und anderen mit der Luftfahrt in Beziehung stehenden Kreisen zur Erörterung und Behandlung theoretischer und praktischer Fragen des Luftfahrzeugbaues und -betriebes“ — von vornherein eine bestimmte Richtlinie gefunden werden. Schon heute nach zweijährigem Bestehen, sind unsere Mitglieder nicht nur über das ganze Deutsche Reich, sondern weit ins Ausland verstreut; unser Bestreben geht auf diesem Wege weiter: — wir wollen die gesamte, namhafte nationale und internationale Fachwelt bei uns vereinigen! — da ist es ohne weiteres klar, daß wir eine örtliche Vereinigung der gesamten Mitgliedschaft schon der großen Kosten wegen höchstens einmal im Jahre herbeiführen können. Auf diese einmal jährliche Ordentliche Mitglieder-Versammlung müssen sich dann naturgemäß die großen Vorträge über das Gesamtgebiet beschränken, während die Fragen der Spezialdisziplinen von selbst zurücktreten müssen. Diese Fragen sind nun aber keineswegs weniger wichtig, im Gegenteil wird ihnen häufig ein erhebliches Interesse ihres Sondergebietes entgegengebracht. Hierzu kommt noch, daß sie gewissermaßen als „Tagesfragen“ mit einer entsprechenden Schnelligkeit durchberaten werden müssen, also einen Aufschub bis zur Zeit der nächsten Jahresversammlung nur in den seltensten Fällen vertragen. Da es sich bei allen diesen Punkten ferner fast immer um Spezialfragen eines eng umgrenzten Gebietes handelt, so gehört ihre Behandlung naturgemäß auch gar nicht vor den großen Kreis der Jahresversammlung, sondern vielmehr vor das kleine Gremium der eigentlichen Fachgenossen, die einmal über die Frage viel schneller zu orientieren sind, andererseits aber auch viel leichter in ihren Beschlüssen zu einem Abschluß kommen.

So ergab sich für die Behandlung von Spezialfragen von selbst die Notwendigkeit der Errichtung kleiner Ausschüsse, und es hätte sich jetzt vielleicht noch der eine Weg besprechen lassen können, zur Belebung des inneren Gesellschaftslebens diese Ausschüsse örtlich zusammenzusetzen, vielleicht mit tunlichster Berücksichtigung der am Ort ansässigen Industrie, der wissenschaftlichen Institute und der sonstigen örtlichen Einrichtungen, die die betreffende Stadt gerade für das in Frage kommende Gebiet besonders geeignet macht. Man hätte also z. B. daran denken können, eine Ortsgruppe in Göttingen als „Ausschuß für Aerodynamik" zu gründen und ihr alle hierauf bezüglichen Arbeiten zu überweisen, eine Ortsgruppe in Frankfurt als „Ausschuß für Meßwesen" u. dergl. mehr, aber man sieht gleich die schweren Fehler einer derart getroffenen Einrichtung. Diese Organisation ist nämlich nicht in der Lage, sämtliche Fachleute des betreffenden Gebietes zusammenzufassen, und das ist ja gerade das von uns angestrebte Ziel! Daher ist auch die Organisation der Ausschüsse so lose, so flüssig wie irgend möglich geschaffen. Ergibt sich auf irgend einem Gebiet der Wunsch, einige Fragen in einem Sonderausschuß zu besprechen, so wird vom Vorstand und Wissenschaftlich-Technischen Ausschuß zunächst geprüft, ob das betreffende Gebiet nicht von einem bereits bestehenden Ausschuß mit bearbeitet werden kann. Im verneinenden Fall wird der Ausschuß zunächst aus den in Betracht kommenden Mitgliedern unserer Gesellschaft errichtet, er wählt sich seinen Obmann, kooptiert dann die Fachleute, deren Mitarbeit ihm von Wert erscheint, und tritt in nach Bedarf festgesetzten Sitzungen sofort in seine Arbeit ein. Die kooptierten Fachleute haben innerhalb des Ausschusses die gleichen Rechte wie die Mitglieder der Gesellschaft, während sie innerhalb der Gesellschaft weder mit Rechten noch mit Pflichten in die Erscheinung treten. Natürlich ist es schon wegen der ganzen Zusammenarbeit, der Übersendung aller Veröffentlichungen und dergl. mehr außerordentlich erwünscht, wenn die kooptierten Herren später auch Mitglieder unserer Gesellschaft werden, schon um diese immer mehr erstarken zu lassen zur besseren Erfüllung ihrer hohen Ziele. —

Die Obmänner der Ausschüsse können an allen Sitzungen des Gesamtvorstandes teilnehmen, um hier die Wünsche ihrer Ausschüsse vorzutragen und zu vertreten, eine Einrichtung, die sich als sehr zweckmäßig und zeitersparend erwiesen hat. Sind die Arbeiten erledigt, so löst sich der Ausschuß wieder auf.

Wie nun vorhin bereits kurz erwähnt, hat sich die Einrichtung unserer Ausschüsse bewährt, mehr und mehr spielt sich in ihnen die große Arbeitstätigkeit unserer Gesellschaft ab, zumal die Reichs- und Landesbehörden sowie die sonst in Frage kommenden staatlich und privat geleiteten Institute und Einrichtungen in Anerkennung der geleisteten Arbeit sich nicht nur durch die Entsendung von Kommissaren über den Fortgang der Arbeiten berichten lassen, sondern sehr eifrig sich an der Mitarbeit beteiligen und gerade durch das bei ihnen gesammelte Erfahrungsmaterial häufig erst die eigentliche Förderung der Arbeiten hervorrufen.

In Anbetracht dieser vielseitig geleisteten Arbeit und um die Häufigkeit der Sitzungen der Ausschüsse in keiner Weise einzuschränken, hat denn auch der Vorstand jährlich die Summe von 3000 M. ausgesetzt zur Vergütung der Reiseauslagen für Auschußsitzungen (Fahrgeld II. Klasse und 3 M. für Zu- und Abgang zum Bahnhof), mit Ausnahme der Sitzungen, die gelegentlich der Mitglieder-Jahresversammlung stattfinden, um so den vielen lediglich aus Interesse an der Sache ehrenamtlich mitarbeitenden Fachgenossen wenigstens die reinen Fahrauslagen zurückzuerstatten. Zunächst werden die erforderlichen Mittel der uns seinerzeit überwiesenen Summe aus der National-Flugspende entnommen; da die meisten Arbeiten aber im allgemeinen Interesse bzw. unmittelbar für die Behörden geleistet werden, so besteht begründete Ausssicht, in Bälde einen Zuschuß von den in Betracht kommenden Behörden zu erhalten, aus dem dann auch die obigen Summen bestritten werden können.

Mit Rücksicht auf die vielseitige Tätigkeit, die gerade innerhalb der Ausschüsse entfaltet wird, ist in Mitgliederkreisen sowohl als auch von vielen anderen Seiten der Wunsch geäußert worden, über diese Tätigkeit, in die bisher nur die Ausschuß-Mitglieder einen Einblick erhielten, etwas Näheres zu erfahren, und es ist daher der Versuch gemacht, eingehende Berichte im Jahrbuch zu veröffentlichen. Es ist in Aussicht genommen, falls sich diese Einrichtung bewährt, diese Berichte der Ausschüsse jetzt ständig im Jahrbuch zu bringen und — falls es sich um abgeschlossene Arbeiten handelt — sie als Sonderdrucke anzufertigen, um sie auf diese Weise der Fachwelt noch leichter zugänglich zu machen.

Bevor jetzt die einzelnen Berichte folgen, sei generell zusammengefaßt, daß der Wissenschaftlich-Technische Ausschuß bis 1. Mai 1914 4 Sitzungen, und zwar am 14. Juli 1912; 16. März, 21. Dezember 1913; 26. April 1914 abgehalten hat, der Ausschuß zur Beurteilung von Erfindungen 1 Sitzung am 16. März 1913; dessen Arbeitsausschuß jedoch 12 Sitzungen, und zwar am 25. April 1912; 19. und 25. Juli, 19. Sept., 18. Okt., 1. Novemb., 2. und 20. Dezember 1913; 9. Januar, 7. Febr. und 16. März 1914 — der Ausschuß für literarische Auskünfte und Literatur-Zusammenstellung 2 Sitzungen: am 16. März und 19. Okt. 1913 — der Ausschuß für Motoren 4 Sitzungen: am 16. März, 19. Okt. und 21. Dez. 1913 sowie am 26. April 1914; eine engere Kommission dieses Ausschusses, zur Aufstellung von Normen für die Untersuchung von Luftfahrtmotoren tagte zwischendurch noch am 21. Mai 1913 — der Ausschuß für konstruktive Fragen der Luftfahrzeuge mit besonderer Berücksichtigung der Sicherheitsvorschriften hat 2 Sitzungen abgehalten am 16. März und 21. Dezember 1913, die aus dem letztgenannten Ausschuß gebildete Kommission für Festigkeitsberechnungen tagte bis zu dem angegebenen Zeitpunkt 2mal: am 19. März und 26. April 1914, der Ausschuß für medizinische und psychologische Fragen 5mal: am 24. Nov. 1912; 16. März, 4. Juni, 21. Dezemb. 1913 und 26. April 1914 — der Ausschuß für Vereinheitlichung der Fachsprache hielt 2 Sitzungen ab: am 16. März und 21. Dezemb. 1913 — der Ausschuß für Aerologie eine, und zwar am 16. März 1913 — der Ausschuß für elektrostatische Fragen 3 Sitzungen: am 16. März und 7. Juni 1913 und 23. Jan. 1914 — der Ausschuß für Drahtlose Telegraphie 5 Sitzungen: am 19. Okt., 21. Dezbr. 1913; 23. und 24. Jan. und 26. April 1914 — die Kommission für ein Preisausschreiben für Geschwindigkeits- und Beschleunigungsmesser 2 Sitzungen: am 17. März und 26. Mai 1913 — und schließlich hielt der Ausschuß für Navigierung seine konstituierende Sitzung am 26. April 1914 ab.

Der Geschäftsführer: Béjeuhr.

Die Tätigkeit der Geschäftsstelle.

Wenn auch im eigentlichen nicht zu den Ausschüssen gehörig, so möge doch kurz über die Geschäftsstelle berichtet werden, weil sich hierdurch vielleicht am besten die außerordentliche Ausdehnung der Arbeiten charakterisieren läßt, von der Zeit der Errichtung der Gesellschaft bis jetzt.

Der provisorische Arbeitsausschuß unter dem Vorsitz Sr. Kgl. Hoheit des Prinzen Heinrich von Preußen im Juli 1912 gab dem Geschäftsführer für die Arbeiten der Geschäftsstelle eine Schreibkraft für täglich 2 Stunden; doch schon Anfang 1913 mußte eine ständige Schreibkraft angestellt werden, hatte die Geschäftsstelle doch schon etwa 1300 Eingänge und 2200 Ausgänge jährlich zu bearbeiten.

Nach Übernahme der Prüfung der Erfindungsgesuche für die National-Flugspende und die Reichs- und Landesbehörden wuchsen die Arbeiten erheblich an, besonders die Sprechstunden wurden von verschiedenen Stellen recht in Anspruch genommen, so daß sich das Engagement einer Sekretärin als notwendig herausstellte. Neben dem Geschäftsführer erledigen demnach jetzt eine Sekretärin, eine Schreibdame und eine Hilfskraft die Arbeiten.

Die Zahl der Eingänge (außer den reinen Erfinder-Angelegenheiten) ist auf jährlich 3400 angewachsen, ihnen stehen 5400 Ausgänge (einschließlich der Drucksachen, jedoch ohne die Massenversendungen an die Mitglieder) gegenüber, abgesehen davon, daß innerhalb Berlins für viele Versendungen ein Botenverkehr eingerichtet ist, der sich gut bewährt hat.

Es darf zum Schluß darauf hingewiesen werden, daß die geschilderte Arbeitsleistung zum größten Teil im öffentlichen Interesse geschieht, während die Tätigkeit lediglich für die Mitglieder verschwindend klein dagegen ist.

Der Geschäftsführer: Béjeuhr.

Bericht über die Sitzungen des W. T. A.

Von

Professor Dr. von Parseval.

Der Wissenschaftlich-Technische Ausschuß nahm bei seinen Sitzungen die Berichte der Unterausschüsse entgegen und stellte die Tagesordnungen der Versammlungen vom 27. und 28. April 1914 fest. Die einzelnen Beschlüsse folgen anliegend nachstehend.

Sitzung vom 21. 12. 13.

Der W. T. A. hörte die Berichte der Unterausschüsse. Er hat folgende Beschlüsse gefaßt:

1. Auf Antrag des Ausschusses für konstruktive Fragen, daß eine ständige Wertungskommission der W. G. F. zu den Beratungen zwecks Aufstellung von Wertungsformeln gutachtlich gehört werde.

2. Daß die Mitglieder dieser Kommission zu allen Flugveranstaltungen des Deutschen Luftfahrer-Verbandes offiziell zugelassen werden.
3. Daß der Kommission alle Wettbewerbergebnisse zum Zwecke der wissenschaftlichen Wertung zugängig gemacht werden.
4. Auf Antrag des Ausschusses für medizinische und psychologische Angelegenheiten, daß beim Deutschen Luftfahrer-Verbande die Genehmigung nachzusuchen sei, daß einige von der W. G. F. zu benennende Ärzte Generalerlaubnis erhalten, die dem Deutschen Luftfahrer-Verbande unterstellten Flugplätze zu betreten.
5. Ein Gesuch bei der zuständigen Stelle einzubringen, daß die Bataillonsärzte ermächtigt werden, nach aufzustellenden Fragebogen die Untersuchung von Fliegern vor und nach ihrer Berufstätigkeit vorzunehmen.
6. Ein Merkblatt mit gesundheitlichen Regeln für die Teilnehmer großer Flugwettbewerbe in Druck zu geben und zu verteilen.
7. Den Vorstand der Gesellschaft zu ersuchen, an die Flugplätze Darmstadt, Frankfurt a. M., Hamburg und Köln heranzutreten mit der Bitte, Ruheplätze für die Flieger zu erstellen und für den Delegierten der W. G. F. Herrn Professor Dr. Friedländer die Erlaubnis zu vermitteln, eine Untersuchung der Flieger vorzunehmen, soweit letztere selbst damit einverstanden sind.
8. Auf Antrag des Unterausschusses für Fachsprache beschließt der W. T. A., die W. G. F. möge beim Reichsamt des Innern vorstellig werden, daß in dem in Vorbereitung befindlichen Gesetzentwurf über Luftverkehr die Ausdrücke Typ usw. vermieden und durch geeignete deutsche Ausdrücke: Baumuster (Muster), Musterstück für Prototyp, Musterabnahme für Typenabnahme usw. ersetzt werden.
9. Der W. T. A. stellt die Tagesordnung für die Hauptversammlung am 27. und 28. April 1914 fest.

Sitzung vom 16. 3. 1914, 4$^1/_2$ Uhr nachm.

1. Es wird beschlossen auf Antrag des Herrn Geheimrats von Böttinger, sämtliche Berichte der Unterausschüsse den Mitgliedern des Gesamtvorstandes und des W. T. A. zur Kenntnis zu bringen.
2. Der W. T. A. bringt die Tagesordnung für die Hauptversammlung zum Abschluß.
3. Es wird beschlossen:

Grundsätzlich sollen auf ordentlichen Mitgliederversammlungen keine Vorträge über Erfindungen gehalten werden, die noch nicht erprobt sind; es soll von Fall zu Fall entschieden werden, ob in besonderen Fällen von diesem Grundsatz abgewichen werden darf.

Die Entscheidung liegt zunächst dem Ausschuß a ob, der gegebenenfalls den Vortrag befürwortend an den W. T. A. überweisen kann.

Bericht des Prüfungsausschusses zur Beurteilung von Erfindungen.

a) Überblick über die Tätigkeit.

Vom

Geschäftsführer **Béjeuhr.**

Als ein sehr wichtiger Ausschuß stellte sich von der Gründung der Gesellschaft an der Unterausschuß zur Beurteilung von Erfindungen heraus. Durch seine Arbeiten werden eine Menge unnützer Arbeiten gespart werden, weil erfahrungsgemäß die Erfinder ihre Gedankengänge stets mehreren, ihnen gerade bekannten Fachleuten gleichzeitig zusenden, die jetzt in der Lage sind, eine Beurteilung mit Hinweis auf den bestehenden Prüfungsausschuß abzulehnen. So geht denn auch dem Prüfungsausschuß sehr häufig dieselbe Erfindung in mehrfacher Ausfertigung von den verschiedensten Stellen zu; die Beurteilung braucht jedoch nur einmal vorgenommen zu werden, so daß die mehrfache Beurteilung derselben Erfindung durch verschiedene Einzelpersonen jetzt durch die gemeinsame Tätigkeit der im Erfindungsausschuß zusammengeschlossenen Fachleute glücklich vermieden wird.

Gingen schon gleich nach Bekanntgabe der Errichtung dieses Ausschusses eine große Anzahl von Erfindungen zur Beurteilung bei der Gesellschaft ein, so veränderte sich dieses Bild noch ganz erheblich dadurch, daß auf Grund verschiedener Vorverhandlungen, besonders durch den Vorsitzenden der Gesellschaft, Herrn Geheimen Regierungsrat Dr. von Böttinger, Mitglied des Herrenhauses, Elberfeld, mit dem Kurator der National-Flugspende, Herrn Geheimen Oberregierungsrat Albert aus dem Reichsamt des Innern und verschiedenen Behörden am 4. Februar 1913 ein Abkommen zwischen der National-Flugspende und der Wissenschaftlichen Gesellschaft für Flugtechnik zustande kam, nach welchem die Gesellschaft bis zum 31. Dezember 1917 die Verpflichtung übernahm, sämtliche ihr von der Geschäftsstelle der National-Flugspende sowie den Reichs- und Landesbehörden überwiesenen Erfindungsgesuche zu prüfen und zu begutachten.

Der Geschäftsgang für die eingehenden Erfindungen ist folgender:

Die eingehenden Gesuche werden zunächst von den beiden Vorprüfern, dem Geschäftsführer Béjeuhr und Herrn Diplom-Ingenieur Dr. Quittner, und zwar von jedem Herrn gesondert vorgeprüft und mit einem schriftlichen Vermerk über Inhalt und Wert versehen. Sie gelangen dann an die Obmänner des Ausschusses, Herrn Prof. Dr. von Parseval und Se. Magnifizenz Herrn Prof. Romberg, die ebenfalls einen schriftlichen Vermerk über den Wert der Erfindung abgeben. Ist aus diesen schriftlichen Vermerken, die in einer gemeinsamen Sitzung noch durch mündliche Referate ergänzt werden, schon ein abschließendes Urteil über die Erfindung zu fällen, so wird in der gemeinsamen Sitzung der Entscheid festgelegt. Stellt es sich als notwendig heraus, Spezialfachleute über die Erfindung zu hören, so zirkuliert sie weiter bei den entsprechenden Mitgliedern des Ausschusses. Erst nach Eingang sämtlicher Gutachten wird dann in einer größeren Plenarsitzung das Schlußurteil über die Erfindung gefällt.

Bei allen der Gesellschaft zur direkten Erledigung überwiesenen Erfindungsgesuchen wird dem Einsender, im Falle eine Befürwortung der Erfindung bei den maßgebenden Stellen nicht angebracht erscheint, der Tenor des gefällten Entscheides bekanntgegeben, während die ausführlichen Gutachten bei den Akten bleiben und nur den Behörden bzw. der National-Flugspende zur Einsicht zur Verfügung stehen.

In allen Fällen, in welchen eine Befürwortung vorgenommen wird, bzw. bei den Gesuchen, die der Gesellschaft lediglich zur Berichterstattung überwiesen sind, wird das Gesuch mit einem ausführlichen Gutachten der betreffenden Stelle zurückgegeben.

Bevor auf die bisher erledigten Erfindungen zahlenmäßig eingegangen werden soll, möge hervorgehoben werden, daß die Korrespondenz in Erfindungsangelegenheiten ganz außerordentlich gewachsen ist. Die seit Inkrafttreten der oben erwähnten Vereinbarung bis zum 1. Mai 1914 eingelaufenen Erfindungen haben die Zahl von 1500 nur unwesentlich überschritten. Die Korrespondenz, die sich auf Voranfragen, auf Rückfragen, auf Erbittung genauen Materials, auf die Beantwortung nebensächlicher Fragen usw. bezieht, hat jedoch die Zahl von etwa 6000 Eingängen bereits erreicht, was die notwendigen Schreibarbeiten wohl am besten illustriert. Auch die mannigfachen persönlichen Rückfragen vieler Erfinder, die durchschnittlich 3 Besuche täglich ausmachen, sind eine erhebliche Belastung der Geschäftsstelle.

Was die bearbeiteten Erfindungsgesuche anbetrifft, so sind auf dem Gebiete des Freiballons durch die National-Flugspende 20 eingegangen, ohne daß jedoch eine Befürwortung zur Unterstützung erfolgen konnte.

Auf dem Gebiet des Luftschiffbaues sind von der National-Flugspende 28, vom Kriegsministerium 10, durch den Prinzen Heinrich 8 und direkt 18 Gesuche eingegangen, von denen ebenfalls keines zur Unterstützung befürwortet werden konnte.

Auf Konstruktionsänderungen am Flugzeug bezogen sich von der National-Flugspende 223 Einsendungen, vom Kriegsministerium 36, vom Prinzen Heinrich 4, vom Reichsamt des Innern 4, durch Vermittlung städtischer Behörden, Luftfahrvereine usw. 50, während sich 55 direkt an die Gesellschaft wandten. Zur Unterstützung befürwortet konnten von allen diesen Erfindungen bei der National-Flugspende nur 2 werden, bei den übrigen Stellen 6.

Auf dem Gebiete der Schrauben- und Schwingenflugzeuge wurden durch die National-Flugspende 40 übersandt, vom Kriegsministerium 25, durch den Prinzen Heinrich 8, von sonstigen staatlichen und städtischen Behörden 25, direkt an die Gesellschaft wandten sich in dieser Angelegenheit 25 Erfinder. Von allen diesen Erfindungen konnte keine zur Unterstützung befürwortet werden.

Stabilisierungsvorschläge wurden durch die National-Flugspende 60 übersendet, durch das Kriegsministerium 30, durch den Prinzen Heinrich 2, von den übrigen Behörden 8, direkt wandten sich her 40. Von diesen Gesuchen wurden 1 bei der National-Flugspende, 3 bei den übrigen Stellen befürwortet.

Auf Motoren und Propeller bezogen sich 50 Eingänge durch die National-Flugspende, 20 durch das Kriegsministerium, 10 durch den Prinzen Heinrich, 20 gingen von den übrigen Behörden ein, und 35 wandten sich direkt her. Es konnte auch bei diesen Erfindungen nur eine Befürwortung bei der National-Flugspende eingeleitet werden, weiter sind keinerlei Empfehlungen zur Unterstützung bei den maßgebenden Behörden vorgenommen worden; jedoch erfolgten wie auch in den vorerwähnten Klassen mehrere, zum Teil erfolgreiche Verweisungen an die Industrie.

Das Gebiet der Fallschirmkonstruktion ist namentlich nach den erfolgreichen Versuchen in Frankreich sehr reichlich vertreten. So sind durch die National-Flugspende 45, durch das Kriegsministerium 25, den Prinzen Heinrich 12, von dritter Seite 18, direkt 39 eingegangen. Auch in diesen Fällen konnte keinerlei Befürwortung vorgenommen werden.

Auf Kombinationen von Luftschiffen und Flugzeugen bezogen sich 20 Erfindungsgesuche der National-Flugspende, 19 des Kriegsministeriums, 13 von den übrigen Behörden usw. und 22 direkte. Auch für diese Erfindungen wurde keinerlei Befürwortung vorgenommen.

Auf verschiedene Gegenstände bezogen sich 56 Erfindungseinsendungen der National-Flugspende, 38 des Kriegsministeriums, 6 des Prinzen Heinrich, 28 von dritter Seite und 26 direkte, bei welchen ebenfalls keinerlei Befürwortung erfolgte.

Etwa 250 Anfragen mußten wegen mangelnder Unterlagen zurückgegeben werden. Ferner sind noch 9 Gesuche von Behörden eingereicht, die sich auf Gesuche von Konstrukteuren zur Erlangung der erleichterten Prüfungsbedingungen zum Einjährig-Freiwilligen-Dienst bezogen gemäß § 89 Ziffer 6 der Wehrordnung. Während 4 von diesen Gesuchen als nicht genügend zurückgewiesen werden mußten, konnten die übrigen befürwortet werden; ein Gesuch wird zurzeit noch bearbeitet.

Unter den durch das Kriegsministerium eingereichten Gesuchen befanden sich 65 Immediatgesuche an Seine Majestät den Kaiser bzw. urschriftlich zurückgehende Gesuche, die wie Immediatgesuche zu behandeln waren.

Betreffs der großen Zahl der von der National-Flugspende eingegangenen Erfindungsgesuche bzw. der von anderer Stelle eingerechten Gesuche, die ebenfalls eine Unterstützung von der National-Flugspende erwarteten, und den außerordentlichen geringen Zahlen der befürwortend weitergegebenen Gesuche sei auf die Grundsätze verwiesen, welche die Prüfungskommission in ihrer Plenarsitzung festgelegt hat. Nach diesen Grundsätzen hält es die Kommission für richtig, die aus Volksmitteln errichtete National-Flugspende und die vom Kuratorium derselben für die Unterstützung von Erfindungsgesuchen bereitzustellenden Mittel nicht mit kleinen Beträgen zu verzetteln, denn erfahrungsgemäß ist bei dem heutigen Stand der Luftfahrttechnik eine neue Idee nur mit großen Summen technisch so zu vervollkommnen, daß die Industrie aus ihr Nutzen ziehen kann. Infolgedessen sind alle Gesuche, die sich etwa auf Bereitstellung eines Motors oder sonstiger Einzelheiten für ein sonst von normalen Konstruktionen wenig abweichendes Flugzeug bezogen, nicht befürwortet worden.

β. **Kritischer Bericht.**

Von

Professor Dr. **von Parseval.**

Sachlich ist zu bemerken: Die weitaus größte Zahl der Erfindungen rührte von Leuten her, welche nicht über die erforderliche Vorbildung verfügten und oft auch nicht über den Stand der Technik unterrichtet waren.

Zumeist wurde das Schwergewicht auf komplizierte mechanische Vorrichtungen gelegt, die schon aus Gewichtsrücksichten unausführbar bleiben mußten.

Besonders war dies der Fall auf dem Gebiete des Luftschiffbaues und auf dem Gebiete der Schrauben- und Schwingen-Flugzeuge.

Die Stabilisierungsvorschläge erstreckten sich namentlich auf das Pendel. Da die Kommission diese Vorschläge ausnahmslos ablehnte, so sei eine kurze Begründung dieses Votums angeführt:

Die sogenannten Pendelregulatoren beabsichtigen durch ein im Flugzeug aufgehängtes Pendel die horizontale Lage zu regeln, indem sie annehmen, das Pendel werde im Fluge vertikal bleiben. Es soll entweder ein Steuer direkt oder einen Servomotor beeinflussen.

Daher soll untersucht werden, welche Gleichgewichtslage ein frei hängendes Pendel im Fluge einnimmt.

Auf das Flugzeug wirken das gesamte Eigengewicht G und der Luftwiderstand W, der nach Lage und Größe bekannt vorausgesetzt wird. Er möge durch den

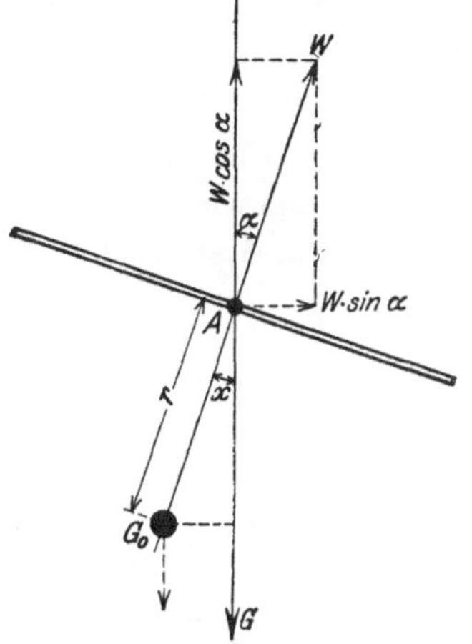

Fig. 1.

Systemschwerpunkt gehen, so daß Drehungen des Flugzeuges nicht erzeugt werden. Wir suchen nun die Gleichgewichtslage des Pendels, indem wir den Winkel x bestimmen, den es zur Vertikalen einnimmt.

Der Luftwiderstand W habe zur Vertikalen die Neigung α, so hat man eine vertikale Komponente $W \cdot \cos \alpha$ und eine horizontale Komponente $W \cdot \sin \alpha$. Es wirken somit auf den Apparat die Kräfte $(W \cdot \cos \alpha - G)$ in vertikaler und $W \cdot \sin \alpha$ in horizontaler Richtung. Die zugehörigen Beschleunigungen sind

$$\frac{(W \cdot \cos \alpha - G)\,g}{G} \quad \text{und} \quad \frac{W \cdot \sin \alpha \cdot g}{G}$$

Diese Beschleunigungen wirken auf den Aufhängepunkt A des Pendels und veranlassen dasselbe, aus der Vertikalen abzuweichen, indem sich im Schwerpunkt des Pendels eine gleiche und entgegengesetzt gerichtete Reaktion einstellt.

Diese Reaktionskräfte werden gefunden, indem man die oben angegebenen Beschleunigung mit der Masse des Pendels m_p multipliziert. Außerdem wirkt noch auf das Pendel dessen Eigengewicht G_p. Um die Momente dieser Kräfte auf das Pendel zu finden, müssen wir sie mit ihren Hebelarmen $r \cdot \sin x$, $r \cdot \cos x$

und r sin x multiplizieren, wobei r den Abstand des Pendel-Schwerpunktes vom Aufhängepunkt des Pendels bedeutet. Wir haben also
das Moment der vertikalen Kraft

$$M_v = \frac{-(W \cdot \cos \alpha - G)}{G} \cdot g \cdot m_p \cdot r \cdot \sin x,$$

das Moment der horizontalen Kraft

$$M_p = \frac{W \cdot \sin \alpha}{G} \cdot g \cdot m_p \cdot r \cdot \cos x,$$

das Moment des Gewichtes

$$M_G = - G_p \cdot r \cdot \sin x.$$

Hierbei sind diejenigen Momente negativ genommen, welche den Winkel x verkleinern. Dies ist bei dem Moment der vertikalen Kraft dann der Fall, wenn die Hebekraft der Fläche W · cos α größer ist als das Gewicht. Das scheinbare Gewicht des Pendels wird dadurch vergrößert und das Pendel gegen die Vertikale gezogen. Das Moment der Seitenkräfte ist positiv, das Gewichtsmoment negativ. Im Gleichgewichtszustand ist die Summe dieser drei Momente gleich Null. Addiert man sie und setzt ihre Summe = 0, so folgt, wenn man beachtet, daß

$$m_p \cdot g = G_p$$

ist:

$$\cos \alpha \cdot \sin x = \sin \alpha \cdot \cos x$$

woraus $$\alpha = x.$$

Das Pendel hat also die merkwürdige Eigenschaft, daß es sich in die Richtung des jeweiligen Luftwiderstandes einzustellen strebt. Diese Tatsache ist von keinem Erfinder richtig hervorgehoben. Hieraus folgt aber, daß das Pendel gerade dasjenige nicht leistet, was die Erfinder damit beabsichtigen, nämlich eine starke Wirkung im ersten Moment einer Störung, weil namentlich beim Aufbäumen des Flugzeuges das Pendel infolge der Trägheitswirkung nach vorn mit herumgeht.

Eher könnten Pendel-Regulatoren zur Abschwächung von Kopfstürzen gebraucht werden. Doch nimmt in solchen Momenten starker Fallbeschleunigung die Intensität der Pendelwirkung stark ab. Außerdem sind es in solchen Fällen oft die falsche Dimensionierung des Flugzeuges oder der in Folge zu großer Geschwindigkeit eintretende Flügelbruch, welche die Wirkung von Pendelapparaten illusorisch machen.

Ein zweites Gebiet sind die Fallschirmkonstruktionen. Das selbsttätige Öffnen der Schirme war Gegenstand vieler Erfindungen, oft recht komplizierter. Die Kommission wurde nicht überzeugt, daß es möglich ist, einen Sicherheits-Apparat zu konstruieren, der vollkommen handlich, betriebssicher, leicht und dabei genügend wirksam ist. Fallschirme für Personen müssen auf 3 kg einen Quadratmeter Fläche haben. Für größere Lasten ergeben sich ganz unhandliche Dimensionen.

Bei den Vorschlägen zur Verbesserung der Flugzeuge muß in besonders hohem Maße die Forderung nach Einfachheit, Solidität und Gewichtsersparnis gestellt werden. Eine ganze Menge Möglichkeiten scheiden dadurch von vornherein aus. Beweglichen Flugzeugflächen, Klappen, die sich in bestimmten Momenten aufrichten oder schließen sollen und ähnlichem ist ein gesundes Mißtrauen entgegenzusetzen.

Im allgemeinen wird die Prüfung von Erfindungen sehr oft dadurch wesentlich erleichtert, daß man sich die Frage vorlegt, ob im günstigsten Falle die Erfindung eine wesentlich bessere Leistung verspricht, als die vorhandenen Flugzeuge und Motoren haben.

Diese Frage war stets dann unbedingt zu verneinen, wenn eine erhebliche Gewichtsvermehrung mit der Einrichtung verbunden war.

Wiederholt kam es vor, daß Erfindungen auf unbewiesene Formeln oder Behauptungen gestützt waren. Auch befanden sich zwei „Perpetuum mobile" darunter.

Im allgemeinen war das Ergebnis nicht befriedigend. Man kann sagen, daß für die Flugtechnik die Zeit der empirischen Erfindungen vorüber ist, und daß die weitere Ausbildung nur durch wissenschaftlich gebildete Konstrukteure gefördert werden kann. Laien haben in diesem Konkurrenzkampf keine Aussicht mehr auf Erfolg!

Bericht über die Tätigkeit des Unterausschusses für literarische Auskünfte und Literaturzusammenstellung.

Von

Prof. Dr.-Ing. **Bendemann** - Adlershof.

Die Arbeiten des Unterausschusses b wurden leider dadurch unterbrochen, daß der Obmann, Herr Marinebaumeister P i e t z k e r, durch das Unglück des Luftschiffes „L 2" seinem vielseitigen und fruchtbaren Wirken plötzlich entrissen wurde.

Die Vorarbeiten für die geplante Herausgabe einer periodisch erscheinenden Literaturzusammenstellung mit Besprechungen durch Fachleute schienen bereits dem Abschluß nahe. Auf Grund eines Verlagsangebotes des Institutes für Technobibliographie sollten die Literaturauszüge in monatlichen Heften im Umfang von je einem Druckbogen zum Jahrespreise von 3 M. bei Mindestzahl von 500 Abnehmern geliefert und der Gesellschaft für die Redaktion ein Honorar von 100 M. für jedes Heft vergütet werden. Im Haushaltsplan für 1913/14 waren demgemäß schon 1200 M. in Einnahme und Ausgabe, und ferner als Ausgabe der Abonnementsbetrag für 450 Mitglieder zu je 3 M., also 1350 M. vorgesehen. Bei diesem Plan war vorausgesetzt, daß die Literaturauszüge selbst unentgeltlich von Vereinsmitgliedern geliefert würden, auf welche die Zeitschriften usw. in geeigneter Weise verteilt werden sollten. Leider zeigte es sich dann aber, daß auf die von der Geschäftsstelle erlassene Umfrage nicht die genügende Anzahl von Zusagen für die Übernahme dieser Arbeit eingingen. Die Ausführung des Planes hat sich deshalb bisher herausgezogen und es scheint, daß man auf diesem Wege überhaupt nicht zum Ziele kommt.

Ende 1913 ist dem Unterzeichneten das Amt des Obmannes durch den Vorstand übertragen worden. Bei der nächsten Tagung der Gesellschaft wird zu erörtern sein, ob sich mit Hilfe einer ausgiebigen Mitarbeit der Deutschen Versuchsanstalt für Luftfahrt der Plan ungefähr in dem obigen Rahmen wird durchführen lassen.

Bericht über die Tätigkeit des Unterausschusses für Motoren.
(Juli 1912 bis 1. April 1914.)

Von

Professor **F. Romberg**-Charlottenburg.

Mit der ersten Schaffung von Unterausschüssen der W. G. F., unmittelbar nach ihrer Gründung, ist auch der Unterausschuß für Motoren entstanden. Er zählt jetzt rund $1^1/_2$ Jahre. Seine Bildung folgte als selbstverständlich aus der Überzeugung, daß ein wichtiger Teil der Entwicklung der Flugtechnik dauernd dem Motor zukommen werde, und daß hierbei die wissenschaftliche Mitarbeit unserer Gesellschaft ohne Zweifel erwünscht erscheine. Aber nicht nur die Wissenschaft, sondern auch die ausführende Praxis mußte alsbald an dieser Arbeit teilnehmen. Sonst wäre ein Erfolg einfach undenkbar gewesen. Und so ergab sich die gleichmäßige Zusammensetzung des Ausschusses aus Vertretern von Industrie und Wissenschaft als eine natürliche Forderung. Ihr wurde auch in der Tat sogleich entsprochen.

Den Vorsitz des neugegründeten Ausschusses übernahm Professor Wagener von der Technischen Hochschule Danzig. Niemand konnte für dieses Amt geeigneter sein. Ein Mann von reicher praktischer Erfahrung auf dem Gebiet des Motorenbaus hatte er zugleich durch seine Lehr- und Forschungstätigkeit seine wissenschaftliche Befähigung längst erwiesen. Leider aber ließ ein herbes Geschick Wageners Schaffen für die Gesellschaft nicht zur vollen Entfaltung kommen. Zunehmendes Leiden zwang den Arbeitsfreudigen, Unermüdlichen schon bald zu von ihm selbst bitter empfundener Schonung. Am 30. Juni 1913, nach nur $^3/_4$ jährigem Wirken in unserer Mitte, raffte der Tod ihn in der Vollkraft der Jahre hinweg. Die Gesellschaft und ihr Vorstand waren damit eines hochgeschätzten Mitglieds, der Unterausschuß für Motoren seines ersten Obmannes beraubt.

Seit Wageners Tod hat der Verfasser dieses Berichts die Ehre, den Unterausschuß zu leiten, nachdem er schon vorher zeitweilig die Vertretung geführt hatte.

Über unsere bisherige Tätigkeit sei mir gestattet im folgenden kurz zu berichten.

Einer Anregung Wageners verdanken wir die erste große Aufgabe für unsere Arbeit:

die Aufstellung von ,,Normen für die Prüfung von Luftfahrtmotoren".

Zur Begründung dieses Gedankens sagt Wagener in seinem ersten Rundschreiben vom 9. November 1912: „Es scheint erwünscht zu sein, in eine Beratung darüber einzutreten, ob sich der Versuch empfehlen dürfte, bestimmte Hauptrichtungslinien für die Prüfung von Luftfahrtmotoren festzulegen. Normen, wie sie beispielsweise seitens des Vereins Deutscher Ingenieure für die Untersuchung von Dampfmaschinen und Gasmaschinen aufgestellt worden sind, können hinsichtlich ihrer Berechtigung und Brauchbarkeit verschieden beurteilt werden. Doch ist ihnen auf jeden Fall der nicht geringe Vorzug beizumessen, daß dem Prüfer, der sie in vollem Umfange oder größtenteils zur Grundlage seiner Untersuchung macht, die Berichterstattung ganz erheblich vereinfacht wird.

„Solche Normen für die Prüfung von Luftfahrtmotoren in allernächster Zeit schaffen zu wollen, wäre m. E. verfrüht, doch könnten die erst zu erledigenden Vorarbeiten schon bald, etwa nach Beendigung des Wettbewerbes um den Kaiserpreis (1912) für den besten deutschen Flugzeugmotor, in Angriff genommen werden."

Anschließend machte Wagener bereits Vorschläge über die für die Aufstellung solcher Normen im einzelnen zu beratenden Punkte. In seinem Schreiben vom März 1913 ergänzte er diese Zusammenstellung um die Anregungen, welche ihm auf sein Ansuchen von Mitgliedern des Unterausschusses übermittelt worden waren. Er fügte ferner hinzu:

„Wenn dahin gestrebt wird, Hauptrichtungslinien für die Untersuchung von Luftfahrtmotoren festzulegen, so kann das m. E. nur in dem Sinne von Bedeutung sein, daß dabei an die Untersuchung gegebener Motoren gedacht ist. Für die Untersuchung im weitesten Sinne, die alle Arten praktischer Erprobung und wissenschaftlicher Forschung in selbständigen oder von den Fabriken unterhaltenen Versuchsanstalten umschließt, lassen sich sogenannte Normen nicht aufstellen. Am wenigsten für solche Einzelversuche, deren Methoden noch unvollkommen entwickelt sind oder zu deren Vorführung die als hinreichend erprobt anzusehenden Vorrichtungen und normalen, marktgängigen Geräte nicht ausreichen. Demnach erscheint es zweckmäßig, die in der Zusammenstellung genannten Punkte daraufhin zu prüfen, welche von ihnen vornehmlich für die Aufstellung von Normen in Betracht kommen dürften, und deren Beratung zuerst in Angriff zu nehmen. Die übrigen Punkte würden in der Folge zum Gegenstand der Beratung gemacht werden, aber zweckmäßig erst nach Eingang besonderer Referate, um deren Erstattung die Herren zu bitten wären, von denen die Erörterung dieser Punkte empfohlen worden ist. Erst dann wird sich verläßlich beurteilen lassen, ob alle diese Punkte ebenfalls wie Normen in Erwägung zu ziehen sind, oder ob es sich bei einzelnen von ihnen mehr um Studien- und Forschungsaufgaben handelt, zu deren Bearbeitung die W. G. F. in bestimmter Form anregen soll."

In der Sitzung vom 16. März 1913 billigte der Unterausschuß den Plan seines Obmanns und beschloß, die Arbeiten zur Aufstellung der Normen sogleich zu beginnen.

Wageners Worte, die ich darum vorstehend im Text wiedergab, kennzeichnen klar unser Ziel. Wir müssen uns streng davor hüten, der rastlos fortschreitenden Industrie schädliche Hemmungen für die Entwicklung aufzuerlegen. Wie bei allen solchen Normen muß auch in diesem Falle maßgebend sein, den Lieferanten

vor übertriebenen Forderungen des Abnehmers und diesen wieder vor minder-
wertiger Ware zu schützen, die dem jeweiligen Stande der Technik nicht ange-
messen ist. Im Interesse beider Teile soll eine einfache, sichere Grundlage für
die praktische Prüfung angestrebt werden. Das ist freilich auf dem vorliegenden
Gebiete nicht leicht. Denn die Entwicklung des Flugmotorenbaus konnte bis heute
noch nicht zur festen Einheitlichkeit heranreifen, vielmehr ist sie andauernd in
lebhafter Gärung, im Fließen begriffen. Erschwert wird die Aufgabe ebenfalls
dadurch, daß auch die Prüfungsmittel und -methoden noch nicht durchgängig
zur eindeutigen Anpassung an die besonderen Forderungen des Flugbetriebes
gelangt sind. Mancherlei Einzelprüfungen gestalten sich im übrigen Maschinenbau
einfach. Hier werden sie durch die Eigenart des Flugmotors verwickelt. Sie müssen
aus der Reihe der normalen Prüfungen ausscheiden, um entweder ganz fortzu-
fallen oder durch neue geeignetere ersetzt zu werden. Andere Untersuchungen
wieder sind heute mit einfachen Mitteln auf dem Versuchsstande nicht durchführbar und müssen unter die schwierigeren Laboratoriumsprüfungen für wissenschaftliche Zwecke verlegt werden. Wieder andere stehen dem normalen Maschinenbau vollständig fern, weil sie für ihn unwesentlich sind. Hier aber werden sie durch
die veränderten Betriebsbedingungen von besonderer Wichtigkeit.

Dies alles zu klären, wird unsere Aufgabe sein. Es ist natürlich, daß solche
Fragen nicht mit größter Beschleunigung zu erledigen sind. Wir werden in manchem
noch die Entwicklung abwarten und mit ihr auch in unserer Tätigkeit fortschreiten
müssen. Ich erblicke einen wichtigen Teil des Erfolgs unserer Arbeit nicht nur in
der schließlichen Erreichung des Endzieles, sondern einen mindestens ebenso
großen in der gründlichen Durcharbeitung der Einzelfragen, welchen wir auf dem
Wege dahin begegnen werden. Aus solcher Arbeit dürfen wir für die Zwecke unserer
Gesellschaft ansehnlichen Gewinn erwarten. Dieser wird, denke ich, die Mühe
lohnen, die wir auf die Arbeit verwenden müssen.

Noch in der Sitzung des Unterausschusses vom März 1913 wurde der Beschluß
gefaßt, alsbald eine Zusammenstellung derjenigen Punkte zu entwerfen, welche
das Programm der künftigen Beratungen bilden sollten. Man war darin einig,
daß hierbei schon nach Möglichkeit praktische Prüfungsvorschläge von Anregungen
zu wissenschaftlichen Untersuchungen zu trennen sein würden. Letztere sollten
späteren Beratungen vorbehalten bleiben. Mit der Aufstellung des Arbeitsprogramms
wurden damals die Berliner Mitglieder des Ausschusses betraut. Diese Sonder-
kommission nahm die Normen des Vereins Deutscher Ingenieure sinngemäß und
soweit möglich zum Vorbild und legte das Ergebnis ihrer Beratungen in folgender
Zusammenstellung nieder. Ich bemerke dazu, daß diese Aufstellung für die
Teilung der wissenschaftlichen und praktischen Prüfungen noch nicht entscheidend
ist, weil die exakte Trennung damals ebensowenig wie heute hinreichend klar zu
übersehen war. Vielmehr wird dieser Aufschluß erst aus der begonnenen Behandlung
der Einzelfragen allmählich zu gewinnen sein.

Programm der weiteren Beratungen über die Aufstellung von Normen für die Untersuchung von Luftfahrtmotoren.

A. Untersuchungen für gewerbliche Zwecke (Abnahmen, Verträge, Streitverfahren).
  I. Prüfungsgegenstände:
  a) für Motoren mit nichtrotierenden Zylindern:
    1. Indizierte Leistung (ev. auch Versuch bei künstlichem Fahrwind und unter Berücksichtigung von Temperatur, Feuchtigkeit, Druck der Luft);
    2. effektive Leistung (ev. auch Versuch bei künstlichem Fahrwind und unter Berücksichtigung von Temperatur, Feuchtigkeit, Druck der Luft);
    3. mechanischer Wirkungsgrad;
    4. volumetrischer Wirkungsgrad;
    5. Brennstoff- und Wärmeverbrauch pro PS-Stunde;
    6. Schmierölverbrauch (ev. für Zylinder besonders) und Wärmeaufnahme des Schmieröls;
    7. Kühlwasserverbrauch und Wärmeabführung im Kühlwasser;
    8. Kraftverbrauch für Ventilation bei luftgekühlten Motoren;
    9. Ungleichförmigkeit und Erschütterungen;
    10. Einheitsgewicht;
    11. Wahl des Brennstoffs und des Schmieröls (welche Norm, wenn nichts vereinbart ist?);
    12. Heizwert der Brennstoffe;
    13. Zugkraft;
    14. Druckprobe der Zylinder;
    15. Materialprüfungen.
  b) Für Umlaufmotoren:
    1. Indizierte Leistung (ev. auch Versuch bei künstlichem Fahrwind und unter Berücksichtigung von Temperatur, Feuchtigkeit, Druck der Luft);
    2. effektive Leistung (ev. auch Versuch bei künstlichem Fahrwind und unter Berücksichtigung von Temperatur, Feuchtigkeit, Druck der Luft);
    3. mechanischer Wirkungsgrad;
    4. volumetrischer Wirkungsgrad;
    5. Brennstoff- und Wärmeverbrauch pro PS-Stunde;
    6. Schmierölverbrauch (ev. für Zylinder besonders) und Wärmeaufnahme des Schmieröls;
    7. Kühlwasserverbrauch und Wärmeabführung im Kühlwasser;
    8. Ventilationswiderstand;
    9. Ungleichförmigkeit und Erschütterungen;
    10. Einheitsgewicht;
    11. Wahl des Brennstoffs und des Schmieröls (welche Norm, wenn nichts vereinbart ist?);
    12. Heizwert der Brennstoffe;
    13. Zugkraft;
    14. Druckprobe der Zylinder;
    15. Materialprüfungen.

   c) Zahl und Dauer der Prüfungen:
1. Vorversuche, Hauptversuche;
2. Zeit der Dauerleistung;
3. „   „   Minimal- und Maximalleistung;
4. Schräglagen;
5. Brennstoff- und Schmierölmessungen;
6. Bestimmung des mechanischen Wirkungsgrades;
7. Indikatorversuche.

II. Maß- und Begriffsbestimmungen:
1. Effektive und indizierte Leistung;
2. mechanischer Wirkungsgrad;
3. Temperatur;
4. Druck;
5. Pferdestärke;
6. Heizwert.

III. Versuchseinrichtungen und Meßmethoden:
1. Einrichtungen für Feststellung der indizierten Leistung;
2.   „   „   „   der effektiven Leistung;
3.   „   „   „   des Brennstoffverbrauchs;
4.   „   „   „   des Schmierölverbrauchs und der Schmierölwärme;
5.   „   „   „   des Kühlwasserverbrauchs und der Kühlwasserwärme;
6.   „   „   „   des Kraftverbrauchs für Ventilation;
7.   „   „   „   des Ventilationswiderstandes für Umlaufmotore;
8.   „   „   „   von Ungleichförmigkeit und Erschütterungen;
9.   „   „   „   der Zugkraft;
10.   „   „   „   des Heizwerts;
11.   „   „   „   der Druckproben;
12.   „   „   „   der Materialprüfungen.

B. Untersuchungen für wissenschaftliche Zwecke:

(Die hierunter zu machenden Vorschläge können vorläufig noch zurückgestellt werden, da das unter A aufgeführte Material für die nächsten Beratungen ausreicht.)

Zu dem vorstehenden Programm sind noch folgende Ergänzungsvorschläge gemacht worden:

1. Energieverbrauch und Gewichtsaufwand für die Kühlung:
    a) Pumpenleistung,
    b) Arbeit zur Überwindung des Kühler-Stirnwiderstandes,
    c) Gewichtsaufwand für die Kühlung.
2. Zugrundelegung eines mittleren spezifischen Benzin-Gewichts bei Brennstoffverbrauchsangaben (etwa 0,70).

3. Besondere Prüfung von Schalldämpfern und Auspufftöpfen in bezug auf Kraftverminderung (die recht gering zu sein scheint), Erhitzung des Anlaßventils und Kühlwasserverbrauch.
4. Berücksichtigung wichtiger Betriebseigenschaften, wie z. B. von Ruß- und Funkenbildung nach mehrstündigem Betrieb, Selbstzündung, Neigung zu Vergaserbrand, Bildung von totem Gang in Zahnrädern und Wellen, geringe Möglichkeit für Ölschmutz, sich im tiefsten Teil des Motors abzusetzen usw.
5. Berücksichtigung der Bruchmöglichkeiten bei Kolben, Ventilen, Ventilfedern, ferner des Rauwerdens der Hauptlager bzw. des Auslaufens der Lager.
6. Prüfung der Steigerungsfähigkeit der Tourenzahl in noch festzusetzenden Grenzen.

Bei der Tagung des Unterausschusses am 19. Oktober 1913 wurde der vorstehende Arbeitsplan von ihm genehmigt und beschlossen, auf dieser Grundlage in die Einzelberatungen einzutreten. Man erwog die zweckmäßigste Art des Vorgehens und einigte sich dahin, daß für alle Teilfragen aus den Mitgliedern der Gesellschaft, aber wenn notwendig auch aus außenstehenden Kreisen Spezialsachverständige ausgewählt werden sollten, die mit dem Gegenstand praktisch und wissenschaftlich besonders vertraut seien. Diese Fachmänner würden um die Erstattung schriftlicher und mündlicher Referate zu bitten sein. Darauf sollten sich die weiteren Verhandlungen aufbauen.

Es folgte die Besprechung des ersten Punktes: Feststellung der indizierten Leistung. Der Ausschuß war einstimmig der Ansicht, daß das Indizieren der schnelllaufenden Flugmotoren heute noch erheblichen Schwierigkeiten begegne und mit einfachen, für jeden normalen Sachverständigen handgerechten Mitteln zuverlässig nicht möglich sei. Dagegen war man geteilter Meinung, ob hieraus nun gefolgert werden müsse, daß die Indizierung der Flugmotoren gegenüber der viel einfacheren Bestimmung ihrer effektiven Leistung praktisch überhaupt ohne Bedeutung sei und ob jene deshalb den wissenschaftlichen Untersuchungen allein überlassen bleiben könne. Die Frage wurde nicht sofort entschieden. Man entschloß sich vielmehr, zunächst über die Indizierung von Flugmotoren Referate zu hören, um deren Erstattung die Herren Geheimer Hofrat Professor Scheit-Dresden, Dr.-Ing. Mader-Aachen und Dr.-Ing. Bergmann-Oberschöneweide gebeten werden sollten. Auch in bezug auf die Punkte 2, 3, 4 und die damit zusammenhängenden 8 und 10 des Programms ergaben sich Abweichungen in den Anschauungen. Eine Klärung durch ein Referat des Herrn Dipl.-Ing. Seppeler-Adlershof wurde daher als erwünscht betrachtet. Endlich fand sich das anwesende Mitglied des Ausschusses, Herr Professor Baumann-Stuttgart, bereit, einen Bericht über die Punkte 5, 6 und 7 zu liefern. Damit war für die weiteren Ausschußverhandlungen ausgiebiges Beratungsmaterial geschaffen worden. Unsere Aufgabe ist es, dieses Material eingehend durchzuarbeiten und im Sinne unserer Aufgabe zu verwerten.

Die Reihe der angekündigten Referate wurde inzwischen in der letzten Sitzung des Unterausschusses am 21. Dezember 1913 mit den Berichten über die Indizierung eröffnet. Sie seien in der Reihenfolge, wie sie erstattet wurden, hier wiedergegeben.

Referat über die Indizierung schnellaufender Motoren.

Von

Dr.-Ing. **Mader**-Aachen.

M. H. Ihre Aufforderung, vor Ihnen über die Indizierung schnellaufender Verbrennungsmotoren zu referieren, glaube ich nach dem Bericht Ihrer letzten Sitzung wie folgt auslegen zu dürfen: „Zweck und Nutzen der üblichen Indizierung ist bekannt. Für Aufstellung von Normen zur Untersuchung schnellaufender Motoren ist die Möglichkeit und die Zuverlässigkeit einer solchen Indizierung zu klären. Man möchte zu diesem Zwecke auch das von mir entwickelte Verfahren erläutert haben."

Diesem Wunsche hoffe ich nun am besten dadurch nachzukommen, daß ich dieses Verfahren nicht einfach beschreibe, sondern, wenn auch nur kurz, auf die Schwierigkeiten, auf die ich gestoßen bin, und auf die zu deren Überwindung eingeschlagenen Wege eingehe.

Mein Ziel war, die aus dem Großmotorenbau mir als direkt unentbehrlich vertraute Indizierung auch für kleine Schnelläufer allgemein anwendbar zu machen. Ein Instrument dazu mußte klein und handlich, einfach in der Handhabung, Instandhaltung und Prüfung und möglichst ähnlich dem gewohnten Indikator sein.

Dabei waren jedoch vor allem die Eigenschaften des letzteren, die ihn für Schnellläufer unbrauchbar machten, zu verbessern:

1. Ein Indikator hat die Aufgabe, den Zusammenhang zwischen Druck und Volumen in einer Kolbenmaschine aufzuzeichnen; er besteht meist aus zwei Teilen, je einer Vorrichtung zur Aufzeichnung des Druckes (Kolben, Feder und Schreibzeug) und des Volumens (Trommel mit Antrieb).

2. Maßgebend für das Arbeiten des Indikatorteiles zur Druckaufzeichnung ist der zeitliche Verlauf des Druckes. Bei kleinen Verpuffungsmotoren erfolgt nun eine — prozentualiter — sehr rasche Drucksteigerung (Explosion) mit darauffolgendem Druckabfall (Expansion), deren Folge Schwingungen von Kolben mit Feder sind, die um so rascher abgedämpft werden müssen, je höher die Tourenzahl. Diese Verhältnisse werden um so ungünstiger, je kleiner das Hubvolumen und je besser die Zündung ist. Je kürzer die „Eigenschwingungszeit" des Indikators, um so kleiner kann die für die Genauigkeit des Diagramms stets schädliche Dämpfung (Reibung, Öl) sein. Harmonisch verlaufende Schwingungen sind stets ein Zeichen für gute Druckanzeige. Um die Eigenschwingungszeit zu verkürzen, kann man den Kolbenhub oder die schwingende Masse verkleinern.

Die Vereinigung von Kolben und Feder in der Membran, wie vielfach für optische Indikatoren verwendet, gibt die kürzeste Zeit, hat jedoch, soweit ich gefunden, folgende Nachteile:

Einfluß der Einspannung und der einseitigen Erwärmung, ungleichen Maßstab, kein „durchgearbeitetes" elastisches Material. Deshalb habe ich die normale, doppeltgewundene Feder aus naturhartem Stahldraht mit Kolben gewählt, nur mit sehr kleinem Hub (2 mm max.). Der Kolben wird jedoch zum Unterschied von anderen Konstruktionen nur an 2 Punkten, unten von der Büchse, oben von der Feder selbst geführt, kann also nicht klemmen.

Diese „statisch bestimmte" Führung ist als Leitgedanke, soweit möglich, bei dem ganzen Indikator durchgeführt.

Die für das Auge nötige Vergrößerung erfolgt nicht durch ein mechanisch oder optisch vergrößerndes Schreibzeug, das Masse und andere Fehler, besonders durch toten Gang oder Vibration hat, sondern getrennt von der Aufzeichnung, und nicht an der Maschine, im Mikroskop, wenn nötig jedoch sofort nach der Diagrammentnahme.

Die Diagrammlinie selbst wird ohne jede Vergrößerung von einem scharfen Stahlstift auf eine ganz schwach berußte Glasplatte gezogen, und man erhält so Diagramme von max. 2 mm Höhe. Diese Methode, nach der der Indikator „Mikro-Indikator" genannt wurde, hat gegenüber der optisch-photographischen den Vorteil, daß ich ein sofort sichtbares, von dem umständlichen Einlege-Entwicklungsverfahren unabhängiges Dokument auf kleinstem Raume (24 Diagramme auf Platte 28 × 46) erhalte, und zwar in beliebiger Anzahl, und daß die Strichstärke vollkommen unabhängig von der Schreibstiftgeschwindigkeit ist. Optische Diagramme zeigen immer Unterbelichtung bei der Explosionsspitze, Überbelichtung an den Totpunkten. Auch die Notwendigkeit einer guten Beleuchtungsquelle (Strom, Stärke, Abblendung) und die Schwierigkeit einer bei Stößen und bei den kleinen Spiegelbewegungen exakt arbeitenden Vergrößerung ließen mir die optische Registriermethode als ungeeignet für ein von jedermann zu benutzendes Instrument erscheinen.

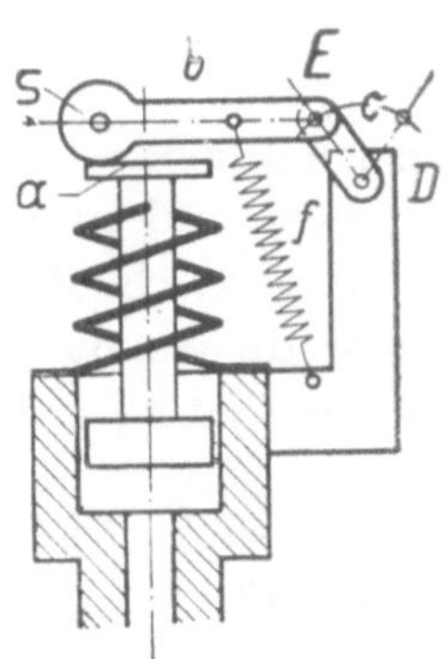

Fig. 1. Schema des Mikro-Indikators. Fig. 2. Ansicht des Mikro-Indikators.

3. Die Volumenaufzeichnung: Sie wird bei den normalen Indikatoren auch durch einen anderen Konstruktionsteil wie die Druckaufzeichnung bewirkt, durch eine mit Schnüren proportional dem Kolbenhub gedrehte, relativ schwere Trommel. Diese gestattet eine sehr einfache und gute Befestigung des Diagrammblattes.

Man ist gewohnt eine schnelle Anbringung der Indikatoren an jeder Maschine zu verlangen, bestenfalls fertigt man noch einen „kinematisch richtigen" Antrieb, an den die übliche Schnur angehängt wird. Bei hohen Tourenzahlen versagt aber diese Vorrichtung gänzlich, bei mittleren gibt sie schon zu großen, nicht kontollierbaren Fehlern (durch Dehnungen usw.) Anlaß.

14*

Ein Antrieb muß nicht allein auf dem Papier, sondern auch im Betriebe korrekt sein, er ist nicht nur Festigkeits-, sondern auch Meßkonstruktion.

Dies läßt sich meiner Ansicht nach nur durch einen wie ein richtiger Maschinenteil konstruierten starren Antrieb erreichen. Mit einem solchen wären aber auch normale kleine Indikatoren für viel höhere Tourenzahlen brauchbar als jetzt, da die Druckaufzeichnung noch genügen würde. Da eine Kleinmotorenfirma im allgemeinen nur wenige Typen baut, braucht sie für deren Versuchsstand auch nur wenige Antriebsgeschirre.

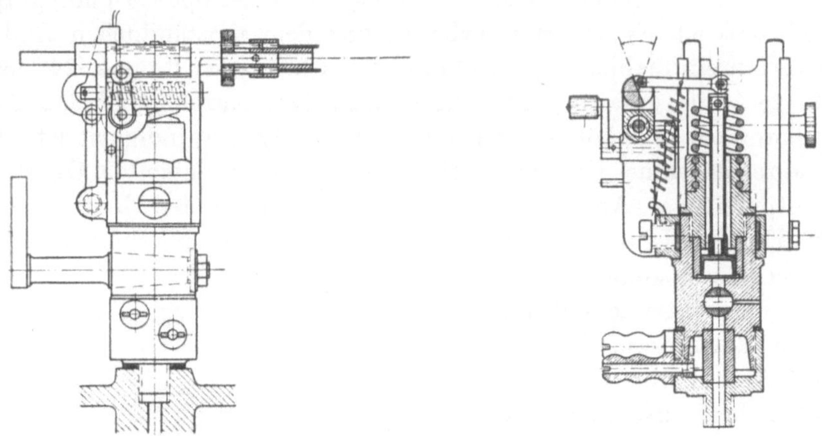

Fig. 3.   Mikro-Indikator.

Beim Mikro-Indikator ist ein solcher starrer Antrieb (einfacher Schwingenantrieb) gewählt; es wird jedoch keine schwere Trommel bewegt, sondern der leichte Schreibstift, der federnd auf dem Kolbenstangenende schleift, zeichnet mit dem Drucke zugleich durch Querbewegung (2 mm) auch die 2. Koordinate, das Volumen auf. Dadurch erhält man die Möglichkeit einer ebenen, für die weitere Behandlung sehr geeigneten Diagrammplatte.

Ein genau rechtwinkliges Koordinatennetz wird dabei natürlich nicht erreicht, doch sind die Abweichungen, eine Größe 2. Ordnung, in der Fläche nicht weiter bemerkbar.

Neben den von vornherein zu übersehenden Schwierigkeiten bei der Druck- und Volumenbestimmung ergaben sich aber bei der Ausbildung des Mikro-Indikators zu einem allgemein brauchbaren Instrument — ein solches schwebte mir von Anfang an vor — noch neue praktische Schwierigkeiten, vor allem habe ich

4. die Vibrationen der Motoren als Hauptschwierigkeit empfunden, und zwar weniger die mit dem Auge sichtbaren starken Stöße, wie sie z. B. bei elastischer Lagerung auftreten, sondern das feine Zittern, welches besonders bei Mehrzylindermotoren alle Teile durchläuft und alle Verbindungen zu lockern sucht. Die optischen Indikatoren helfen sich dadurch, daß sie die Verbindung mit dem Zylinder und der Maschine nur durch ein elastisches dünnes Rohr herstellen. Dies hielt ich für unzulässig. Ich wollte ein kleines, leichtes, direkt am Totraum anbringbares Instrument.

Gegen die Vibrationen soll Spannung in allen Teilen und starre Konstruktion helfen.   Dadurch muß auch der gerade für die kleinen Mikrodiagramme sehr gefährliche tote Gang ausgeschaltet werden. Ich muß auf diesen Punkt besonders hinweisen, da er bei unsachgemäßer, weil unwissender Behandlung am ehesten Anlaß zu Mißerfolgen gibt.

5. Wärme: Da die Motoren sehr heiß laufen müssen und manche Teile (z. B. Verschlußstopfen für Ventile) viel heißer als das Kühlwasser werden, gingen mir, von festgebrannten Hähnen und heißen Küken abgesehen, bei meinem ersten Instrument auch die Lötstellen an den Federn auf. Ich glaube nun, daß die Wärmeleitung durch das Metall, nicht vielleicht die heißen Verbrennungsgase in der Bohrung des Indikators, dies bewirkt. Der jetzt angebrachte Kühler hält den Indikator absolut kalt, er braucht aber nicht bei allen Motoren benutzt zu werden.

6. Die Zeit eines Diagrammes ist sehr kurz. Will man nicht zu wenig oder zu viel auf eine Platte bekommen, so müssen dem Benutzer zwei Gedanken entgegengesetzter Art (Andrücken und Abheben der Platte in bestimmter sehr rascher Zeitfolge) erspart bleiben. Deshalb erfolgt Andrücken und Abheben durch eine (ziemlich langsame) Kurbeldrehung.

7. Nur erwähnen möchte ich noch folgende Punkte: Abnutzung des Stiftes erfordert leichte Auswechselung und billige Fabrikation, der starre Antrieb erfordert eine lösbare und dabei doch in Spannung befindliche Kupplung. Die Glasplatten müssen berußt, die Diagramme fixiert (Zaponlack), vergrößert und ausgemessen werden. (Zeichenapparat am Mikroskop.) Genaues darüber siehe „Dinglers Polytechnisches Journal" 1912 und „Der Motorwagen" 1912, Heft 27—31.

Referat über die Indizierung schnellaufender Motoren.

Von

Dr.-Ing. Bergmann-Oberschöneweide.

M. H. Das Indizieren schnellaufender Motoren hat praktisch keine Bedeutung, wissenschaftlich erst dann, wenn die Grundlage mehr als bisher geklärt ist. Die vorläufig der Indizierung anhaftenden Fehler sind u. a.:

1. Die durch die beliebige Funkenausbreitung an der Zündstelle und durch andere Nebenumstände bedingte starke Streuung der Diagramme.

Direktor A. Lange, Deutz, und später Nägel fanden ähnliches bei ihren Untersuchungen über die Zündgeschwindigkeit von Gasgemischen in der Bombe und verwarfen daher den gewöhnlichen Indikator.

2. Die Kanaldrosselung. Diese beeinflußt nach Versuchen von Professor Meyer (Z. d. V. D. I. 1903, Seite 1343) die Völligkeit des Diagrammes, wie aus gleichzeitigen Versuchen mit zwei verschieden großen bzw. verschieden gedrosselten Indikatoren hervorgeht. Die bei Indikatoren abweichender Bauart vorhandenen verschiedenen Schwingungen sind nicht allein daran schuld, sondern ein großer Zylinder füllt sich quasi langsamer mit Druck als ein kleiner.

Der bisherige Indikator ist deshalb keine Vorrichtung zu exakten Messungen, sondern er kann nur dazu dienen, den etwaigen Verlauf bestimmter Arbeitsvorgänge zu verfolgen (ähnlich wie der Röntgenapparat in der Hand des Arztes bei der Beurteilung innerer, sonst unsichtbarer Vorgänge).

Zur Beurteilung der Gesamtvorgänge genügt aber nicht ein einziger Indikator pro Verbrennungsraum; man muß vielmehr überall dort indizieren, wo eine Beeinflussung der Arbeitsvorgänge stattfinden kann, z. B. an den verschiedenen Zweigen der Gemischzuführung, am Vergaser, an der Vorwärmung, am Auspuff.

Hat man dieses erkannt, so kann man auch einen Schritt weitergehen, indem man ähnlich wie bei der Frequenzmessung der Elektrotechnik ein summarisches Verfahren anwendet, entweder nach der von mir bei Vergaseruntersuchungen angewandten und veröffentlichten Methode, die z. B. Herr Geheimrat Riedler benutzte, oder durch Aufzeichnung des Mitteldruckes. Diese stellen den Arbeitsverlauf in einem schnellaufenden Luftverdichter dar, aufgenommen von einem gewöhnlichen Maihakindikator unter zunehmender Drosselung desselben (die Aufzeichnung des Indikators geht schließlich in eine Gerade über, die den mittleren manometrischen Druck darstellt, wie durch gleichzeitig angeschlossenen Druckmesser von Schäffer und Budenberg festgestellt war).

Dem Indikator fällt im allgemeinen die doppelte Aufgabe zu:

1. zur Bestimmung der indizierten Leistung zu dienen,

2. Einblick in die inneren Arbeitsvorgänge zu gewähren.

ad 1. Bedenkt man, daß ein Sechs-Zylinder-Flugzeug- oder Luftschiff-Motor durchschnittlich 1200 Touren macht[1]), also $\dfrac{6 \cdot 1200}{2 \cdot 60} = 60$ Vierteltaktprozesse pro Sekunde vollführt, so erkennt man, daß eine einigermaßen zuverlässige Ermittlung der indizierten Leistung eine sehr große Anzahl von Bündeldiagrammen erfordert.

Diese aufzunehmen, sind mindestens 6 Indikatoren an den Motor anzuschließen nötig, und ihre Betätigung hätte synchron zu erfolgen. Durch ein solches umständliches Aufnahmeverfahren und die außerordentlich zeitraubenden Auswertungsarbeiten liegt selbstredend das Resultat der Messungen stets zu spät vor, auch wenn ein ziemlicher Beamtenstab aufgeboten wird. Zeit und Geld sind in der Praxis die teuersten und meist auch die knappsten Mittel, so daß schon aus diesem Grunde die Bestimmung der indizierten Leistung für praktische Zwecke recht ungeeignet erscheinen muß. Dies um so mehr, als der Energieumsatz einer Maschine durch Verbrauchsmessungen, Bremsungen und manch andere Prüfstandsmittel rascher übersehen wird und meist sogar während des Versuches unmittelbar zu verfolgen ist.

Aber ganz abgesehen von den gekennzeichneten Versuchsschwierigkeiten und Zeitkosten, welche vielleicht nur in der Praxis schwer ins Gewicht fallen würden, ist die Bestimmung der indizierten Leistung mit den bestehenden Indikatoren bis heute so unzuverlässig, daß sie auch für die Wissenschaft von recht fraglichem Werte bleibt.

---

[1]) Automobilmotoren laufen noch schneller, sie machen bis zu 2500 Touren im allgemeinen; doch kommen auch 3500 Touren pro Minute vor (Grand Prix 1914). Meistens sind hier zwar nur vier Zylinder vorhanden, trotzdem aber zeigt sich die sekundliche Zahl der Arbeitsspiele auf

$$\frac{2400 \cdot 4}{2 \cdot 60} \text{ bis } \frac{3000 \cdot 4}{2 \cdot 60} = 80 \text{ bis } 100 \text{ pro Sekunde.}$$

Mit welchen Ursachen das zusammenhängt, müßte bei Behandlung des zweiten Teiles der Aufgabe nochmals erörtert werden, so daß gleich hierzu übergegangen werde.

ad 2. Hiernach soll der Indikator gewissermaßen als eine Art Röntgen-Apparat funktionieren, mittels dessen man Einblick in die inneren Arbeitsvorgänge erlangt.

Ein Indikator kann natürlich nur dann die Zylindervorgänge richtig anzeigen und auf ev. Störungs- und Verlustquellen richtig hindeuten, wenn einerseits der Anschluß eines solchen Instruments die Arbeitsweise des Motors nicht meßbar beeinflußt und sich andererseits in jedem Augenblicke über dem Indikator- und Motor-Kolben die gleichen Druckwirkungen abspielen.

Diese Aufstellung mag zwar recht selbstverständlich erscheinen, aber die weiteren Betrachtungen werden dartun, wie schwer selbst von berufenster Seite hiergegen gesündigt wird.

In erster Linie muß man sich darüber klar werden, daß der Anschluß eines einzigen Indikators pro Zylinder nicht in der Lage ist, die Druckwirkungen auf den Motorkolben richtig wiederzugeben; das ergibt sich aus folgendem:

Beobachtet man nämlich die Zündwelle in einem gashaltigen Raume, so kann man feststellen, daß die Gleichmäßigkeit der Fortpflanzung in hohem Grade von dem Gasdrucke abhängig ist. Läßt man z. B. durch einen geschlossenen Raum einen elektrischen Funken schlagen, der sich rhythmisch wiederholt, und evakuiert diesen Raum währenddessen, so wird der Funke mit abnehmendem Gasdruck ein immer gleichmäßiger werdendes Leuchtfeld ergeben, das zuletzt präzis mathematische Gestalt annimmt, wie sie etwa von den Röntgen-, Cook- und Geißler-Röhren bekannt ist. Mit wachsendem Druck dagegen wird der Zündweg unregelmäßiger. Läßt man z. B. mit Hilfe eines Induktoriums durch die Atmosphäre elektrische Funken schlagen, etwa so, daß der Funke von einem punktförmigen Pol zu einem plattenförmigen Pol in einem größeren Abstand überspringen muß, gibt ferner der Platte einen möglichst großen Durchmesser und verlangsamt den Rhythmus der überspringenden Funken soweit, daß das Auge jeden Funken einzeln wahrnimmt, so bemerkt man, daß der Zündweg jedesmal ein völlig anderer wird und eine ganze Funkengarbe entsteht. Insbesondere ist der Funkenweg niemals der mathematisch kürzeste, also nie eine gerade Linie.

Mit wachsendem Gasdruck nimmt die Streuung außerordentlich zu, d. h. im Motorzylinder werden sich von Arbeitsspiel zu Arbeitsspiel ziemlich verschiedenartige Zündentfaltungen vollziehen. Der Indikator zeigt zwar diese wechselnden Druckvorgänge an, aber die Streuung wird insofern falsch wiedergegeben, als die Zündwelle bald früher, bald später auf den Motorkolben als auf den Indikatorkolben wirkt. Die Abweichung geht soweit, daß quantitative Druckunterschiede auf dem Maschinenkolben und auf den Indikatorkolben übertragen werden. Man muß sich nämlich immer vor Augen halten, daß auf dem Maschinenkolben stets die summarische Druckwirkung jeden Augenblickes ausgeübt wird, während der Indikatorkolben Teilwirkungen empfängt, die von den wechselnden lokalen Druckverhältnissen an der Anschlußstelle des Indikatorkanals abhängen.

Bei dieser ganzen Betrachtung muß man sich auch stets vergegenwärtigen, daß die Druckverteilung im Kompressionsraum während der Zündperiode keineswegs gleichartig ist.   Das geht schon daraus hervor, daß sonst weder von Zünd- noch von Druckwellen und Fortpflanzungsgeschwindigkeiten geredet werden könnte.

Motoren mit diffuser Glühzündung wie beispielsweise Diesel-Motoren haben keine derart konzentrierte Zündstelle, von welcher sich die Entflammung ausbreitet, sondern die Selbstzündung erfolgt gleichzeitig an zahlreichen Stellen der Ladung, weshalb solche Motoren ziemlich frei von den vorerwähnten Streuungsverhältnissen sind. Diagramme, die an Diesel-Motoren aufgenommen sind, bestätigen dieses.

Weiterhin muß von einem Indikator verlangt werden, daß der Inhalt des Indikator-Zylinders und des Anschlusses so knapp bemessen ist, daß der Kompressionsraum keinesfalls fühlbar vergrößert wird.   Andernfalls würde durch den Anschluß des Indikators das Kompressionsverhältnis des Motors verändert, der Kreisprozeß modifiziert, d. h. die Arbeitsweise des Motors beeinträchtigt.   Alle Angaben des Indikators würden also unrichtig sein und falsche Schlüsse induzieren.

Umgekehrt aber muß die Verbindung zwischen Motor und Indikator-Zylinder so geräumig gehalten werden, daß fälschende Drossel- und Schwingungserscheinungen ausgeschlossen sind.   Auch wenn auf diesen Punkt nicht genügend Sorgfalt gelegt wird, sind die Druckvorgänge über dem Indikatorkolben zeitweise ganz andere als über dem Motorkolben.   Selbstredend würde sich die Gestalt des Diagrammes völlig ändern.

Drosselerscheinungen im Anschlußkanal verschleppen alle Druck-An- und Abstiege.   Besonders die wichtigsten und raschesten Vorgänge ,,Übergang von Endkompression zur Zündung und Expansion'' werden durch den Indikator falsch wiedergegeben.   Je rascher die Druckänderungen im Zylinder erfolgen, desto stärker macht sich natürlich der Drosseleinfluß im Verbindungskanal geltend. Mit anderen Worten, Schnelläufer sind wesentlich unsicherer zu indizieren als Langsamläufer.   Tatsächlich wird auch aus dem Grunde den Indikatorangaben bei Langsamläufern wesentlich mehr Vertrauen entgegengebracht.   Zufällig erlangen sie auch hier eine viel größere Wichtigkeit, denn meistens ist die effektive Leistung und der Betriebsstoffverbrauch langsamlaufender, größerer Maschinen ungleich schwieriger und ungenauer zu ermitteln als bei Schnelläufern.   Bei ersteren bildet der Indikator daher das wichtigste Auskunftsmittel.

Obwohl, wie gezeigt, die Drosselverhältnisse im Verbindungskanal, also zwischen Indikator- und Motorzylinder, eine ausschlaggebende Rolle spielen, und obwohl bei Langsamläufern und großen Motoren die fälschenden Drosseleinflüsse ziemlich leicht zu vermeiden sind, wird diesem wichtigen Moment noch lange nicht genügend Rechnung getragen.   Diese und zahlreiche andere Fehler sind Praktikern wie Wissenschaftlern längst bekannt.   Es ist daher sehr erstaunlich, welche Fehler in dieser Hinsicht gemacht werden.

Ein Beispiel möge dieses illustrieren.

Indiziert man einen langsamlaufenden Motor gleichzeitig mittels eines kleinen und eines großen Indikators, welche beide durch eine Gabelleitung auf demselben Hahn sitzen, der zwischen Indikator und Zylinder eingeschaltet ist, so zeigt sich, daß der große und der kleine Indikator abweichende Diagramme ergeben.   Und zwar hinken die Druckänderungen des großen gegen die des kleinen Indikators nach.

Dieser Versuch wurde von berufenster, wissenschaftlicher Seite gemacht und findet sich in der Zeitschrift des Vereins Deutscher Ingenieure, Jahrgang 1901, Seite 1341. Der Experimentator war sich klar darüber, daß das schwere Trieb- und Schreibwerk des großen Indikators gegenüber dem des kleinen Indikators nacheilen müsse, und es wird deshalb an der angegebenen Literaturstelle mit scharfsinnigen Betrachtungen und Differentialgleichungen untersucht, ob die Massenschwingungen die Druckverschleppungen veranlassen. Die höhere Mathematik, welche zu Rate gezogen wurde, bestätigte diese Auffassung auch, aber wie der Verfasser richtig erkannte, sind die in den Diagrammen auftretenden Druckverschleppungen an den Stellen rascher Druckänderungen — Übergang von der Endkompression zur Zündung, Explosion und Expansion — viel zu auffällig, als daß sie sich aus den Massenschwingungen und der Massenträgheit des Indikator-, Trieb- und Schreibwerkes allein herleiten könnten. Wo die eigentliche Ursache zu suchen ist, konnte der Verfasser allerdings nicht angeben, weshalb er 1. darauf hinweist, daß er die Untersuchungen fortsetzen wolle und später darauf zurückkommen würde. Die Erklärung ist ganz einfach; selbstredend füllt sich der größere der beiden Indikatorzylinder, welche beide auf demselben Hahn münden, sozusagen langsamer mit Druck.

Man erkennt daraus, daß also selbst bei Langsamläufern die Drosselvorgänge in dem Anschlußkanal des Indikators nicht hinreichend gewürdigt werden.

Auf Schnelläufer angewandt, wo die Druckwechsel mit ungleich höherer Frequenz erfolgen, heißt dies: der Indikatorkolben muß möglichst unmittelbar in den Maschinenzylinder eingesetzt werden, jeder Anschlußkanal ist, soweit angängig, zu vermeiden bzw. so zu gestalten, daß in den Augenblicken raschester Druckentfaltung bzw. raschesten Druckabfalls höchstens Gasgeschwindigkeiten von 50—60 m pro Sekunde auftreten können. Ein Hahn zwischen Indikator und Motor ist ebenfalls zu vermeiden, d. h. der Indikator muß durch irgendeine Arretierung oder Kupplung ein- und ausgeschaltet werden.

Feststellung der indizierten Leistung von Luftfahrzeugmotoren.

Von

Geh. Hofrat Professor Scheit-Dresden.

Der Indikator ist dazu bestimmt, den Arbeitsvorgang im Zylinder im Schaubild darzustellen, sowohl hinsichtlich der Leistung als auch hinsichtlich Druckänderungen und der Strömungs- und Drosselvorgänge, d. h. hinsichtlich richtigen Funktionierens der Steuerorgane.

Die Indizierung bietet bei Mehrzylindermaschinen insbesondere auch die Möglichkeit festzustellen, ob die verzweigte Saugrohrleitung ihre Aufgabe erfüllt, sämtliche Zylinder in gleicher Weise mit dem Ladegemisch zu versorgen und hierbei den Einfluß von Krümmungen in der Zuleitung mit den eigentümlichen Schwingungserscheinungen zu verfolgen, die die Zuführung des Gemisches bald günstig, bald ungünstig beeinflussen.

Es zeigen sich bei Mehrzylindermaschinen Verschiedenheiten in den einzelnen Diagrammen, und daher kann der Indikator als ein sehr willkommenes Mittel bezeichnet werden, die Ursachen festzustellen und zu beseitigen.

Zur ziffermäßigen Ermittlung der indizierten Leistung selbst besitzt der Indikator bei schnellaufenden Flugzeugmotoren und bei den durch den Explosionsvorgang sehr rasch stoßartig einsetzenden Impulsen jedoch nicht die Bedeutung wie bei der verhältnismäßig langsam laufenden stationären Maschine, insbesondere der Dampfmaschine mit allmählich verlaufenden Druckübergängen; denn abgesehen davon, daß durch die stoßartig wirkenden Impulse der Linienzug des Diagrammes verzerrt wird, sind wir nicht in der Lage, eine einwandfreie Eichung des Indikators unter den jeweilig vorliegenden Arbeitsbedingungen vorzunehmen.

Solche Verzerrungen machen sich beim Federindikator auch infolge der Massenwirkungen fühlbar, so daß auch mit den besten zurzeit vorhandenen Federindikatoren ein glatter Verlauf der Diagramme nur für Umdrehungszahlen bis etwa 700 gewährleistet wird.

Der optische Indikator liefert zwar auch bei größerer Drehzahl noch glatte Diagramme, doch erscheint bei diesem Indikator die Eichung noch schwieriger als beim Federindikator, weil die Durchbiegungen der vom Druck beeinflußten Membran nicht dem Drucke proportional sind.

Wenn hiernach die Indikatoren nicht als brauchbare Vorrichtungen zur Ermittlung der indizierten Leistung für Flugzeugmotoren zu betrachten sind, so bleibt hervorzuheben, daß gerade bei Flugzeugmotoren infolge der großen Drehzahl die effektive Leistung mit verhältnismäßig einfachen Prüfvorrichtungen ermittelt werden kann, so daß das Bedürfnis der Ermittlung der indizierten Leistung zurücktritt.

Bei langsam laufenden Motoren großer Leistung, stationären Motoren, ist man, da geeignete Vorrichtungen zur Ermittlung der effektiven Leistung nicht vorhanden sind, auf die Ermittlung der indizierten Leistung angewiesen; bei schnellaufenden Flugzeugmotoren bietet dagegen diese Ermittlung keine Schwierigkeiten.

Solche Vorrichtungen zur Ermittlung der effektiven Leistung für Flugzeugmotoren sind z. B. der Pendelrahmen mit einstellbaren Windflügeln oder gegebenenfalls unter Benutzung des Propellers als Windflügel.

Der einstellbare Windflügel ist vorzuziehen, weil derselbe die Prüfung bei verschiedenen Drehzahlen gestattet. Zweckmäßig erscheint es indessen, die beiden Windflügel nicht in gleicher Richtung zu verstellen, sondern in entgegengesetzter, damit das Moment der Axialschub-Kräfte der beiden Flügel ausgeschaltet wird.

Die effektive Leistung läßt sich überdies auch gleichzeitig mit dem axialen Schube des Propellers in einfacher Weise feststellen. Der Referent hat eine derartige Versuchseinrichtung entworfen und in der Deutschen Luftfahrer-Zeitschrift, XVI. Jahrgang (1912), Nr. 8 beschrieben, die diese Feststellung bei in das Flugzeug eingebautem Motor gestattet. Eine weitere Ausgestaltung dieser Prüfvorrichtung als Doppelpendelrahmen ist vom Referenten in der Zeitschrift für Flugtechnik und Motorluftschiffahrt 1914, Heft 6 beschrieben.

Zusammenfassung.

Die bekannten Feder- und optischen Indikatoren liefern bei schnellaufenden Explosions-Motoren keine einwandfreien Diagramme zur Ermittlung der indizierten Leistung; sie bilden aber, und zwar der Federindikator für niedere, der optische Indikator auch für die üblichen hohen Drehzahlen, willkommene Mittel, die Strömungsvorgänge im Arbeitszylinder und insbesondere auch den Einfluß der Art der Rohrführung vom Vergaser zum Zylinder auf die Gemischzufuhr zu beurteilen. Allerdings sind die Angaben noch mit Fehlern behaftet und somit nur als Vergleichswerte zu benutzen.

Hiernach scheint es geboten, der Weiterentwicklung des Indikators für schnellaufende Explosionsmotoren besonderes Interesse entgegenzubringen.

Die sich anschließende Besprechung der Vorträge gelangte aus Zeitmangel nicht zum Abschluß. Es wurde zunächst noch von der zeitigen Auffassung der Versuchsanstalt für Luftfahrt in Adlershof über das Indizieren Mitteilung gemacht. Man erachtet dort das Indizieren schnellaufender Motoren für wissenschaftliche Zwecke als unentbehrlich, insbesondere dann, wenn es sich um die Ermittlung der Einzelvorgänge in der Maschine handelt. Hierfür seien aber die vorhandenen Indikatoren meistens wenig geeignet; sie müßten deshalb dem jeweiligen besonderen Verwendungszweck angepaßt werden. Für die praktische Leistungsbestimmung das Indizierverfahren zu benutzen, hält man schon aus folgender Erwägung für äußerst fehlerhaft und unzweckmäßig. Bei dem schnellen Lauf und der hohen Belastung der Flugmotoren wechselt dauernd die Leistung der einzelnen Zylinder und damit auch der ganzen Maschine. Zu erheblichen Fehlern müsse es führen, wenn man von der jeweiligen Momentan-Leistung Rückschlüsse auf die Dauerleistung macht. Solange also ein Indikator nur eine relativ beschränkte Anzahl von Arbeitsspielen des Motors erfasse, werde er schon allein aus diesem Grunde, abgesehen von anderen, keine zuverlässigen Ergebnisse liefern können. Die weiteren Äußerungen von dieser Stelle zeigen, daß für die Beurteilung der inneren Arbeitsvorgänge im schnellaufenden Flugmotor eine Reihe von indirekten Feststellungen heute maßgebend sind. Diese beruhen nur zum Teil auf der Grundlage objektiver Messungen, wie die Bestimmung des Drehmoments und der Drehzahl, des Brennstoff- und Schmierölverbrauchs sowie der Kühlwasserwärme. Zum anderen Teil sind sie auf subjektive Sinneswahrnehmungen begründet, wie Aussehen und Schallwirkung der Auspuffgase usw. Durch die Prüfung des Einflusses gewisser Änderungen, wie Zündverstellung und Tourenwechsel, auf jene Messungen und Beobachtungen sucht man die Beurteilung zu erweitern und zu ergänzen.

Im ganzen erhellt daraus, daß dieses mittelbare Verfahren zur Kontrolle des Arbeitsprozesses vielleicht nicht komplizierter und zeitraubender ist als das unmittelbare mit Benutzung des Diagramms. Aber es stellt nach meinem Dafürhalten die indirekte Methode größere Ansprüche an die Erfahrung des Beobachters als die direkte, wenn diese hinreichend einfach und brauchbar durchgebildet werden kann. Zudem wird jene, weil sie umfangreicher ist und mehr Übung verlangt als eine einfache Indizierung, leichter zur Quelle von Irrtümern.

Hiernach erscheint ein zuverlässiger, im Prüffeld brauchbarer Indikator zum mindesten für die Revision des Arbeitsprozesses, weniger freilich für die Leistungsbestimmung erforderlich. Man macht also, glaube ich, aus der Not eine Tugend, wenn man den Indikator für das Prüffeld schlechthin als überflüssig erachtet. Eine andere Frage ist es allerdings, ob die hierbei üblichen Indizierverfahren den vorliegenden schwierigen Ansprüchen genügen, und ob es ev. gelingen wird, bessere Methoden zu finden. Hiervon hängt alles ab.

Diese Auffassung wurde in der Sitzung durch Äußerungen von hervorragender praktischer Seite bestätigt. Dieselbe gab kund, daß man heute bei der Leistungsbeurteilung der Flugmotoren von den individuellen Erfahrungen der Prüffeldleiter und -meister beträchtlich abhängig sei. Vielleicht könne die fortschreitende Entwicklung des Indizierens hier vermittelnd eingreifen.

Es wurde beschlossen, dieses Thema auch in der kommenden Sitzung des Unterausschusses noch weiter zu verfolgen. Insbesondere soll Herr Dr. Mader gebeten werden, an Hand seiner Diagrammaufnahmen die Tragweite des Indizierens schnellaufender Motoren zu erörtern. Herr Dr. Bergmann soll ersucht werden, seine Vorschläge über das summarische Indizieren zu erläutern und womöglich mit Versuchsdaten zu belegen.

Mit Rücksicht auf die Wichtigkeit dieses Punktes sowohl als auch der Flugmotorprüfung im ganzen hat der Vorstand inzwischen auf Vorschlag unseres Ausschusses diese Gegenstände mehreren Vorträgen der diesjährigen ordentlichen Mitgliederversammlung in Dresden zugrundegelegt. Wir dürfen hiervon und von den Beratungen der gleichzeitig wieder stattfindenden Ausschußsitzung weitere wertvolle Aufklärungen erwarten.

Bericht des Unterausschusses für medizinische und psychologische Fragen.

Von

Prof. Dr. Friedländer-Hohe Mark bei Frankfurt a. Main.

Personalien:

Der Ausschuß besteht zurzeit aus folgenden Herren:

Obmann: Professor Dr. Friedländer, Hohe Mark i. Ts.
Ahlborn, Professor Dr., Hamburg.
Aßmann, Geh. Reg.-Rat, Prof. Dr., Lindenberg (Kr. Beeskow).
von Böttinger, Geh. Reg.-Rat Dr., M. d. H., Elberfeld.
Cohnheim, Professor O., Hamburg.
Ernst, Hauptmann, Straßburg i. Els.
Euler, August, Fabrikbesitzer, Frankfurt a. M.
Flemming, Stabsarzt Dr., Schöneberg.
Grulich, Dr. med., Darmstadt.

Grulich, Dipl.-Ing., Gotha.

Halben, Privatdozent Dr., Berlin W.

Hergesell, Geh. Reg.-Rat, Prof. Dr., Straßburg i. Els.

Hirth, Hellmuth, Techn. Direktor, Obering., Wilmersdorf.

Joseph, Ludwig, Justizrat Dr., Frankfurt a. M., Schriftführer.

Koschel, Stabsarzt Dr., Berlin W.

Sievers, Professor Dr., Gießen.

Kooptiert von der Vereinigung zur wissenschaftlichen Erforschung des Sports und der Leibesübungen:

Nicolai, Professor, Berlin.

Zuntz, Geheimrat Professor, Berlin N.

ferner:

Bredenbreuker, Hauptmann im Eisenbahn-Regt. Nr. 1, kommandiert als Lehrer an der Militärtechn. Akademie Berlin, als Gast.

Die Initiative zur Gründung dieses Ausschusses ging von Seiner Königlichen Hoheit Prinz Heinrich von Preußen aus. Nachdem Seine Königliche Hoheit, dem die Aufsätze Professor Friedländers (Beobachtungen beim ersten oberrheinischen Flug; „Über die Fliegerkrankheit") bekannt geworden waren, dessen Eintritt in die Wissenschaftliche Gesellschaft für Flugtechnik veranlaßt hatte, wurde bei der Sitzung des Wissenschaftlich-Technischen Ausschusses am 14. Juli 1912 die Gründung eines Unterausschusses für medizinisch-psychologische Fragen beschlossen, und Professor Friedländer zum Obmann gewählt. In dieser Sitzung gab Friedländer zunächst einen kurzen Überblick über das bisher auf diesem speziellen Gebiete Geleistete. Er besprach die „Fliegerkrankheit", ein Begriff, der zu gleicher Zeit in Frankreich, in Österreich (von Schroetter), in Deutschland (durch Friedländer) aufgestellt wurde. Die Erscheinungen der Fliegerkrankheit sind vorzugsweise auf die Verarmung des Blutes an Sauerstoff in größeren Höhen, auf die Blutdruckschwankungen und endlich auf psychische Störungen, insbesondere das Einsamkeitsgefühl, zurückzuführen. Von kleineren Aufsätzen abgesehen, lag damals nur ein sehr interessantes großes Werk des oben genannten Dr. von Schroetter vor. Die Wichtigkeit der bezüglichen Untersuchungen verlangt die Vornahme exakter und zahlreicher Beobachtungen. Diese müssen zentralisiert werden. Vor allem ist es notwendig, die Flieger vor und nach großen Leistungen zu untersuchen.

Die Gesellschaft erteilte Professor Friedländer den Auftrag, bei der ersten allgemeinen Sitzung ein Referat zu erstatten über „die Physiologie und Pathologie der Luftfahrt".

In der Sitzung am 24. November 1912 wurden die aufzustellenden Bedingungen für die Erlangung eines Pilotenzeugnisses eingehend besprochen sowie die Wege, die einzuschlagen sind, um ein möglichst großes Untersuchungsmaterial zu erhalten. Nachdem es sich in der Diskussion gezeigt hatte, daß bezüglich der Richtlinien völlige Übereinstimmung besteht, stellte Geheimrat von Böttinger folgende Anträge:

1. Man solle sich an Seine Exzellenz den Herrn Kriegsminister wenden mit der Bitte, Seine Exzellenz möchte den Vorständen der Militärfliegerschule und den dorthin kommandierten Militärärzten zur Pflicht machen, die Flieger nach einem noch auszuarbeitenden Schema untersuchen zu lassen und die Feststellungen und Beobachtungen regelmäßig an den Vorstand der Wissenschaftlichen Gesellschaft für Flugtechnik einzusenden.
2. Man solle sich in gleicher Weise an die Zivilflieger bzw. an die Fabriken zu wenden.
3. Endlich an den Deutschen Luftfahrerverband, der insbesondere ersucht wird, bei sportlichen Veranstaltungen in bezüglichen Ausschreibungen die Bedingung mit aufzunehmen, daß die Luftfahrer vor und nach den Flügen ärztlich untersucht werden.
4. Die Ergebnisse aller Untersuchungen sollen lediglich der Sammlung eines möglichst großen Materials dienen. Die Mitteilungen sollen keine Namen, sondern nur Buchstaben und Zahlen enthalten. Vor allem werden diese Untersuchungen nicht etwa zur Grundlage einer Bescheinigung über Tauglichkeit oder Untauglichkeit benutzt, sondern nur zu wissenschaftlichen Zwecken.

Sitzung vom 27. März 1913.

Oberingenieur Hirth macht Mitteilung von interessanten Selbstbeobachtungen bei seinen Flügen. Der Obmann regt die Ausarbeitung von Fragebogen an, welche Zahl und Ursachen der Unglücksfälle soweit als möglich feststellen sollen. Die Opfer der Luftfahrt müßten vor allem in Absturz- und Landungsopfer getrennt werden. Die Frage wird von den Herren von Böttinger, Euler und Hirth eingehend erörtert. Auf Antrag des Herrn von Böttinger soll Herr Hauptmann Ernst ersucht werden, einen solchen Fragebogen auzsuarbeiten, der dann von den Herren Euler und Hirth weiter bearbeitet werden soll.

Herr von Parseval wird ersucht, sich dem Vorstand des sportwissenschaftlichen Forschungsinstitutes behufs gemeinsamer Arbeit mit dem medizinisch-psychologischen Ausschuß in Verbindung zu setzen.

Herr von Böttinger wird ersucht, sich mit dem Generalinspekteur des Militär-Verkehrswesens, dem Generalmajor von Haenisch in Verbindung zu setzen, um auf den militärischen Flugplätzen eine einheitliche Untersuchung der Flieger herbeizuführen.

Bei der nächsten Jahresversammlung soll ein Vortrag medizinisch-psychologischen Inhalts auf die Tagesordnung gesetzt werden. Herr von Böttinger ersucht Herrn Professor Friedländer, das Thema der „Zwangsvorstellungen" zu behandeln. Dieser lehnt wegen Überhäufung mit Arbeiten ab, erklärt sich jedoch auf Anregung des Herrn von Böttinger bereit, bei der 3. Jahresversammlung einen Vortrag über „Raumsinn, Gleichgewichtssinn und Psyche" zu halten.

Sitzung vom 4. Juni 1913.

In dieser Sitzung wurde auf Grund bestimmter, beim Prinz-Heinrich-Flug 1913 gemachter Beobachtungen auf die Notwendigkeit hingewiesen, daß sich die Oberleitungen größerer luftsportlicher Veranstaltungen jeweils die Mitarbeit eines Arztes sichern, der schon bei der Ausarbeitung der Ausschreibungen und dann bei der Durchführung der Flüge beratend und mitbestimmend wirken müßte.

Es wird auch darauf hingewiesen, daß auf eine möglichste Schonung der Flieger zu sehen ist. Eine solche läßt sich leicht durchführen, ohne daß der Hauptzweck — die Erzielung höchster Leistungen — darunter zu leiden braucht. Einschiebung von Ruhetagen, Weglassung von festlichen Veranstaltungen während der Flüge, Erstellung von Ruheplätzen für die Flieger, auf welche sie sich zurückziehen können, vermögen in dieser Beziehung außerordentlich viel Gutes zu stiften.

Professor Cohnheim weist auf seine reichen Erfahrungen bezüglich der Schädlichkeit des Alkohols hin. Er regt weiter an, daß eine Unfallstatistik nach dem Muster der alpinen eingerichtet würde. Professor Friedländer erinnert an seine diesbezüglichen bereits früher gemachten Vorschläge und ersucht Herrn Euler, bei der Ausarbeitung des Fragebogens die Ursache der Unglücksfälle zunächst zu scheiden in: subjektive (vermeidbare) und objektive (unvermeidbare).

Der Fragebogen soll an jeden einzelnen deutschen Flugplatz versandt werden. In den Jahrbüchern der Gesellschaft soll das Ergebnis zur Veröffentlichung gelangen, ohne daß die Namen der Flieger oder der betreffenden Flugplätze kenntlich sind. Die Herren Euler und Stabsarzt Flemming übernehmen die Ausarbeitung des Fragebogens. Stabsarzt Flemming erweitert den Vorschlag des Obmanns dahin, daß für jeden Flieger ein abgeschlossener Ruheplatz eingerichtet werde, welcher nur dem Flieger und dem Arzte zugänglich sein dürfe.

Geheimrat von Böttinger stellt folgenden Antrag:

Der Unterausschuß der Wissenschaftlichen Gesellschaft für Flugtechnik empfiehlt der Generalversammlung, den Vorstand zu beauftragen, bei der Leitung von Überlandflügen die Hinzuziehung geeigneter medizinischer Sachverständiger anzuregen, zu deren Benennung die Wissenschaftliche Gesellschaft für Flugtechnik bereit ist. Die Sachverständigen sollen sowohl bei der Feststellung der Bedingungen (Ausschreibung) als bei der Durchführung der Veranstaltung entscheidend mitwirken und im Interesse der sachgemäßen Durchführung dieser Aufgabe Sitz und Stimme in der Oberleitung haben.

Professor Cohnheim führt hierzu aus: Es sei wünschenswert, daß ärztliche Untersuchungen vorgenommen würden, ob Flugschüler sich nach ihrem körperlichen und seelischen Befinden als geeignet erweisen. Weiter sei es wünschenswert, daß auf den Flugplätzen und in den Fliegerschulen physiologische und medizinische Untersuchungen an den Fliegern vor und nach dem Fluge gemacht werden; es werde sich aus diesen Untersuchungen wahrscheinlich die Möglichkeit ergeben, die Leistungsfähigkeit exakter zu beurteilen.

Herr Euler schließt sich diesem Vorschlage an; es sei auch im Interesse der Industrie wünschenswert, festzustellen, welche Leistungsfähigkeit der Mann und die Maschine habe.

Der von Herrn Stabsarzt Flemming ausgearbeitete Fragebogen lautet wie folgt:

Der Unfall war bedingt durch:

A. Störungen der Flugmaschine.
1. Motorschäden.
2. Vergaserbrände.
3. Benzinmangel.
4. Störungen der Steuerung.
5. Störungen am Flugapparat im engeren Sinne.
6. Andere Ursachen.

B. Unrichtiges Verhalten des Führers infolge von:
1. Untauglichkeit,
2. Erkrankung,
3. Ermüdung,
4. anderen Ursachen.

C. Höhere Gewalt.
1. Wind.
2. Gewitter.
3. Landungsgelände.
4. Andere Ursachen.

Beschädigt wurden:

A. Vom Flugzeug:
Material
1. Piloten.
   a) Führer.
   b) Mitfahrende.
2. Flugschüler.
   a) Fluglehrer.
   b) Flugschüler.
   c) Mitfahrende.
Davon tot:
   a) Fluglehrer.
   b) Piloten.
   c) Flugschüler.
   d) Mitfahrende.

B. Unbeteiligt:
Material.
Personal.
Davon tot.

Die von Herrn Euler aufgestellte Unfallstatistik lautet wie folgt:
A. Tödliche Unfälle von geprüften Piloten:
1. beim Anfahren auf der Erde,
2. unmittelbar nach dem Abflug,

3. bei Flügen aus einer Höhe von weniger als 50 m,
4. bei Flügen aus großen Höhen,
5. aus dem Gleitflug mit abgestelltem Motor,
6. nach normaler Landung beim Auslauf der Maschine durch schlechtes Gelände,
7. bei Notlandungen,
8. davon Unfälle auf Flugplätzen,
9. auf Überlandflügen.

B. Tödliche Unfälle von Flugschülern:
1. bis 9. wie oben.

C. Unfälle:
1. infolge von Flugmaschinendefekt,
2. infolge von Motorendefekt,
3. infolge von nachweisbaren Nachlässigkeiten bei der Montage,
4. infolge von falscher Behandlung der Steuerung, Unfähigkeit des Piloten, Betriebsstoffmangel, Krankheit, Unwohlsein usw.,
5. infolge schlechten, undurchsichtigen, stürmischen, böigen Wetters.

D. Bei diesen Flügen waren mitgenommene Passagiere
1. tot,
2. verletzt.

E. Tödliche Unfälle, Unfälle und Verletzungen von dritten Personen durch Flugmaschinen bei deren Start oder Landung.

Nach Ansicht von Professor Friedländer sind diese Fragebogen noch dahin zu erweitern, daß zu ermitteln sind: die psychischen Ursachen des Unfalls, der Mißbrauch von Alkohol, von Nikotin usw.

Exzellenz von Haenisch erklärte sich gegenüber dem ersten Vorsitzenden, Herrn Geheimrat von Böttinger, sehr gern bereit, der Anregung des medizinisch-psychologischen Unterausschusses bezüglich der Zulassung von auf dem Gebiete der Luftfahrt erfahrenen Medizinalpersonen auf die einzelnen Flugplätze und der Erteilung besonderer Legitimationen, um die ärztlichen Untersuchungen der Luftfahrer vor und nach dem Fluge vorzunehmen, Folge zu leisten.

Die Generalinspektion des Militär-Verkehrswesens erteilte am 20. November 1913 folgenden Bescheid:

„In Bestätigung Ihrer dankenswerten Anregung vom 20. X. 1913 wird Ihnen ergebenst anheimgestellt, sich gelegentlich wegen Untersuchung von Militärfliegern mit den Fliegerkompagnien unmittelbar ins Benehmen zu setzen. Eine Regelung der Frage im Wege des Befehls oder militärischer Anordnung erscheint nicht angängig, vielmehr muß eine Untersuchung jedesmaliger Vereinbarung mit den betreffenden Offizieren überlassen bleiben.“

Die Inspektion des Militär-Luft- und Kraftfahrwesens teilte unterm 3. Dezember 1913 folgendes mit:

„Bezugnehmend auf das Schreiben der G. I. d. M. V. vom 20. I. d. J., in dem eine Untersuchung von Fliegeroffizieren einer Vereinbarung mit dem betreffenden Offizier überlassen bleibt, bitte ich noch, jeweilig vor der Untersuchung das Einverständnis des betr. Herrn Kommandeurs des Fliegerbataillons, dem der betr. Offizier angehört, im Einvernehmen mit dem Herrn Bataillonsarzt einzuholen."

Sitzung vom 21. Dezember 1913.

Geheimrat von Böttinger berichtet über seine Verhandlungen mit Exzellenz von Haenisch. Auf Anregung des Herrn Geschäftsführers Béjeuhr wird vorgeschlagen, daß

1. ein Antrag an den Luftfahrer-Verband gerichtet wird, um die Genehmigung zu erwirken, daß von der W. G. F. zu benennende Ärzte eine Generalerlaubnis erhalten, die Flieger zu untersuchen und die Fragebogen zu führen,
2. eine Abschrift der Schreiben der Generalinspektion des Militär-Verkehrswesens und der Inspektion des Militär-Luft- und Kraftfahrwesens an Herrn Geheimrat Zuntz, Stabsarzt Dr. Flemming, Stabsarzt Dr. Koschel und Dr. Halben zu ihrer Legitimation übersandt wird. Die beiden Stabsärzte insbesondere werden sich mit den in Betracht kommenden militärischen Flugplätzen und den Bataillonsärzten in Verbindung setzen.
3. Der Stabsarzt Dr. Flemming erklärt sich bereit, Herrn Béjeuhr die Listen der Bataillonsärzte zuzusenden, damit diesen Herren die Fragebogen zugänglich gemacht werden.

Am 2. Januar 1914 richtete Herr Geheimrat von Böttinger ein Schreiben an Seine Exzellenz den Generalstabsarzt der Armee Herrn Prof. von Schjerning, worin Seiner Exzellenz von den Antworten der militärischen Behörden Mitteilung gemacht und er gebeten wird, gemäß diesem Bescheide den ärztlichen Mitgliedern des Ausschusses und den Bataillonsärzten die angeregten Untersuchungen zu gestatten. Dasselbe Schreiben wurde an den Generalarzt Herrn Dr. Schultzen gerichtet.

Der Deutsche Luftfahrer-Verband hat dem Antrage des Ausschusses, einigen von der W. G. F. zu benennenden Ärzten eine Generalerlaubnis zu erteilen, die dem Deutschen Luftfahrer-Verband unterstellten Flugplätze zu betreten, stattgegeben. Die Herren werden von dem Luftfahrer-Verband durch ein besonderes Abzeichen kenntlich gemacht werden.

Das von dem Unterausschuß für medizinische und psychologische Fragen ausgearbeitete Merkblatt lautet wie folgt:

„Zur Vollführung eines erfolgreichen Fluges empfiehlt es sich, nachfolgende Gesichtspunkte zu beobachten:

Der Flieger schütze sich vor Erkältungen, denn die Schleimhäute der Nase, der Augen, der Ohren und des Rachens müssen frei bleiben von jeder Erkrankung.

Vor Flügen und während derselben sind schwer verdauliche, Blähungen erzeugende Speisen und die Aufnahme größerer Flüssigkeitsmengen zu vermeiden. Auf Entleerungen der Blase und des Darmes unmittelbar vor dem Fluge ist zu achten. (Mitnahme eines genügend langen Schlauches zum Wasserlassen.)

Empfohlen wird die Mitnahme von heißem Kaffee oder Tee in Thermosflaschen, ungesüßten Cakes, Milchschokolade und Kolapräparaten (Kola-Lezithin-Schokolade), zur Bekämpfung der Trockenheit in der Mundhöhle getrocknete Pflaumen, Kaugummi.

Gewarnt wird vor alkoholischen Getränken vor dem Fluge und während der ganzen Dauer desselben. Werden Hochfahrten beabsichtigt, so ist die Mitnahme von Sauerstoff in genügenden Mengen unerläßlich.

Von Beruhigungsmitteln, welche die Leistungsfähigkeit des Fliegers nicht beeinträchtigen, und die bei Schlafstörungen oder stärkeren Erregungen in Betracht kommen, nennen wir Bromsalze, von denen innerhalb 24 Stunden 3—4 g, in genügender Flüssigkeit gelöst, genommen werden können. Vorübergehend kann eine Dosis von 2—3 g unmittelbar vor dem Zubettgehen eingenommen werden.

Es wird nur der Vollständigkeit halber auf die Notwendigkeit hingewiesen Augen, Ohren und Haut zu schützen (Einfettung des Gesichts, besonders der Augenlider mit Zinksalbe in ganz dünner Schicht; Zeozonsalbe), warme Kleidung anzuziehen (wollene Bauchbinde; Handschuhe aus Hasenwolle, welche an der Außenseite mit weichem Leder überzogen sind, auch eine seidene Schlauchmütze für den Kopf mitzunehmen), bequeme, vorn nicht zu eng gebaute Schuhe zu tragen und für eine gute Unterstützung der Füße und der Arme zu sorgen, um stärkere Ermüdung derselben zu vermeiden.

Körperliches Behagen, Bewahrung des seelischen „Gleichgewichts" gewährleisten am sichersten die Vollführung eines glücklichen Fluges.

Auf Anregung des Vorstandes der Wissenschaftlichen Gesellschaft für Flugtechnik wurde Professor Friedländer dem Organisationsausschuß des Prinz-Heinrich-Fluges 1914 zugesellt. Professor Friedländer hat den Sitzungen des Organisationsausschusses beigewohnt und Gelegenheit genommen, die bezüglichen Beschlüsse des Unterausschusses zur Sprache zu bringen. Der Organisations-Ausschuß, besonders sein Vorsitzender, Herr Oberstleutnant Freiherr von Oldershausen, hat die bezüglichen Anregungen in weitgehendster und dankenswerter Weise unterstützt. Das Merkblatt wird sämtlichen Fliegern zugesandt und die Herren gebeten werden, die ärztlichen Bestrebungen, Untersuchungen usw. betreffend, nach Tunlichkeit zu unterstützen. Der Frankfurter Verein für Luftfahrt hat sich gleich bereit erklärt, für Ruhehallen Sorge zu tragen.

Überblickt man das Arbeitsgebiet des Medizinisch-Psychologischen Unterausschusses, so ist zu erkennen, daß dasselbe ein vielseitiges und reiches ist, daß es ein weites Feld für ersprießliche Arbeiten enthält. Die bisherigen Leistungen können natürlich nur als erste und schwache Versuche, als Grundlagen für eine weitere, hoffentlich fruchtbare Arbeit bezeichnet werden. Darüber, daß diese auf eine straffe Zentralisation hinauslaufenden Bemühungen sowohl von großem praktischen als allgemein wissenschaftlichen Werte sind, besteht heute kein Zweifel mehr. Sowohl die in Betracht kommenden militärischen Behörden wie der Luftfahrerverband, die einzelnen sportlichen Vereine und vor allem die Flieger selbst sind für die Mitarbeit gewonnen. Die immer zahlreicher werdenden Veröffentlichungen beweisen die Bedeutsamkeit der in dem vorstehenden Protokoll nur andeutungsweise wiedergegebenen Gesichtspunkte und neuartigen Probleme.

15*

Bericht des Unterausschusses zur Vereinheitlichung der Fachsprache.

Von

Prof. Dr. Eugen Meyer-Charlottenburg.

Der Unterausschuß für Vereinheitlichung der Fachsprache ist in der Sitzung des Wissenschaftlichen Ausschusses der W. G. F. vom 14. Juli 1912 eingesetzt worden mit der Aufgabe, in der Praxis gebräuchliche Ausdrücke mit den unter Wissenschaftlern üblichen in Einklang zu bringen und, wenn nötig, neue Ausdrücke zu schaffen, außerdem Einheiten und Formelzeichen für die mathematische Darstellung der Lehren der Flugtechnik festzulegen.

Die erste Sitzung des Unterausschusses fand am 16. März 1913 statt. Hierzu lag ein Vorschlag des Sprachenausschusses des deutschen Luftfahrerverbandes vor, der dahin lautete, der Unterausschuß solle sich auf die Aufgabe, Einheiten und Formelzeichen festzulegen, beschränken und die anderen oben genannten Aufgaben dem Sprachenausschuß überlassen, dafür aber eine Anzahl Mitglieder des Unterausschusses in den Sprachenausschuß des D. L. V. als ordentliche Mitglieder abordnen. Gegenüber diesem Vorschlag beschloß der Unterausschuß, selbständig in seine Arbeiten einzutreten, hierbei aber die Arbeiten des Sprachenausschusses des D. L. V., die in der Deutschen Luftfahrer-Zeitschrift, Jahrgang 1912 Nr. 20, unter der Aufschrift „Einheitliche Fachausdrücke im Flugwesen" niedergelegt sind, zu berücksichtigen und außerdem sich die verdienstvollen „Vorschläge für einheitliche Fachausdrücke in der Flugtechnik" des Herrn Prof. Dr.-Ing. F. Bendemann in der Zeitschrift für Flugtechnik und Motorluftschiffahrt 1910 zunutze zu machen. Die Arbeiten des Unterausschusses sollen damit beginnen, daß alle in den beiden genannten Druckschriften enthaltenen Fachausdrücke in einer Liste zusammengestellt werden, die den Mitgliedern des Unterausschusses zugesandt wird, damit sie sich zu diesen Vorschlägen äußern, gegebenenfalls eigene Vorschläge machen und neues Material beibringen.

Die gemäß diesem Beschlusse an die Mitglieder des Unterausschusses entsandten Listen wurden von 10 Herren mit mehr oder weniger zahlreichen Abänderungsvorschlägen versehen zurückgesandt. Dieses Material hat der Vorsitzende der zweiten Sitzung des Unterausschusses vorgelegt, die am 21. Dezember 1913 getagt hat. In dieser Sitzung nahmen aber zunächst die Erörterungen über den oben erwähnten Vorschlag des Sprachenausschusses des D. L. V., den dieser Ausschuß inzwischen in einem an den Vorstand des D. L. V. gerichteten, der W. G. F. zur Kenntnis überwiesenen Schreiben wiederholt hatte, einen breiten Raum ein.

Gegenüber den Ausführungen des in der Sitzung anwesenden Vorsitzenden des Sprachenausschusses des D. L. V., der dem Unterausschuß als Mitglied angehört und der es für untunlich hielt, daß die W. G. F. eine Arbeit unternehme, die doch von dem Sprachenausschuß des D. L. V. schon geleistet werde, wurde darauf hingewiesen, daß die Ziele dieses Sprachenausschusses und des Unterausschusses der W. G. F. sehr verschieden sind. Ersterer arbeitet für die weiteren Kreise aller derer, die mit der Luftfahrt in Berührung kommen, also auch für das große Publikum;

seine Hauptaufgabe ist es, gute deutsche Ausdrücke an Stelle von Fremdwörtern und solchen, die zu Mißverständnissen Veranlassung bieten, einzuführen. Die Arbeiten des Unterausschusses der W. G. F. sollen aber ausschließlich der Wissenschaft und Technik der Luftfahrt dienen, seine Hauptaufgabe soll es daher sein, die wissenschaftliche Fachsprache, zu der auch die mathematischen Ausdrücke und Bezeichnungen gehören, einheitlich zu gestalten und die hierbei gebrauchten Begriffe genau festzulegen. Dabei muß z. B. oft in die Begriffsbestimmung die Art und Weise mit aufgenommen werden, in der die betreffenden Größen gemessen werden. Diese Arbeit kann aber nur von einer wissenschaftlichen Gesellschaft gelöst werden. Gerade in den Vorschlägen des Sprachenausschusses des D. L. V. (vgl. auch Zeitschrift für Flugtechnik und Motorluftschiffahrt 1913, S. 181), nicht aber in denjenigen des Herrn Prof. Dr.-Ing. Bendemann finden sich manche wissenschaftliche Begriffsbestimmungen und Bezeichnungen, die wissenschaftlich keineswegs einwandfrei sind und bei der Verdeutschung einiger in der Wissenschaft bisher ausschließlich gebrauchter Fremdwörter lassen die dafür gewählten Bezeichnungen darauf schließen, daß Sachverständige bei dieser Verdeutschung nicht mitgewirkt haben. Die Mitglieder des Unterausschusses sind darin einig, daß auch in der wissenschaftlichen Fachsprache gute deutsche Ausdrücke wo irgend möglich anzustreben sind; es wurde aber während der Sitzung von verschiedenen Seiten betont, daß man dem Verdeutschen um jeden Preis und auf Kosten der Richtigkeit und wissenschaftlichen Schärfe entgegentreten müsse. Nach Erörterung aller dieser Umstände wurde ein Antrag, der Unterausschuß solle sich auf die Bearbeitung von Einheiten und Formelzeichen beschränken, von keiner Seite gestellt und so beschloß der Unterausschuß, bei der ursprünglich ihm gestellten, durch das Obige näher erläuterten Aufgabe zu bleiben. Dabei wurde dankbar anerkannt, welch wertvolle Vorarbeit für die Zwecke des Unterausschusses der Sprachenausschuß des D. L. V. und insbesondere Herr Prof. Dr.-Ing. Bendemann geleistet haben. Wenn die Arbeiten des Unterausschusses genügend weit fortgeschritten sind, wird er in denjenigen Punkten, in denen sein Gebiet sich mit demjenigen des Sprachenausschusses berührt, mit diesem gerne eine Verständigung herbeizuführen suchen.

Der vorgeschrittenen Zeit halber war es nicht möglich, in der Sitzung auf die Besprechung der zu den ausgesandten Listen eingelaufenen Vorschläge einzugehen. Es wurde daher eine Kommission, bestehend aus den Herren Bendemann, von Kàrmàn, von Parseval, Prandtl, Reißner, Zimmermann und dem Vorsitzenden gewählt, mit der Aufgabe, diese Vorschläge zu bearbeiten und außerdem neue Vorschläge für die wissenschaftlichen Bezeichnungen und Begriffsbestimmungen, für die Einheiten und Formelzeichen, deren Festlegung erwünscht ist, dem Unterausschuß zu unterbreiten. Mit dieser Arbeit ist die Kommission zurzeit beschäftigt.

Zum Schlusse der Sitzung wurde ein Antrag des Herrn Bendemann angenommen, den Vorstand der W. G. F. zu bitten, beim Reichsamt des Innern vorstellig zu werden, daß bei amtlichen Schriftstücken für das jetzt häufig gebrauchte Wort „Type" oder „Typ" das Wort „Baumuster" oder „Muster" und demgemäß für das erste Stück einer Reihenherstellung das Wort „Musterstück" gebraucht werde.

Diesem Antrag hat der Vorstand der W. G. F. stattgegeben und eine entsprechende Eingabe an das Reichsamt des Innern gemacht.

Bericht über die Tätigkeit des Unterausschusses für elektrostatische Fragen.

Von

Dozent Dr. Linke-Frankfurt a. M.

Der Unterausschuß für elektrostatische Fragen ist am 16. März 1913 zusammengetreten und hat bisher drei Sitzungen gehabt: am 16. März und 7. Juni 1913 und am 23. Januar 1914. In dem Ausschuß sind wohl alle Behörden, Gesellschaften, Gelehrte und Ingenieure Deutschlands vereinigt, die sich mit luftelektrischen und reibungselektrischen Fragen, soweit sie die Luftschiffahrt betreffen, beschäftigen, so z. B. das Kgl. Militärversuchsamt, das Torpedo-Versuchskommando und das Torpedo-Laboratorium, das Meteorologisch-Magnetische Observatorium Potsdam, die Deutsche Versuchsanstalt für Luftfahrt, das Laboratorium der Continental-Caoutchouc- und Gutta-Percha-Co., die Versuchsabteilung des Militärverkehrsamtes, die Radioelektrische Versuchsanstalt für Heer und Marine, das Meteorologisch-Geophysikalische Institut Frankfurt a. M. usw.

Als nächste Aufgaben hatte sich der Ausschuß folgende gestellt:

1. Aufstellung eines Schemas zur Messung der Leitfähigkeit von Ballonstoffen.
2. Detailuntersuchungen und Klassifizierung der Vorgänge bei der elektrischen Zündung von Ballonen.
3. Aufstellung eines Schemas zur Messung der Elektrisierbarkeit von Ballonstoffen.
4. Anlage einer Statistik über Ballonbrände aus elektrischen Ursachen.

Die erste Aufgabe wurde in der Sitzung vom 23. Januar 1914 erledigt, wo ein von Herrn Privatdozent Dr. Dieckmann aufgestelltes Schema zur Messung der Leitfähigkeit von Ballonstoffen angenommen wurde. Die Stoffprobe soll zwischen zwei geerdete Metallringe von 10 cm Durchmesser gelegt werden, in deren Mittelpunkte Elektroden von 1 cm Durchmesser angesetzt werden. Es wird dann der Widerstand zwischen diesen Elektroden sowie zwischen jeder Elektrode und dem umgebenden Metallring gemessen. Die gefundenen Widerstandswerte dürfen nicht höher sein als 10^{12} Ohm bei ca. 20% Luftfeuchtigkeit.

Der Erledigung der zweiten Aufgabe wurde durch eine Diskussion über die Streitfrage nähergetreten, ob ein leitender oder ein nichtleitender Ballonstoff zu bevorzugen sei. Es wurde festgestellt, daß rein theoretisch sowohl ein gut leitender als ein absolut nichtleitender Stoff gefahrlos sei und nur durch teilweise Leitfähigkeit die Gefahr heraufziehe. Da nun ein absolut nichtleitender Stoff technisch undenkbar ist, muß die Frage aus praktischen Rücksichten dahin beantwortet werden, daß gutleitende Ballonstoffe anzustreben sind. Ein solcher wurde von Herrn Weil (C.-C. & G.-P.-Co.) in der Sitzung vom 23. Januar vorgelegt.

Die dritte Aufgabe mußte vorläufig zurückgestellt werden. Hingegen ist die beabsichtigte Anlage einer Statistik der elektrischen Ballonbrände ins Werk gesetzt. Auf eine Rundfrage in Sportkreisen sind eine große Reihe von Nachrichten eingegangen. Auch die Inspektion des Militär-Luft- und Kraftfahrwesens hat ihr Material zur Verfügung gestellt.

In der nächsten Sitzung will sich der Ausschuß mit rein wissenschaftlichen Problemen beschäftigen.

Bericht über die Tätigkeit des Unterausschusses für konstruktive Fragen.

Von

Prof. Dr.-Ing. **Reißner**-Charlottenburg.

Für die Fragen dieses Ausschusses hat sich dauernd ein großes Interesse in der Gesellschaft gezeigt, und seine Mitgliederzahl hat sich um die Namen der Herren von Kármán-Aachen, von Mises-Straßburg, Pröll-Hannover, Bendemann und Hoff-Adlershof, Dörr-Potsdam, Müller-Breslau-Grunewald, Euler-Frankfurt, Barkhausen-Hannover vermehrt.

Es wurden die Fragen des Festigkeitsnachweises von Flugmaschinen und der technischen Formelwertung von Flugleistungen in verschiedenen Sitzungen besprochen. Betreffend die erste Frage wurde beschlossen, Berechnungsbeispiele für Flugzeugtypen auszuarbeiten. Die Angelegenheit ist aber bis jetzt nur so weit gediehen, daß Herr Madelung eine Durchrechnung einer Doppeldeckerzelle in bezug auf die kombinierte Druck-Biegungs-Beanspruchung der Holme vorlegte, und daß von Herrn Hoff Mitteilungen über die Belastungsproben der Adlershofer Versuchsanstalt, von Herrn von Buttlar über diejenigen der Militärverwaltung gemacht worden sind, die ergeben haben, daß man unsere heutigen 100-km-Apparate als flugsicher bezeichnen kann, wenn sie erst bei tatsächlicher Belastung mit sechsfachem Eigengewicht brechen. Es wurde dabei auf eine gewisse Schwierigkeit bei der Anrechnung des Eigengewichts der Flächen aufmerksam gemacht.

Für die technische Vergleichung der Flugleistungen verschieden starker Maschinen wurde eine Unterkommission gewählt, der vom Luftfahrerverbande das Recht erteilt wurde, allen Flugveranstaltungen von nächster Nähe beizuwohnen und die Ergebnisse der Prüfungen einzusehen.

Die Mitglieder dieser Kommission, die Herren von Mises, Bendemann, Everling, Hoff und Reißner, haben eine Reihe von Veröffentlichungen über dieses Gebiet gemacht und sich an der Organisation des Prinz-Heinrich-Fluges und der Berliner Flugveranstaltungen beteiligt.

Zu einer offiziellen Kundgebung der Wissenschaftlichen Gesellschaft ist es auch hierin zwar noch nicht gekommen, jedoch sind bestimmte Vorschläge in beiden Fragen baldigst beabsichtigt.

Bericht des Ausschusses für Meßwesen.

Auf eine Umfrage, die der Obmann des Ausschusses, Herr Prof. Dr. Wachsmuth, Frankfurt a. M., bei den Mitgliedern erlassen hat, stellte die Deutsche Versuchsanstalt für Luftfahrt einen Bericht zur Verfügung über:

Einige neue Meßgeräte der Deutschen Versuchsanstalt für Luftfahrt.

Die Aufgaben der Versuchsanstalt bedingen vielfach die Ausbildung neuer Meßverfahren und Meßgeräte, da man mit den käuflichen nicht auskommt. Über eine Reihe neuer Einrichtungen für Flugzeug- und Motorprüfungen, Windmessungen u. a. ist schon anderweitig berichtet worden[1]. Im folgenden soll eine Übersicht der bisher schon mit Erfolg verwendeten und ein Ausblick auf einige Versuche gegeben werden.

I. Motorprüfung.

Die schleunige Beschaffung guter Einrichtungen zur Prüfung von Flugmotoren drängte sich wegen des ersten Kaiserpreis-Wettbewerbes an die Versuchsanstalt sofort bei ihrer Begründung heran. Die Lösung dieser Aufgabe ist in den Berichten I und II des ersten Jahrbuches der Deutschen Versuchsanstalt ausführlich dargestellt. Bei der außerordentlichen Eile (kaum 3 Monate standen zur Verfügung) und bei dem allgemeinen Mangel an Erfahrungen war es von vornherein unwahrscheinlich, daß die damals geschaffenen Einrichtungen auf die Dauer ausreichten, obwohl sie sich in allen wesentlichen Teilen bewährt haben. Verschiedene Fehlerquellen wurden erst damals klar erkannt (Auspuffreaktion, Drehwirkung des Propellerstrahles auf den Pendelrahmen). Inzwischen sind die Anforderungen an Motorenprüfstände in Deutschland ungemein gestiegen. Den Gleichgang und die Erschütterungsfreiheit der Motoren meßtechnisch zu erfassen, wurde immer wichtiger. Auch bedingte die wachsende Stärke der Motoren (man hat heute auf 200 bis 300 PS zu rechnen) neue, vergrößerte Einrichtungen. Über das Ergebnis wird der Leiter der Motoren-Abteilung, Herr Dipl.-Ing. Seppeler, bei der Dresdener Tagung der W. G. F. ausführlich berichten. Hier mögen die wichtigsten Verbesserungen der neuen Prüfstände gegenüber den früheren Kaiserpreis-Prüfständen kurz gekennzeichnet werden.

Die Drehmomentmessung, der schwierigste Punkt bei Motorprüfungen, beruht nach wie vor auf dem Prinzip des Pendelrahmens. Während dieser aber

---

[1] Jahrbuch der Deutschen Versuchsanstalt für Luftfahrt, Band I, 1912/13. Zeitschr. f. Flugtechn. u. Motorl. 1914 S. 3 u. 149.

früher frei in dem von der Luftschraube des Motors erzeugten Luftstrome hing und durch dessen Drehwirkung eine die Messung störende Drehkraft empfing, die besondere Nebenversuche und eine darauf beruhende Korrektion bedingte, ist jetzt der Pendelrahmen mit allem Zubehör in das Innere eines zylindrischen, rings geschlossenen, feststehenden Gehäuses gelegt, und nur der auf ihm befestigte Motor ist insoweit dem Luftstrome ausgesetzt, als es seiner Kühlung wegen nötig ist. Die störende Drehkraft ist dadurch auf den unvermeidlichen Mindestbetrag beschränkt, so daß die erforderliche Korrektion und ihre genaue Feststellung in Nebenversuchen bei weitem nicht mehr die gleiche Rolle spielt wie früher.

Abb. 1.

Zur Beurteilung der Gleichförmigkeit des Motordrehmomentes ist von Herrn Seppeler eine sehr wichtige Einrichtung getroffen worden: Der mit dem Pendelrahmen verbundene Wägungsarm wirkt auf die eigentliche Wage (Laufgewichtswage) durch Vermittelung einer elastischen Stütze (mit eingeschaltetem pneumatischen Polster). Die Längenänderungen dieser Stütze werden auf ein rasch laufendes Schreibband aufgezeichnet und ergeben ein annähernd richtiges Tangential-Druck-Diagramm, dessen mittlere Höhe gut mit dem Wägungsergebnis übereinstimmt, während die darüber gelagerten Schwankungen jedenfalls qualitativ einen sehr wichtigen Einblick in die Gleichgangsverhältnisse gewähren.

Eine dritte wesentliche Neuerung besteht in elastischer Lagerung des Motors selbst auf dem Pendelrahmen, die aus doppeltem Grunde wichtig ist: Einerseits schützt sie den Motor gegen die Folgen einer ganz starren Aufstellung. Er wird nämlich in seinem Gefüge durch heftige innere Vibrationen sehr ungünstig beansprucht, wenn er den kleinen Schwingungen nicht folgen kann, welche der niemals ganz vollkommene Massenausgleich bedingt; im Flugzeug ist die entsprechende Nachgiebigkeit durch die Elastizität des Rumpfgerüstes gegeben. Andererseits schützt die elastische Aufhängung des Motors den Prüfstand vor den die Messung sonst immer sehr störenden Erschütterungen. Die Erkenntnis der Wichtigkeit dieses Punktes ist besonders den Arbeiten des Charlottenburger Laboratoriums für Kraftfahrzeuge (Geh. Reg.-Rat Professor Dr. Riedler, Dr.-Ing. Becker) zu verdanken, wo eine pneumatische Lagerung, allerdings in wesentlich anderer Weise, an einem in vieler Hinsicht vorbildlichen, eigenen Prüfstand zum ersten Male planmäßig angewandt wurde.

Abb. 2.

Abb. 1 und 2 zeigen die äußere Erscheinung des neuen Prüfstandes der Versuchsanstalt. Man erkennt, wie Motor und Pendelrahmen von dem feststehenden Gehäuse fast ganz umschlossen sind, so daß die Drehkraft des Propellerstrahles nur noch auf die obersten Teile des Motors und (im Fall der Abb.) auf den Kühler wirken kann. Am hinteren Ende des Prüfstandes befindet sich (Abb. 1 rechts) der Beobachtungsraum, dessen Innen-Ansicht Abb. 2 zeigt. Man sieht rechts und links die das Drehmoment auf die Wage übertragenden elastischen Stützen mit dem eingeschalteten Luftpolster (Pneumatik). Auf dem Schaltbrett befinden sich die zur Bedienung notwendigen Instrumente, Hebel, Hähne usw. in übersichtlicher Anordnung.

Das Ganze ist für rasche und bequeme Durchführung zahlreicher eiliger Prüfungen möglichst praktisch ausgebildet. Eine wichtige, auch bei den früheren Prüfständen schon verwendete und in dem Charlottenburger Laboratorium besonders gut durchgebildete Zutat ist noch nicht zu sehen: In der fertigen Aufstellung steht dem Motor gegenüber in Verlängerung der Schraubenachse ein gleichstarker Elektromotor mit drehbarem Magnetgestell zur Abwägung des Drehmomentes, der zu doppeltem Zwecke bestimmt ist:

1. Die vom Flugmotor gelöste, mit dem Elektromotor verbundene Luftschraube kann in nahezu unveränderter Stellung mit gleicher Drehzahl betrieben werden. So erhält man einerseits eine Kontrolle ihrer Leistungsaufnahme und kann andrerseits die vom Winde auf den Motor bzw. Pendelrahmen ausgeübte Drehkraft für sich messen.
2. Man kann den zu prüfenden Motor bei Drehzahlen arbeiten lassen, die er in Verbindung mit seiner Luftschraube sonst überhaupt nicht innehalten kann, weil sich ja die mit der Drehzahl kubisch steigende Arbeitsaufnahme

der Schraube und die Leistungsfähigkeit des Motors in bestimmter Weise gegenseitig bedingen. Dazu wird die Schraube gleichzeitig mit dem Flugmotor auf der einen und dem Elektromotor auf der anderen Seite gekuppelt, und jetzt kann man dank der bequemen Regelbarkeit des Elektromotors dem zu prüfenden Motor ein beliebiges Zusatzdrehmoment zuführen oder ihm auch, indem man den Elektromotor als Dynamo wirken läßt, ein beliebiges Drehmoment entziehen, also jeden gewünschten Betriebszustand herstellen, was für vollständige Untersuchungen sehr vorteilhaft ist.

II. Festigkeitsprüfungen an Flugzeugen.

Um zwischen den Erfordernissen zuverlässiger Festigkeit und genügender Leichtigkeit bei Flugzeugen das richtige Mittel zu finden, haben sich die von der

Abb. 3.

Flugzeug-Abteilung geschaffenen Prüfeinrichtungen sehr wertvoll erwiesen. Sie wurden schon im ersten Jahrbuch der Versuchsanstalt kurz beschrieben. Ganze Flugzeuge prüft man bisher, indem man sie auf den Rücken legt, am Rumpf in der Nähe der Hauptlasten kräftigst unterstützt und nun den Luftdruck, der das Flugzeug trägt, dadurch nachahmt, daß man die Flügel bzw. Tragdecken beiderseits gleichmäßig durch aufgebrachten Sand oder ähnlich verteiltes Gewicht immer mehr belastet, bis das als Sicherheitsgrad verlangte Vielfache der Fluglast erreicht ist, oder bis der Bruch erfolgt. Dabei kommt man mit sehr einfachen Vorrichtungen aus. Die auftretenden Durchbiegungen, die natürlich beobachtet werden, sind so groß, daß es keiner besonderen Präzisionsgeräte bedarf. Da man für solche Probe jedesmal ein vollständiges Flugzeug opfern muß, so ist sie recht kostspielig. Vielfach genügt es aber, sich auf eine Hälfte oder auf einen Flügel zu beschränken. Dazu dient der in Abb. 3 gezeigte Flügelprüfstand, an welchem der Flügel oder die Flügelzelle einer Seite nebst den Verbindungen, die zum Rumpfe führen, der Wirklichkeit gemäß angebracht wird. Der Rumpf selbst und seine inneren Verbindungen werden also nicht mitgeprüft, und insofern ist das Verfahren natürlich unvollständig. Immerhin werden die schwierigsten Punkte dabei erfaßt, die in dem sicheren Flügelverband liegen. Den Rumpf ersetzt ein starres Gestell aus senkrechten Profileisen, das auf schwerem Betonfundament stark verankert ist, um die einseitige Last von mehreren 1000 kg am langen Hebelarm zu tragen. Die Befestigungspunkte der Flügel und ihrer Tragkabel usw. werden an kräftigen Hilfsträgern, Laschen, Bolzen und dgl. sämtlich in genau gleicher gegenseitiger Lage wie am Rumpfe des Flugzeuges angebracht, so daß von diesen Punkten aus die Verhältnisse genau die gleichen sind wie am Flugzeug selbst. Wichtig ist bei allen diesen Prüfungen ein nachstellbarer Unterbau, der mit geringem Spielraum unter den Flügeln steht und bei eintretendem Bruch den zuerst nachgebenden Teil auffängt, so daß nicht gleich das Ganze völlig zusammenbricht. Denn sonst kann man oft gar nicht feststellen, welches Glied zuerst gebrochen ist. So aber kann man sogar oft, wenn z. B. nur ein Spanndraht gerissen ist, den gebrochenen Teil durch einen stärkeren ersetzen und den Belastungsversuch noch weiter fortsetzen, um so noch weitere Gefahrstellen zu entdecken.

Weitere Verfahren sind ausgebildet zur Festigkeitsprüfung der Flugzeugrümpfe, bei denen es auf Verdrehungs-, Biegungs- und Knickfestigkeit des Ganzen ankommt. Auch bei solchen Versuchen reichen verhältnismäßig einfache Einrichtungen fürs erste aus.

III. Kräftemessungen im fliegenden Flugzeug.

Um auf Grund der Festigkeitsprüfungen den Sicherheitsgrad im Fluge beurteilen zu können, ist es wichtig, die in Wirklichkeit auftretenden Kräfte zu kennen. Durch böige Luftstöße, kurze Wendungen, Gleitflüge usw. werden die Beanspruchungen des Flugzeugverbandes bekanntlich oft weit über das Maß des stetigen, geraden Fluges in ruhiger Luft gesteigert. Um das Maß dieser Steigerung kennen zu lernen, hat die W. G. F. seinerzeit auf Anregung von Prof. Prandtl einen Wettbewerb auf Beschleunigungsmesser ausgeschrieben, dessen Einlieferungstermin nahe bevorsteht. Die Beschleunigungsmesser sollen dazu dienen, die fraglichen Kraftsteigerungen aus den gemessenen Beschleunigungen berechnen zu können. Die Versuchsanstalt hat zum gleichen Zwecke einen anderen Weg eingeschlagen: Durch eingeschaltete Meßinstrumente werden die Zugkräfte in den Tragkabeln des Flugzeuges unmittelbar gemessen und aufgezeichnet. Auch Druckkräfte wird man nach gleichem Verfahren in ähnlicher Weise messen können, wenn dafür noch ein Bedürfnis bestehen sollte.

In Frankreich sollen derartige Kraftmessungen schon früher versucht worden sein. Man bediente sich dabei einer Art von Meßdosen in Verbindung mit Schreibmanometern. Die zu messende Kraft wirkt durch die Kautschukmembran der Meßdose auf eine den Druck zum Manometer übertragende, dicht eingeschlossene Flüssigkeit. Diesem Verfahren haften manche Schwierigkeiten an, denen es zuzuschreiben sein wird, daß man über gute Ergebnisse solcher Versuche noch nichts gehört hat. Jede geringste Undichtigkeit und jede kleine Luftblase in dem Flüssigkeitsraum verursacht große Fehler. Jede Wärmedehnung ändert den Nullpunkt des Manometers. Dieses selbst — gewöhnlich ein Bourdonmanometer — ist gegen die vom Motor ausgehenden Erschütterungen schwer zu schützen. Es bedarf einer umständlichen Aufhängung, sonst schreibt es breit verschwommene Linien. Die Membran und das Manometer bedürfen oft zu wiederholender Eichung.

Wesentlich zuverlässiger sind an Stelle der Membran geschliffene Stahlkolben, wie sie z. B. bei dem Prandtlschen Propellerprüfwagen[1]) benutzt werden. Auch dabei hat man aber noch eine abgeschlossene Flüssigkeitsmenge. Die unvermeidlichen Undichtigkeiten der Kolben bedingen, häufiges Nachfüllen und sorgfältige Beachtung des Füllungszustandes bei längeren Versuchen, und, da nur sehr geringe Volumänderungen zulässig sind, ist man auch hier noch auf Manometer angewiesen. Zur Verwendung im Flugzeug schien auch dieses Verfahren nicht geeignet.

Die Versuchsanstalt hat deshalb einen neuen Weg betreten.

Die von Prof. Bendemann angegebene „gesteuerte Meßdose" beruht auf folgendem Gedanken: Der Meßkolben, welcher die zu messende Kraft aufnimmt, ist mit einem Schieber verbunden bzw. selbst als solcher ausgebildet und eröffnet dadurch den Zufluß oder Abfluß einer angeschlossenen Druckölleitung im einen oder anderen Sinne, sobald er sich bei gestörtem Gleichgewicht aus seiner Mittellage bewegt. Er wird dadurch immer wieder in die mittlere Lage zurückgeführt und in dieser im Gleichgewicht erhalten, unabhängig von Volumenänderungen und dgl.

Die Vorteile der hydraulischen Druckübertragung sind also beibehalten (Dämpfung). Die Flüssigkeitsfüllung ist aber nicht abgeschlossen, sondern sie ergänzt sich fortwährend selbsttätig, so daß Undichtigkeiten ganz ohne Einfluß sind. Man kann auch mit undichten Kolben beliebig lange Versuche ohne jede Nachhilfe ausführen, und man kann statt der Manometer Indikatoren verwenden, also eine für die Registrierung wechselnder Drücke besonders gut ausgebildete Gattung von Druckmeßgeräten. Das Verfahren scheint auf den ersten Blick etwas umständlich; im Gebrauch ist es aber sehr einfach, besonders wenn man die gleichzeitige Ausführung mehrerer solcher Messungen im Auge hat. Dann ist nämlich die etwas unbequeme Zutat, die Ölpumpe bzw. der Druckölvorratsbehälter, welcher das selbsttätige Nachfüllen zu besorgen hat, nur einfach, für alle Meßstellen gemeinsam, mitzunehmen.

Das Verfahren ist sehr vielseitig anwendbar, wie verschiedene, weiterhin noch zu besprechende Geräte zeigen. Zunächst handelt es sich um die „Seilzugmesser" zur Spannungsmessung in den Flugzeugkabeln. Abb. 4 zeigt schematisch die von Dr.-Ing. Hoff entworfene, sehr gut bewährte Vorrichtung, durch welche der

---

[1]) S. Zeitschrift für Flugtechnik und Motorluftschiffahrt 1910, S. 32.

zu messende Seilzug auf die Meßdose wirkt: Das Seil wird mit leichtem Knick ohne sonstige Veränderung über 3 Rollen geführt, deren mittlere auf dem Kolben ruht. Die vom Kolben aufzunehmende Kraft P ist somit nur ein Bruchteil der Seilspannung S, nämlich unter Vernachlässigung des endlichen Durchmessers der Rollen

$$P = 2\,S \cdot \sin \alpha.$$

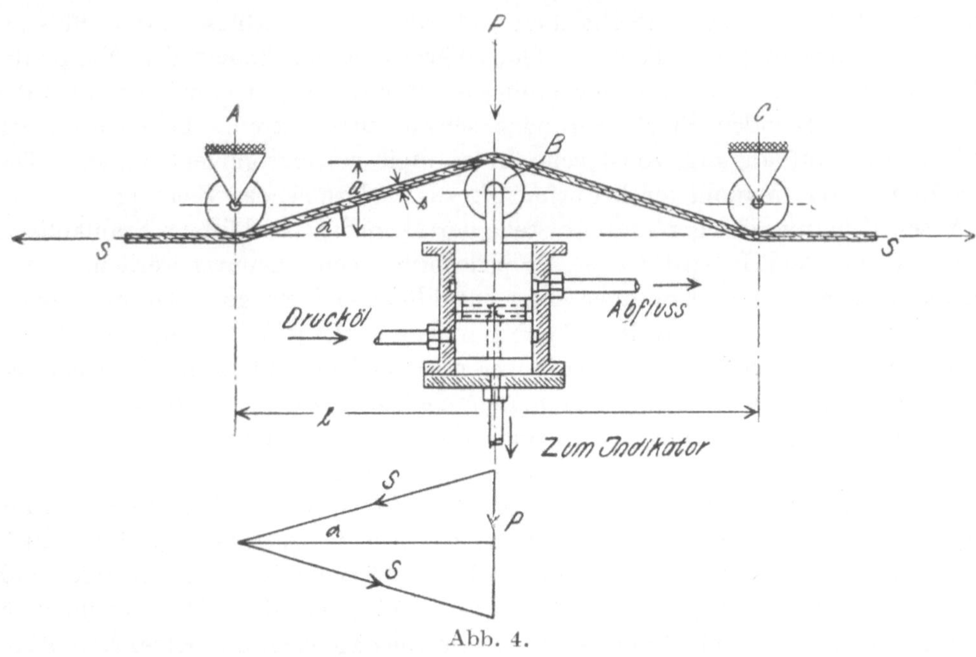

Abb. 4.

P ist proportional der Seilspannung, solange der Seilknick sich gleichbleibt. Dies ist aber der Fall, da die Meßdose die auch für andere Messungen sehr wesentliche Eigenschaft besitzt, daß die Kolbenlage bei allen Lasten praktisch unveränderlich ist. Die immerhin vorhandene Verschiebung des Kolbens zwischen Nullast und größter Last ist bei peinlicher Ausführung und Einstellung von der Größenordnung 0,08 ÷ 0,13 mm.

Das Instrument muß natürlich durch Gewichtsbelastung geeicht werden. Um festzustellen, ob auch veränderliche Kräfte in ihrem zeitlichen Verlauf richtig angezeigt werden, wurde folgendes Verfahren eingeschlagen: Die Seilspannung wurde nicht wie bei der statischen Eichung durch Gewichte erzeugt, sondern durch den Zug einer geeichten Feder. Diese Feder wurde nun in beliebiger Weise gespannt und entspannt. Auf einem gleichmäßig bewegten Papierstreifen wurde gleichzeitig die Dehnung der Feder und die Indikatorangabe aufgezeichnet. Durch einen Vergleich des Federdehnungsdiagrammes mit dem Indikatordiagramm ergab sich ein Vergleich zwischen der wahren Seilspannung und der durch das Instrument gemessenen. Es zeigte sich, daß auch sehr rasche Kraftänderungen vollkommen befriedigend angezeigt werden[1]).

---

[1]) Vgl. hierzu Hoff: Neue aufzeichnende Kraftmeßgeräte und einige Messungen im Flugzeug. Zeitschr. f. Flugtechn. u. Motorl. 1914, S. 3.

Abb. 5 zeigt die Ansicht eines Spannungsmessers für Tragkabel, Abb. 6 eines solchen für Steuerkabel. Bei beiden ist ein ganz leichter und dabei doch sehr steifer

Abb. 5.

Abb. 6.

Blechrahmen und die gleiche Meßdose verwendet, deren Gewicht etwa 470 g beträgt.

Aus Abb. 7 ist zu erkennen, wie die Instrumente im Flugzeug angebracht werden, und zwar handelt es sich in diesem Falle um die Messung der Spannungen in den beiden Haupttragkabeln einer Albatrostaube[2]). Abb. 8 zeigt das ganze

Abb. 7.

Flugzeug. Man gewahrt außen am Rumpf an der Backbordseite den Druckölbehälter, der in diesem Falle wegen Platzmangels nicht innerhalb des Rumpfes Platz finden konnte. Ferner erkennt man an der Brücke des Backbordflügels die Druckscheibe eines registrierenden Geschwindigkeitsmessers, der bei den Versuchsflügen zur Aufzeichnung der Fluggeschwindigkeit diente. Am Steuerbordflügel ist ein Venturirohr zu sehen, das zu einem andern Geschwindigkeitsmesser gehört, über den weiter unten berichtet wird.

[2]) Vgl. Hoff: Ermittlung der Seilkräfte in Flugzeugtragkabeln während des Fluges. Zeitschr. f. Flugtechn. u. Motorl. 1914, S. 149.

In Abb. 9 ist ein charakteristisches Stück aus einem bei einem Versuchsflug aufgenommenen Originaldiagramm wiedergegeben. Es zeigt zunächt die Kabel-

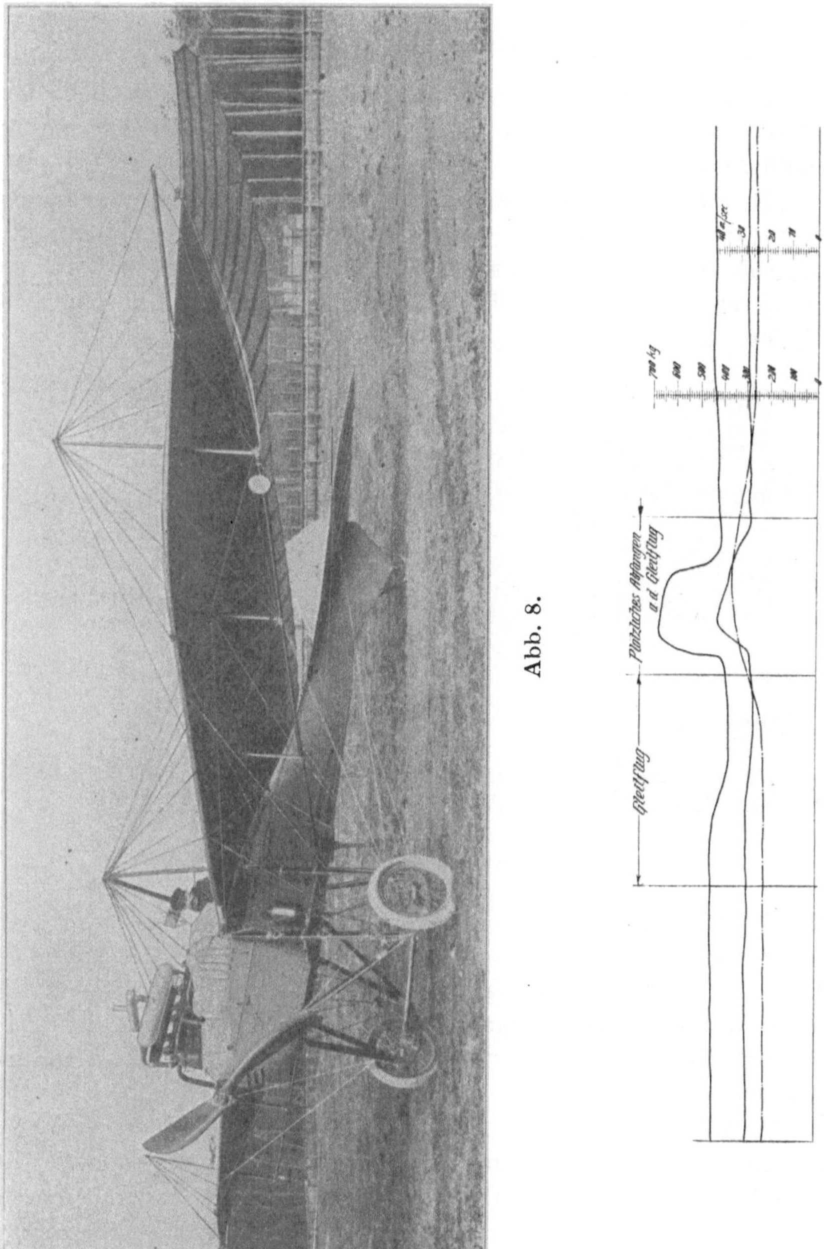

Abb. 8.

Abb. 9.

spannungen (die ausgezogenen Linien) während des geraden Fluges. Weiter erkennt man, wie im Gleitflug die Spannungen nicht unwesentlich abnehmen, und wie sie beim plötzlichen Abfangen aus dem Gleitflug sehr stark ansteigen. Bei den

Versuchen hat sich ergeben, daß die Kabelspannungen unter Umständen bis auf den nahezu zweifachen Betrag der im normalen Flug auftretenden Spannung anwachsen können, etwa beim Abfangen aus steilem Gleitflug, bei starken Böen usw.

IV. Geschwindigkeitsmessung im Flugzeug.

Den schon genannten registrierenden Geschwindigkeitsmesser, der ebenfalls von Dr.-Ing. Hoff stammt, zeigt Abb. 10. Er stellt eine weitere Anwendung der gesteuerten Meßdose dar. Der auf die Scheibe wirkende Winddruck wird unmittelbar durch eine Meßdose von sehr kleinen Abmessungen aufgenommen und von einem Indikator ganz ebenso wie die Seilkräfte auf das gleiche Papierband aufgezeichnet (in Abb. 9 die strichpunktierte Linie). Die Meßdose hat sich auch in dieser Anwendung sehr gut bewährt. Sie wird deshalb auch noch für weitere Zwecke Anwendung finden können.

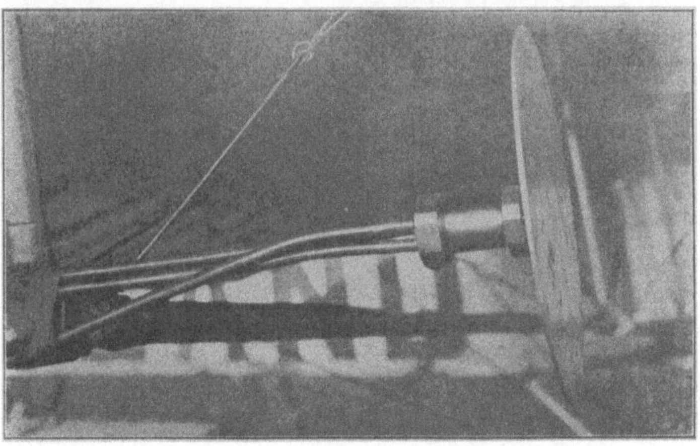

Abb. 10.

Für andere Zwecke sind Registrierinstrumente oft zu umständlich. Dagegen besteht ein Bedürfnis, die Ablesungen sogleich auf die wirklichen Geschwindigkeitswerte zu reduzieren, die bei den einfachsten, manometrischen Geschwindigkeitsmessern zunächst durch die Änderungen des Luftdruckes und der Temperatur bedingt sind. Ein sehr handliches Instrument hierfür ist von Dr. Fuhrmann angegeben und hergestellt worden.

Die relative Luftgeschwindigkeit wird in bekannter Weise durch eine Venturidüse gemessen, deren Druckdifferenz auf ein Flüssigkeitsmanometer wirkt. Bei gleicher Geschwindigkeit wird nun der Flüssigkeitsfaden in dem Manometerschenkel um so niedriger stehen, je geringer der Luftdruck und je höher die Lufttemperatur ist, mit anderen Worten, je geringer das spezifische Gewicht der Luft ist. Denn der zu messende Druckunterschied ist gegeben durch die Gleichung

$$p = C \cdot \gamma \cdot v^2,$$

worin C eine der Düse oder dem Staurohr eigene Konstante, γ das spezifische Gewicht der Luft und v die Luftgeschwindigkeit bedeutet.

Neigt man nun aber den Schenkel genügend, so kann man wieder die gleiche Länge des Flüssigkeitsfadens herstellen. Es läßt sich also für jedes spezifische Gewicht der Luft bzw. für jeden Wert von Luftdruck und Temperatur eine be-

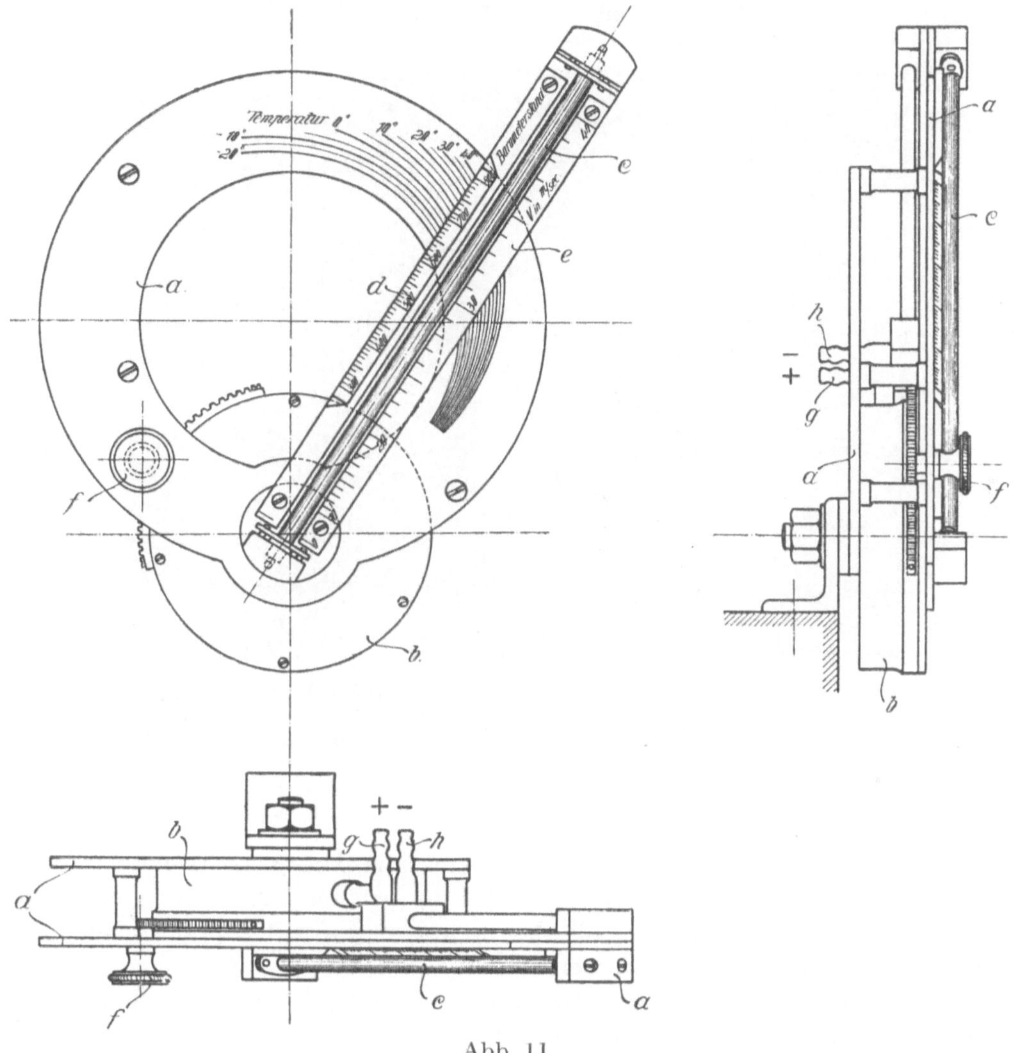

Abb. 11.

stimmte Neigung des Schenkels angeben, bei der einer bestimmten Geschwindigkeit immer die gleiche Länge des Flüssigkeitsfadens entspricht. Fuhrmann hat nun die Anordnung so getroffen, daß er auf dem zu neigenden Schenkel eine Skala der Barometerstände und auf einer dahinter befindlichen festen Scheibe eine Kurvenschar für die Temperaturen aufträgt (Abb. 11). Der Schenkel wird dann so eingestellt, daß der für den jeweilig herrschenden Barometerstand geltende Teilstrich auf die für die jeweilige Temperatur geltende Kurve zu liegen kommt; der Schenkel hat dann die für das betreffende Luftgewicht geltende Neigung, und an einer zweiten, am Schenkel angebrachten Skala kann man dann unmittelbar die

16*

Geschwindigkeit in m/sec ablesen. Die in Abb. 11 gezeichnete Stellung gilt also z. B. für 650 mm und —20°, oder für 700 mm und + 1°, oder für 750 mm und + 18° usw., mit anderen Worten: für ein Luftgewicht von

$$\gamma = \frac{1,293 \cdot 273}{760} \cdot \frac{b}{(273 + t)} = 1,19.$$

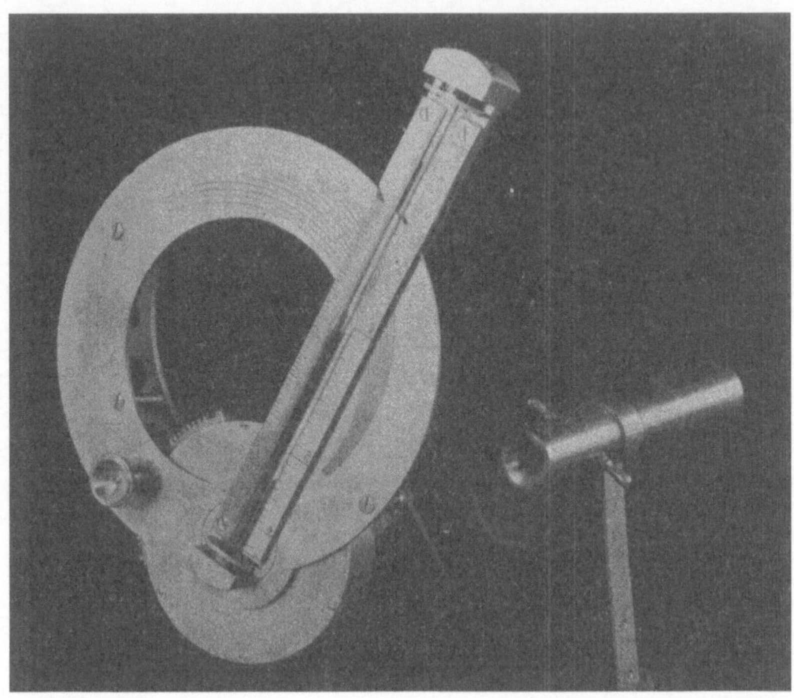

Abb. 12.

Abb. 12 zeigt die Ansicht des Instrumentes mit dem Venturirohr.

Zunächst ist es für Laboratoriumszwecke zur genauen Ermittelung von Fluggeschwindigkeiten entstanden; es soll aber weiter auch für den praktischen Flugbetrieb geeignet durchgebildet werden.

Die sämtlichen beschriebenen Instrumente, unter denen hauptsächlich die Meßdosen eine außerordentlich peinliche Ausführung erfordern, sind in den eigenen Werkstätten der Deutschen Versuchsanstalt für Luftfahrt hergestellt.